무분별한 사교육은 이제 그만!
위기탈출 청소년을 위한

중학
수학
플랜

B

중학교
수학 3-2

Iam books

생각하지 않는 수학은 미친 짓이다

어렸을 때 나는 숫자를 계산하는 것이 재밌어서 수학을 좋아했다. 사칙연산, 다항식의 계산, 방정식의 풀이 등 친구들과 칠판에 똑같은 문제를 써 놓고 '누가 더 빨리 푸나' 내기를 한 적도 많다. 유난히 수학 문제를 많이 푼 덕에 초·중학교 때 수학 성적만은 반에서 항상 1등을 놓치지 않았다. 그런데 문제는 고등학교 수능 모의고사(수리영역)였다. 그렇게 많은 문제를 풀고 공식을 달달 외웠음에도 불구하고 좀처럼 모의고사 성적은 오르지 않았다. 그럴 때마다 끊임없이 새로운 문제집을 사서 더 많은 문제를 풀곤 했는데, '한 번 풀었던 문제는 절대 틀리지 말아야지' 하는 생각에 문제유형까지 모조리 암기했던 기억이 난다. 드디어 1997년 수능시험 날. 결과는 무척 실망스러웠다. 투자한 시간에 비해 성적이 턱없이 저조했기 때문이다. '노력은 배신하지 않는다'라는 신조를 가슴에 새기고 고군분투했는데 이런 결과가 나오다니... 나는 이날의 결과를 도저히 인정할 수가 없었다. 그때 문득 이런 생각이 들었다.

혹시 나의 공부법이 잘못된 것은 아니었을까?...

그렇다. 개념을 이해하고 문제를 해결해 나가는 과정에서 나는 특별한 고민없이 무작정 '개념암기·문제풀이식' 학습을 했던 것이 기억난다. 수학문제를 보면 항상 연습장부터 꺼내들어 수식을 써 내려가며 기계적으로 정답을 찾곤 했는데, 당연히 문제를 풀 수 있으니 개념은 알고 있는 줄 착각했던 것이다. 이것이 바로 내가 수학에 실패한 이유 중 하나이다. 유사한 문제를 푸는 것은 한두 번으로 족하다. 중요한 것은 개념 하나를 보더라도 그리고 한 문제를 풀더라도 뭔가 특별한 고민을 해야한다는 것이다. 예를 들어, 이 개념이 왜 도출되었는지 그리고 이 개념을 알면 어떤 것들을 해결할 수 있는지, 문제를 풀기 위해 어떤 개념을 어떻게 사용해야 하는지 그리고 문제의 출제의도가 무엇인지 등에 대한 고민 말이다. 정리하면, '개념을 정확히 이해하고 그것을 바탕으로 문제를 철저히 분석하여 해결해 나가는 것', 그것이 바로 수학을 공부하는 기본적인 자세였던 것이다. 혹자는 하나의 개념 또는 문제를 다루는데 이렇게 많은 시간을 투자할 필요가 있느냐고 물을 것이다. 하지만 이러한 방식으로 개념을 이해하고 문제를 해결하게 되면, 그와 유사한 모든 개념과 문제를 섭렵할 수 있을 뿐만 아니라 개념을 조금씩 변형하여 다양한 유형의 문제를 직접 출제할 수 있는 역량까지도 겸비할 수 있게 된다.

정말 그런 능력이 생기는지 궁금하다고?

그렇다면 지금 바로 중학수학 플랜B의 개념이해 및 문제해결과정을 통해 직접 경험해 보길 바란다. 더불어 아직도 '개념암기 · 문제풀이식' 학습을 하는 학생들이 있다면 필자는 이렇게 말하고 싶다.

'생각하지 않는 수학은 미친 짓'이라고...

비록 고등학교 때 수학에서 큰 결실을 거두지는 못했지만 워낙 수학을 좋아했던 나머지 대학 시절 다수의 과외 경험과 졸업 후 학원강사 경력을 살려, 2011년 12월부터 중 · 고등학생들을 위한 재능기부 수학교실(슬기스쿨)을 운영하게 되었다. '슬기스쿨'은 수학을 쉽고 재미있게 공부할 수 있도록 코칭하는 일종의 자기주도학습 프로그램이다. 그런데 학생들을 코칭하던 중 '기존 수험서를 가지고는 혼자서 수학을 공부하기 어렵다'는 것을 절실히 깨달았다. 우리 아이들이 비싼 사교육 없이 혼자서도 즐겁고 재미있게 수학을 공부할 수 있도록 도와주고 싶은데... 뭔가 좋은 방법이 없을까? 이러한 고민 끝에 그간 슬기스쿨의 수업자료를 정리하여 『중하수학 플랜B』가 세상에 나오게 되었다.

이 책은 '개념암기 · 문제풀이식' 학습을 지향하는 기존 여러 참고서와는 전혀 다른 패턴으로 기술되었다. 첫째, 마치 선생님이 곁에서 이야기 해 주듯이 서술형으로 개념을 정리해 줌으로써, 학교수업 이외 별도의 학원강의를 들을 필요가 없도록 해 준다. 둘째, 질의응답식 개념설명을 통해 학생 스스로가 개념의 맥을 직접 찾을 수 있도록 도와준다. 셋째, 문제해결에 필요한 개념을 스스로 도출하여 그 해법을 설계하는 신개념 문제풀이법(개념도출형 학습방식)을 개발 · 적용하였다. 이는 무엇보다 정답을 맞추기 위한 문제풀이가 아닌 스스로 개념을 도출하여 문제를 해결하는 혁신적인 문제풀이법으로 '어떤 개념을 어떻게 활용해야 문제를 해결할 수 있는지'를 학생 스스로 깨치도록 하여, 한 문제를 풀어도 유사한 모든 문제를 풀 수 있는 능력을 갖추도록 도와준다.

더 이상 사교육 중심의 수학공부시대(플랜A)는 끝났다. 이젠 스스로 생각하는 자기주도학습(플랜B)만이 살 길이다. 모쪼록 이 책을 통해 대한민국 모든 학생들이 논리적으로 사고할 수 있는 '창의적 인재'가 되길 간절히 소망한다.

고교 시절 실패의 경험을 떠올리며

이 형욱

플랜B가 강력 추천하는 효율적인 수학공부법

수학에는 왕도가 없다? 중학교 수학시간에 줄곧 들었던 말이다. 수학이라는 학문은 아무리 왕이라도 쉽게 정복할 수 없음을 의미한다. 즉, 기초를 확실히 다지고 다양한 문제를 접해봐야만 수학을 잘할 수 있다는 뜻이기도 하다.

정말 수학에는 왕도가 없는 것일까?

흔히 수학을 이렇게 공부하라고 말한다.

① 기본개념에 충실하라.   ② 다양한 유형의 문제를 풀어라.

많은 학생들이 이 말을 굳게 믿고 개념과 공식을 열심히 암기하여 수많은 문제를 푸는데 시간과 공을 들이고 있다. 나 또한 그랬다. 그러나 더 이상 학생들이 나와 같은 실패를 경험하게 하고 싶지 않다. 수학의 왕도는 없지만 효율적으로 쉽게 수학을 공부하는 방법은 분명히 존재한다. 지금부터 그 방법에 대해 구체적으로 설명해 보려 한다.

[1] 기본개념의 숨은 의미까지 파악하라.

수학의 기본개념을 이해했다면 그 개념의 숨은 의미까지 정확히 파악할 수 있어야 한다. 도대체 숨은 의미가 뭐냐고? 만약 어떤 수학개념을 배웠다면, 이 개념이 어디에 어떻게 쓰이는지 그리고 어떠한 것들을 해결할 수 있는지가 바로 그 개념의 숨은 의미라고 말할 수 있다. 그럼 다음 수학개념의 숨은 의미를 함께 찾아보자.

[등식의 성질]
① 등식의 양변에 같은 수를 더해도 등식은 성립한다. ($a=b \;\to\; a+c=b+c$)
② 등식의 양변에서 같은 수를 빼도 등식은 성립한다. ($a=b \;\to\; a-c=b-c$)
③ 등식의 양변에 같은 수를 곱해도 등식은 성립한다. ($a=b \;\to\; a\times c=b\times c$)
④ 등식의 양변을 0이 아닌 같은 수로 나누어도 등식은 성립한다.
  ($c\neq0$일 때, $a=b \;\to\; a\div c=b\div c$)

다들 등식의 성질이 무엇인지 알고 있을 것이다. 그렇다면 등식의 성질이라는 개념이 어디에 어떻게 쓰이는지도 알고 있는가? 그렇다. 등식의 성질은 일차방정식을 풀어 미지수의 값을 찾는데 흔히 사용된다.

$$2x+4=8 \ \rightarrow \ 2x+4-4=8-4 \ (\text{등식의 양변에서 4를 뺀다}) \ \rightarrow \ 2x=4$$
$$2x=4 \ \rightarrow \ 2x \div 2=4 \div 2 \ (\text{등식의 양변을 2로 나눈다}) \ \rightarrow \ x=2$$

그럼 등식의 성질을 이용하여 어떠한 것들을 해결할 수 있는지 차근차근 정리해 보자. 일단 일차방정식을 풀 때 등식의 성질이 활용되고 있는 것쯤은 다들 알고 있을 것이다. 여기서 우리는 다음과 같은 질문을 던져 볼 수 있다.

과연 등식의 성질을 이용하면 어떠한 일차방정식도 풀 수 있을까?

즉, 등식의 성질을 이용하면 임의의 일차방정식 $ax+b=c(a \neq 0)$를 풀어 낼 수 있는지 묻는 것이다. 음... 잘 모르겠다고? 그럼 함께 풀어보도록 하자.

$$ax+b=c \ \rightarrow \ ax+b-b=c-b \ (\text{등식의 양변에서 } b\text{를 뺀다}) \ \rightarrow \ ax=c-b$$
$$ax=c-b \ \rightarrow \ ax \div a=(c-b) \div a \ (\text{등식의 양변을 } a\text{로 나눈다}) \ \rightarrow \ x=\frac{c-b}{a}$$

따라서 임의의 일차방정식 $ax+b=c(a \neq 0)$의 해는 $x=\frac{c-b}{a}$가 된다. 여기서 a, b, c는 어떤 상수이므로 $\frac{c-b}{a}$ 또한 어떤 숫자에 불과하다. 이제 질문의 답을 찾아볼 시간이다.

등식의 성질을 이용하면 어떠한 일차방정식도 풀 수 있을까? ➡ YES!

개념의 숨은 의미가 무엇인지 감이 오는가? 등식의 성질이 갖고 있는 숨은 의미는 바로 '등식의 성질을 이용하면 어떠한 일차방정식도 풀이가 가능하다는 것', 더 나아가 '일차방정식 문제는 단순히 등식의 성질을 이용하는 계산문제라는 것'이다. 이 말은 더 이상 우리가 풀지 못하는 일차방정식은 이 세상에 없다는 말과도 상통한다.

[2] 개념을 도출하면서 문제해결과정을 설계하라. (개념도출형 학습방식)

무작정 많은 문제를 푼다고 해서 수학 실력이 향상되는 것은 아니다. 물론 순간적으로 시험 성적을 높일 수는 있겠지만, 진정한 수학 실력인 논리적 사고에는 그다지 큰 도움을 주지 못한다는 말이다. 한 문제를 풀더라도 이 문제를 풀기 위해서 어떤 개념을 알아야 하는지 그리고 그 개념을 어떻게 적용해야 문제를 해결할 수 있는지 스스로 설계하는 것이 중요하다. 계산은 나중 문제다. 그럼 다음 문제를 통해 개념을 도출하면서 문제를 해결하는 과정을 함께 설계해 보도록 하자. 즉, 개념도출형 학습방식을 체험해 보자는 말이다.

> 두 일차방정식 $ax+3=-4$와 $5x-4=6$의 해가 서로 같을 때,
>
> 상수 a의 값을 구하여라.

먼저 ① 문제를 풀기 위해 어떤 개념을 알아야 할까? 그렇다. 일차방정식에 관한 개념을 알아야 할 것이다. 다시 말해, 일차방정식의 해의 의미 그리고 일차방정식의 풀이법이 무엇인지 정확히 알고 있어야 한다는 말이다. 이제 ② 도출한 개념과 그 숨은 의미를 머릿속에 떠올려 보자.

- 일차방정식 : $ax+b=0(a≠0, a, b$는 상수)꼴로 변형이 가능한 방정식
- 일차방정식의 해 : 방정식을 참으로 만드는 미지수의 값
  ※ 숨은 의미 : 방정식의 해를 미지수에 대입하면 등식이 성립한다.
- 일차방정식의 풀이법 : 등식의 성질을 이용하여 방정식을 '$x=($ $)$꼴로 변형한다.
  ※ 숨은 의미 : 등식의 성질을 이용하면 모든 일차방정식을 풀 수 있다.

다음으로 ③ 문제의 출제의도가 무엇인지 생각해 보고, 본인이 떠올린 개념을 바탕으로 문제를 해결하는 방법을 설계한다. 여기서 설계란 정답을 찾는 것이 아닌 어떤 방식으로 문제를 풀지 서술하는 것을 말한다. 우선 이 문제는 일차방정식의 해와 그 풀이법에 대한 개념을 정확히 알고 있는지 묻는 문제이다. 주어진 두 방정식의 해가 서로 같다고 했으므로 미정계수가 없는 방정식 $5x-4=6$을 먼저 푼 다음에 그 해를 방정식 $ax+3=-4$에 대입한다. 그러면 어렵지 않게 미정계수 a에 대한 또 다른 방정식을 도출할 수 있을 것이다. 마지막으로 등식의 성질을 활용하여 도출된 방정식(a에 대한 방정식)을 풀면, 게임 끝~ 이제 남은 것은 ④ 수식의 계산을 통해 정답을 찾는 것이다. 이는 이미 머릿속에 설계된 내용대로 천천히 계산하는 단순 과정일 뿐이다. 고작 한 문제를 푸는데 이렇게 많은 시간을 들일 필요가 있

냐고? 물론 처음에는 좀 시간이 걸리겠지만, 몇 번 하다보면 과정 ①~②의 경우 문제를 읽는 도중에 해결할 수 있을 것이다. 그리고 문제를 다 읽고 난 후 바로 ③~④의 과정을 진행하면 된다. 특히 과정 ③을 진행할 때 가장 심도있게 고민해야 한다. 가끔 과정 ③을 건너뛰는 학생들이 있는데 절대 그러지 않길 바란다. 가장 중요한 것이 바로 과정 ③이라는 사실을 반드시 명심해야 할 것이다. 그래야 다음 [3]번을 제대로 수행할 수 있기 때문이다.

[3] 본인이 푼 문제를 변형하여 직접 새로운 문제를 출제해 본다.

앞서 풀었던 문제를 다음과 같이 변형할 수 있다. 참고로 다음 변형된 문제는 일차방정식의 해의 개념을 기준으로 정답 추론과정을 조금씩 다르게 설계한 문제라고 볼 수 있다.

- 일차방정식 $-2x+7=9$의 해에 4를 더한 값이 일차방정식 $4x-a=6$의 해와 같을 때, 상수 a의 값을 구하여라.
- 일차방정식 $2x-a=9$에서 x의 계수를 3인 줄 착각하고 풀었더니 해가 $x=2$가 되었다. 원래의 일차방정식의 해를 구하여라.

어떠한가? 참으로 대단하지 않은가? 이처럼 개념도출형 학습방식으로 문제를 풀다보면, 한 문제를 풀어도 그와 유사한 무수히 많은 문제를 해결할 수 있는 능력이 생기게 된다. 더불어 다양한 유형의 문제를 직접 출제할 수 있는 역량도 갖출 수 있게 된다. 즉, 수학을 아주 효율적으로 공부할 수 있다는 말이다.

중학수학 플랜B(교재)의 활용법

수학은 어떤 특징을 가지고 있을까? 국어, 과학, 사회 등과는 다르게 수학이라는 과목은 앞의 내용을 '기억'하지 못한다면 뒤의 내용을 '이해'할 수가 없는 과목 중 하나이다. 예를 들어, 등식의 성질을 모르고서는 일차방정식을 풀 수 없으며 일차방정식을 모르고서는 연립방정식, 이차방정식 등을 풀 수 없다는 말이다. 수학이 다른 과목에 비해 기초가 중요하다고 말하는 이유도 바로 여기에 있다. 단순히 개념을 '이해'하는 것이 아닌 '80% 이상을 기억'하고 있어야 비로소 뒤에 나오는 개념을 이해할 수 있다는 것이 수학의 가장 중요한 특징이다. 개념을 기억하기 위해서는 여러 번에 걸친 개념이해 작업이 필요하다는 것쯤은 다들 알고 있을 것이다. 다음은 중학수학 플랜B의 내용구성에 따른 특징을 요약한 것이다.

[교재의 특징]

① 마치 선생님의 설명을 그대로 글로 옮겨놓은 듯 산문형식으로 개념이 정리되어 있다.

➡ 학교수업 이외 별도의 강의를 들을 필요가 없다.

② 질의응답식 개념 설명을 기본으로 하고 있다.

➡ 스스로 질문의 답을 찾으면서 개념의 맥을 찾을 수 있게 한다.

③ 개념도출형 학습방식으로 문제를 해결하고 있다.

➡ 문제해결방법을 스스로 설계할 수 있으며, 더 나아가 다양한 유형의 문제를 출제할 수 있는 역량까지도 키울 수 있게 한다.

이러한 특징을 바탕으로 개별 단원의 경우, i) 서술식 개념설명(본문 40 page 내외), ii) 개념이해하기(2 page 내외) 그리고 iii) 문제해결하기(기본 15문제 내외, 심화 3~5문제 내외) 이렇게 세 가지 소단원으로 구성되어 있다. 이제 교재를 어떻게 활용하는지에 대해 자세히 알아보자.

[교재 활용법]

① 서술식 개념설명 (본문)

i) 본문을 천천히 한 문장 한 문장 이해하면서 끝까지 읽어본다.

여기서 그냥 읽기만 하면 안 된다. 본문에서 '~은 무엇일까요?' 등의 질문이 나오면, 반드시 1분 정도 질문의 답을 스스로 찾아본 후, 다음 내용을 읽어 내려간다. 이는 학습에 집중할 수 있게 할 뿐더러 개념에 대한 기억이 훨씬 오랫동안 남도록 도와준다. 만약 이해가 되지 않는 문장이 있으면 한 번 더 읽어보고 그래도 이해가 안 간다면 그냥 다음 문장으로 넘어간다. (아마 60~70%를 이해했더라도 30~40% 정도만 기억할 것이다)

ii) 다시 한 번 개념설명에 대한 본문을 천천히 이해하면서 끝까지 읽어본다.

좀 더 빠르게 읽힐 것이다. 마찬가지로 질문이 나오면 반드시 1분 정도 질문의 답을 스스로 찾아본다. 더불어 개념의 숨은 의미가 무엇인지도 직접 찾으면서 읽는다.

(아마 80~90%를 이해했더라도 60~70% 정도만 기억할 것이다)

iii) 마지막으로 주요 개념 및 숨은 의미를 짚어가면서 읽어본다.

아주 빠르게 읽힐 것이다. 마찬가지로 질문이 나오면 반드시 1분 정도 질문의 답을 스스로 찾아본다. 더불어 개념의 숨은 의미가 무엇인지도 직접 찾으면서 읽는다.

(아마 100%를 이해했더라도 80% 정도만 기억할 것이다. 이 정도면 충분하다)

② 개념정리하기

일단 용어만 보고 개념의 의미를 머릿속에 떠올린 후, 자신이 생각한 내용이 맞는지 확인하면서 읽는다. 그리고 개념에 대한 예시를 직접 찾아본다.

③ 문제해결하기

절대 빨리 풀려고 하지 마라. 반드시 개념도출형 학습방식으로 한 문제 한 문제씩 천천히 해결해 나가야 한다. 이 때 책 속에 들어 있는 붉은색 카드를 활용하여 질문의 답을 가린 후 단계별로 본인이 맞게 답했는지 확인하면서 문제를 해결한다. 한 문제를 해결한 후에는 반드시 그와 유사한 문제를 직접 출제해 본다.

'기억하는' 것은 '암기하는' 것과는 다르다. 즉, 뒤쪽에서 비슷한 내용이 나올 경우 바로 이해할 수 있다는 뜻이지, 내용 하나하나를 외우는 것이 아님을 명심해야 한다. 천천히 생각하면서 책을 읽다 보면 어느샌가 자신도 모르게 수학이 점점 쉽게 느껴질 것이다. 그리고 더 많은 문제를 풀고 싶다면 시중에 나와 있는 여러 문제집을 사서 풀어보길 바란다. 유사한 문제는 한두 번만 풀어도 족하다. 여기서 중요한 것은 문제유형을 암기하는 것이 아니라 문제를 통해 내가 알고 있는 개념을 스스로 도출해내야 한다는 것이다. 이 사실을 반드시 기억하길 바란다.

수학은 왜 배울까?

흔히 수학을 배워서 뭐하냐고 말한다. 또한 방정식, 도형 등은 고등학교를 졸업하면 끝이라고 말한다. 틀린 말은 아니다. 왜냐하면 사회 나가서 우리가 배웠던 수학개념을 활용할 일이 거의 없기 때문이다. 그러나 이는 수학을 배우는 이유를 아직 잘 모르고 있기 때문에 하는 말이다.

수학을 배우는 진짜 이유가 뭘까?

수학을 배우는 진짜 이유는 바로 '논리적이고 창의적인 사고'를 하기 위해서이다. 이해가 잘 가지 않는 학생들을 위해 실생활 속 예시를 통해 수학을 배우는 이유에 대해서 자세히 살펴보도록 하겠다. 어떤 사람이 커피숍을 성공적으로 운영하기 위해서 고민하고 있다고 가정해 보자.

커피숍 운영 과정	수학문제 해결 과정
커피숍을 성공적으로 운영하기 위해서 내가 알아야 하는 지식은 무엇일까?	문제를 풀기 위해서 내가 알아야 하는 개념 (공식)은 무엇일까?
나는 그것(지식)을 정확히 알고 있는가? 만약 모른다면 어떻게 그 지식을 획득할 수 있는가?	나는 그것(개념)을 정확히 알고 있는가? 만약 모른다면 책의 어느 부분을 찾아봐야 그 개념을 확인할 수 있는가?
어떻게 커피숍을 운영해야 성공할 수 있을까? (알고 있는 지식을 가지고 커피숍 운영전략을 설계해 보자)	개념을 어떻게 적용해야 문제를 풀 수 있을까? (알고 있는 개념을 바탕으로 문제해결 과정을 설계해 보자)

어떠한가? 아직도 수학을 배우는 이유를 모르겠는가? 우리가 수학을 배우는 진짜 이유는 바로 주어진 상황을 해결하기 위한 '수학적 사고'를 하기 위해서이다. 단순히 어려운 수학문제를 푸는 것이 수학의 전부가 아니다. 이것은 극히 일부분에 불과하다. 우리가 경험할 수 있는 모든 상황에 대한 수학적 사고(논리적이고 창의적 사고)를 하기 위해 우리가 수학을 배운다는 사실을 반드시 기억하길 바란다.

개념도출형 학습방식이란...

문제를 통해 필요한 개념을 도출한 후, 그 개념을 바탕으로 문제해결방법을 찾아내는 학습방식이다.

VII. 삼각비

VIII. 원의 성질

통계

1 대푯값과 산포도

■ 학습 방식

본문의 내용을 '천천히', '생각하면서' 끝까지 읽어봅니다. (2~3회 읽기)

① 1차 목표 : 개념의 내용을 정확히 파악합니다. (대푯값, 산포도, 편차, 분산 등)

② 2차 목표 : 개념의 숨은 의미를 스스로 찾아가면서 읽습니다.

---

1 대푯값

은설이는 ○○중학교 100m 달리기 선수라고 합니다. 다음은 은설이가 각종 대회에서 수립한 달리기 기록을 나타낸 표입니다.

대회명	은설이의 100m 달리기 기록(초)	대회명	은설이의 100m 달리기 기록(초)
2015년 서울시 청소년 육상대회	12.8	2016년 서울시 청소년 육상대회	11.8
2015년 전국체전	12.1	2016년 전국체전	13.1
2015년 아시아청소년 육상대회	11.9	2016년 아시아청소년 육상대회	12.7
2015년 세계청소년 육상대회	12.5	2016년 세계청소년 육상대회	12.1

어떤 스포츠 기자가 다음과 같이 이은설 선수에 대한 기사를 작성했다고 하네요. 괄호 안에 들어갈 알맞은 숫자는 무엇일까요? 즉, 은설이의 100m 달리기 기록을 대표할 만한 수치가 얼마인지 묻는 것입니다.

100m를 (   )초에 주파~ 아시아가 주목한 주니어 육상선수 '이은설'

 잠시 질문의 답을 스스로 찾아보는 시간을 가져보세요.

다들 짐작했겠지만, 은설이의 100m 달리기 기록(12.8초, 12.1초, 11.9초, 12.5초, 11.8초,

13.1초, 12.7초, 12.1초)을 대표할 만한 수치는 바로 8개의 기록에 대한 평균입니다. 잠깐! 여기서 말하는 평균이란 전체 자료의 합을 자료의 개수로 나눈 값을 의미한다는 사실, 다들 알고 계시죠?

$$(\text{평균})=\frac{(\text{자료의 총합})}{(\text{자료의 개수})}=\frac{12.8+12.1+11.9+12.5+11.8+13.1+12.7+12.1}{8}=12.375$$

따라서 은설이의 100m 달리기 기록을 대표하는 값은 12.375초입니다. 즉, 이은설 선수는 100m를 12.375초에 주파한다고 말할 수 있다는 얘기지요.

평균과 대푯값

전체 자료의 합을 자료의 개수로 나눈 값을 자료의 평균이라고 정의하며, 평균과 같이 어떤 자료를 대표할 수 있는 값을 대푯값이라고 부릅니다.

여러분들은 언제 평균을 계산하십니까? 많은 학생들이 학기별로 2번씩, 즉 1학기 중간 · 기말고사와 2학기 중간 · 기말고사를 치르고 난 후, 삼삼오오 모여 평균점수를 계산하곤 합니다. 그렇죠? 저도 그랬습니다. 하지만 내 점수를 친구들에게 들키는 게 조금 싫었는지, 손으로 가리면서 평균을 계산했던 기억이 나는군요. 더불어 중학교 시절 학생회 서기 업무를 맡았던 저는, 전교생(300명 내외)의 신장(키), 몸무게 등을 파악하여 그 평균값을 계산해 본 적도 있습니다. 일일이 학생들의 자료를 더하는 과정이... 정말이지 지겹고 힘이 들더라고요. 이처럼 우리는 어떤 자료에 대한 대푯값으로 '평균'을 가장 많이 사용합니다. 하지만 무턱대고 평균을 어떤 자료의 대푯값이라고 말하기에는 치명적인 약점이 있습니다. 과연 그것이 무엇일까요?

 잠시 질문의 답을 스스로 찾아보는 시간을 가져보세요.

조금 어렵나요? 힌트를 드리도록 하겠습니다. 다음은 은설이네 반 여학생들의 100m 달리기 기록입니다. 자료의 평균을 계산해 보시기 바랍니다.

은설	소민	세정	정민	경아	효진	효숙	주연	예진	예니
12.1	12.5	17.8	18.1	17.8	17.9	18.0	18.2	17.6	17.7

어렵지 않죠? 자료의 값을 모두 더한 후, 자료의 총 개수인 10으로 나누면 됩니다.

$$(\text{평균}) = \frac{(\text{자료의 총합})}{(\text{자료의 개수})} = \frac{167.7}{10} = 16.77$$

　은설이네 반 여학생들의 100m 달리기 기록의 평균은 바로 16.77초입니다. 과연 이 값을 은설이네 반 여학생들의 100m 달리기 기록을 대표할 수 있는 값, 즉 대푯값이라고 말할 수 있을까요? 다시 말해서, 은설이네 반 학생들 중 한 명을 임의로 선택했을 때, 그 학생의 100m 달리기 기록이 대략 16.77초가 된다고 말할 수 있는지 묻는 것입니다.

 잠시 질문의 답을 스스로 찾아보는 시간을 가져보세요.

　도표에서 보다시피, 그 누구의 기록도 16.77초에 근접해 있지 않습니다. 그렇죠? 즉, 16.77초라는 수치는 은설이네 반 여학생들의 100m 달리기 기록의 대푯값이 될 수 없다는 말입니다. 음... 그런데 왜 이러한 결과가 도출되었을까요? 우리는 단순히 평균을 구했을 뿐인데 말이죠. 여기서 잠깐! 여러분~ 은설이와 소민이의 달리기 기록이 다른 학생들보다 월등히 뛰어나다는 사실, 눈치 채셨나요? 사실 은설이와 소민이는 학교 대표 육상선수입니다. 그리고 나머지 학생들은 일반 학생들이고요. 은설이와 소민이만 봤을 때, 이 둘의 평균 기록은 12.3초로서 전체 평균값(16.77초)보다 4.47초나 빠릅니다. 반면에 나머지 학생(8명)들의 평균 기록은 17.89초로서 전체 평균값(16.77초)보다 1.12초가 느립니다.

- $(\text{은설이와 소민의 평균 기록}) = \frac{(\text{자료의 총합})}{(\text{자료의 개수})} = \frac{12.1 + 12.5}{2} = 12.3$

- (나머지 학생들의 평균 기록)
  $= \frac{(\text{자료의 총합})}{(\text{자료의 개수})} = \frac{17.8 + 18.1 + 17.8 + 17.9 + 18.0 + 18.2 + 17.6 + 17.7}{8} ≒ 17.89$

　이렇게 자료의 분포가 고르지 못한 탓에, 평균값이 은설이네 반 여학생들의 100m 달리기 기록의 대푯값이 될 수 없었던 것입니다. 음... 무슨 말을 하는지 잘 모르겠다고요? 조금 더 극단적인 예시를 들어보도록 하겠습니다. 다음은 규민이의 2학기 중간고사 성적입니다. 과연 중간고사 평균점수가 규민이의 성적을 대표할 수 있을까요?

국어	영어	수학	과학	사회
95	97	92	95	8

 잠시 질문의 답을 스스로 찾아보는 시간을 가져보세요.

일단 자료의 값을 모두 더한 다음, 자료의 총 개수인 5로 나누어 평균을 계산해 보겠습니다.

$$(\text{평균}) = \frac{(\text{자료의 총합})}{(\text{자료의 개수})} = \frac{387}{5} = 77.4$$

도표에서 보다시피, 그 어떤 과목도 77.4점에 근접해 있지 않습니다. 그렇죠? 즉, 규민이의 중간고사 평균점수(77.4점)는, 규민이의 중간고사 성적을 대표할 수 있는 값, 즉 대푯값이 될 수 없다는 뜻입니다. 사실 규민이는 사회시험을 보던 중 급성 장염으로 인해 병원에 실려갔다고 합니다. 그래서 다른 과목에 비해 턱없이 성적이 낮게 나왔다고 하네요. 이렇게 자료의 분포가 고르지 못할 경우에는, 자료의 대푯값으로 평균을 사용할 수 없다는 사실, 반드시 기억하시기 바랍니다. 즉, 평균이 언제나 자료를 대표할 수 있다는 생각은 버려야 합니다.

다음은 규민이의 성적을 크기순으로(작은 값부터) 나열한 것입니다. 자료를 대표할 만한 값(대푯값)을 골라보시기 바랍니다.

8   92   95   95   97

음... 이렇게 크기순으로 나열하니까, 규민이의 성적을 대표할 만한 값(대푯값)이 한눈에 보이는군요. 네, 맞아요~ 한 가운데에 있는 95점이 바로 규민이의 중간고사 점수를 대표할 만한 수치(대푯값)라고 말할 수 있습니다. 여러분도 그렇게 생각하시죠? 이러한 값을 중앙값이라고 부릅니다.

중앙값

자료를 크기순으로 나열했을 때, 중앙에 위치한 값을 중앙값이라고 말합니다.

다음은 규민이의 기말고사 성적입니다. 자료의 중앙값을 찾아보시기 바랍니다.

국어	영어	수학	과학	사회	도덕	미술	체육	음악	기술
99	92	98	90	97	91	48	60	59	61

일단 주어진 자료를 크기순으로(작은 값부터) 나열해 봐야겠죠?

48   59   60   61   90   91   92   97   98   99

어라...? 중앙값이... 90? 91? 음... 도대체 중앙값은 어느 것일까요? 90이라고 해야할지 91이라고 해야할지 참으로 애매하군요. 앞서 규민이의 중간고사 성적에서는 자료(과목)의 개수가 5개, 즉 홀수개였기 때문에 중앙에 있는 값을 쉽게 찾을 수 있었습니다. 하지만 이렇게 자료의 개수가 짝수개일 경우에는, 어떤 값을 중앙값으로 정해야할지 잘 모르겠습니다. 과연 규민이의 기말고사 성적의 중앙값은 무엇일까요?

네, 맞아요~ 이 경우 중앙에 위치한 두 값(90과 91)의 평균을 자료의 중앙값으로 정의합니다. 즉, 90점과 91점의 평균인 90.5점이 바로 중앙값이 된다는 것입니다. 이해 되시죠? 앞으로 중앙값을 찾을 때에는 반드시 자료의 개수가 홀수개인지 짝수개인지 잘~ 확인하시기 바랍니다.

> 중앙값 (변량의 개수는 n개이며, 크기순으로 변량을 나열했다고 가정한다)
>
> i) n이 홀수일 때, 중앙값은 $\dfrac{n+1}{2}$ 번째 변량이 중앙값이 된다.
>
> ii) n이 짝수일 때, $\dfrac{n}{2}$ 번째와 $\left(\dfrac{n}{2}+1\right)$번째 변량의 평균이 중앙값이 된다.

하나 더! 다음과 같이 낱개의 변량이 아닌 계급으로 자료가 주어졌을 경우에는 계급의 양끝값의 합을 2로 나누어 중앙값을 계산합니다. 참고로 도수분포표에서는 이 값을 계급값이라고 칭합니다.

- 계급 : 20이상 ~ 30미만
- 계급의 중앙값(계급값) : $\dfrac{(계급의\ 양끝값의\ 합)}{2} = \dfrac{20+30}{2} = 25$

여러분~ 혹시 기상청에서 지역별 미세먼지의 농도를 안내해 준다는 사실, 알고 계셨나요? 요즘에는 미세먼지 뿐만 아니라 초미세먼지, 오존, 자외선, 황사의 농도에 대한 정보까지도 제공해 준다고 합니다.

[미세먼지]
우리 눈에 보이지 않는 아주 작은 물질로서 대기 중에 오랫동안 떠다니거나 흩날려 내려오는 직경 $10\mu m$ 이하의 입자상 물질을 미세먼지라고 부른다. 더불어 직경 $2.5\mu m$ 이하의 미세먼지는 초미세먼지로 분류된다.

일반적으로 미세먼지 농도의 단위는 $\mu g/m^3$입니다. 예를 들어, 미세먼지 농도가 $80\mu g/m^3$라고 하면, 대기 1m³의 부피 속에 $80\mu g$의 미세먼지가 들어있다는 것을 뜻합니다. 여기서 μ(마이크로)는 $\dfrac{1}{1000000}$을 의미하므로, $80\mu g$의 값은 $80g$의 백만분의 1과 같습니다. 다음은 서울시 미세먼지 농도를 일자별로 나타낸 표입니다. 이 자료의 대푯값을 찾아보시기 바랍니다.

[2016년 5월 서울시 미세먼지 농도 (측정주기 3일)]

측정일자	1	4	7	10	13	16	19	22	25	28	31
미세먼지 농도($\mu g/m^3$)	70	81	75	69	82	74	79	170	65	77	82

잠시 질문의 답을 스스로 찾아보는 시간을 가져보세요.

일단 자료의 평균부터 계산해 볼까요?

$$(\text{평균}) = \frac{(\text{자료의 총합})}{(\text{자료의 개수})} = \frac{70+81+75+69+82+74+79+170+65+77+82}{11} = \frac{924}{11} = 84$$

과연 평균 $84\mu g/m^3$가 2016년 5월 서울시 미세먼지 농도를 대표할 만한 수치(대푯값)라고 말할 수 있을까요? 어라...? 자세히 보니, $84\mu g/m^3$를 넘는 날은 단 하루(5월 22일) 밖에 없군요. 이것이 어떻게 된 일일까요? 네, 맞습니다. 그날의 미세먼지 농도가 평소와는 다르게 너무 높게 나와서, 평균값에 큰 영향을 주었기 때문입니다. 즉, 자료의 분포가 고르지 않기 때문에, 평균값 $84\mu g/m^3$를 2016년 5월 서울시 미세먼지 농도의 대푯값으로 사용할 수 없다는 말입니다. 중앙값은 어떨까요? 자료를 크기순으로(작은 값부터) 나열해 보면 다음과 같습니다.

65   69   70   74   75   77   79   81   82   82   170

자료의 개수가 11개(홀수개)이므로, 중앙값은 6번째 수치인 77이 될 것입니다. 음... 자료의 분포를 보아하니, 2016년 5월 서울시 미세먼지 농도를 대표할 수 있는 수치로 중앙값 $77\mu g/m^3$ 를 사용해도 큰 무리가 없을 듯하네요.

일반적으로는 어떤 자료의 대푯값으로 중앙값보다 평균을 더 많이 사용합니다. 그 이유는 평균과 연관된 여러 통계치(표준편차, 분산 등)가 존재하기 때문입니다. 하지만 극단적인 값, 즉 아주 큰 값 또는 아주 작은 값이 자료에 포함되어 있다면, 평균이 아닌 중앙값을 대푯값으로 사용하는 것이 좋습니다. 평균은 극단적인 값에 크게 영향을 받는 수치거든요. 반면 중앙값은 그렇지 않습니다. 정리하자면, 평상시에는 평균을 대푯값으로 사용하되 특별한 경우(자료에 극단적인 값이 존재할 경우)에만 중앙값을 대푯값으로 사용하면 된다는 뜻입니다. 이해 되시죠? (평균과 중앙값의 숨은 의미)

다음은 학생회장 선거에 나온 후보들의 기호와 득표결과를 나타낸 도수분포표입니다. 자료를 보고 선거 결과를 대표할 수 있는 값이 무엇인지 말해보시기 바랍니다.

후보자	득표수
전규민	55
이은설	74
김정민	63
박소민	61
이정규	47
계	300

선거 결과를 대표할 수 있는 값이라...?

 잠시 질문의 답을 스스로 찾아보는 시간을 가져보세요.

선거의 특수성 때문인지는 몰라도, 학생회장 선거 결과를 대표할 수 있는 값은 바로 당선자의 이름 '이은설'입니다. 왜냐하면 선거에서는 누가 당선되었는지가 가장 중요하기 때문이죠. 그런데 좀 이상하군요. 득표수에 대한 평균이나 중앙값으로는 당선자의 이름을 찾을 수가 없잖아요. 과연 당선자의 이름을 어떻게 찾아낼 수 있을까요? 질문이 너무 쉬운 거 아니냐고요?

네, 맞아요. 선거에서 가장 많이 득표한 사람이 바로 당선자가 됩니다. 가끔 득표수 55, 74, 63, 61, 47을 자료의 수치로 착각하는 학생들이 있는데, 득표수는 변량이 아닌 도수를 의미한다는 사실, 반드시 명심하시기 바랍니다.

후보자	득표수	당선결과
전규민	55	낙선
이은설	**74**	**당선**
김정민	63	낙선
박소민	61	낙선
이정규	47	낙선
계	300	

이처럼 자료에서 가장 많이 등장하는 값을 대푯값으로 설정하는 경우도 있는데, 이러한 값을 최빈값이라고 부릅니다.

최빈값

자료 중에서 가장 많이 등장하는 값을 최빈값이라고 말합니다.

최빈값의 최는 '가장 최(最)', 빈은 '자주 빈(頻)'자를 씁니다. 즉, '가장 자주 나타나는(등장하는) 값'을 의미하는 한자어라는 뜻이지요. '자주 빈(頻)...?' 조금 생소한가요? 'ㅇㅇ지역에서는 강력범죄가 빈번하게 발생한다'라고 말할 때, 빈번의 '빈'자가 바로 '자주 빈(頻)'입니다.

$$23, \ 23, \ 25, \ 28, \ 28, \ \underset{\text{최빈값}}{\underline{30, \ 30, \ 30}}, \ 31, \ 31, \ 33, \ 37, \ 37, \ 40$$

참고로 도수가 가장 큰 값(변량)이 한 개 이상일 경우에는 그 값(변량) 모두를 최빈값으로 정의합니다. 하지만 자료의 도수가 모두 같을 경우, '최빈값은 없다'고 말합니다.

$$21, \ 23, \ 23, \ 25, \ \underset{\text{최빈값}}{\underline{28, \ 28, \ 28}}, \ \underset{\text{최빈값}}{\underline{30, \ 30, \ 30}}, \ 31, \ 32, \ 34, \ 34, \ 35$$

$$21, \ 21, \ 21, \ 21, \ 21, \ 21, \ 21, \ 21, \ 21, \ 21, \ 21 \ \rightarrow \ \text{최빈값은 없다}$$

다음의 경우에도 최빈값을 대푯값으로 사용하는 것이 좋습니다.

[소풍날 학생들이 착용한 모자의 색깔]

모자의 색	착용한 학생의 수
빨 강	4
파 랑	**19**
초 록	9
검 정	11
기 타	7
계	50

[여학생들의 교복(블라우스) 사이즈]

사이즈	입고 있는 학생의 수
75호	3
80호	12
85호	**21**
90호	13
95호	1
계	50

다음은 어떤 양궁선수의 기록을 나타낸 **도수분포표입니다.** 물음에 답해 보시기 바랍니다.

계급	도수(점)
10점	2
9점	21
8점	4
7점	2
6점	1
계	30

이 양궁선수가 한 번의 화살을
쏘았을 때, 득점 가능성이 가장 높은
점수는 얼마일까요?

 잠시 질문의 답을 스스로 찾아보는 시간을 가져보세요.

어렵지 않죠? 정답은 9점입니다. 왜냐하면 총 30번의 활쏘기에서 9점을 맞춘 경우가 21번으로 가장 많기 때문입니다. 가끔 맞힌 점수의 평균(도수분포표의 평균)을 구하여, 정답을 8.7점이라고 말하는 학생들이 있는데... 여러분~ 8.7이라는 숫자가 점수표에 나와 있나요? 아니죠~ 즉, 평균점수 8.7은 양궁 성적의 대푯값은 될 수 있지만, 이 질문의 답으로는 적당하지 않다는 뜻입니다. 이해되시죠?

이 양궁선수가 한 번의 화살을 쏘았을 때,   9점(○)
득점 가능성이 가장 높은 점수는 얼마일까요?   ☞   8.7점(×)

최빈값 또한 중앙값과 마찬가지로 극단적인 자료의 값에 영향을 받지 않는 대푯값 중 하나입니다. 사실 우리는 실생활 속에서 최빈값을 흔하게 접하고 있는데요, 예를 들어 가요프로그램의 인기곡 순위나 결혼하고 싶은 남자 연예인 순위 등이 그러합니다. 더불어 상품 제조에 있어서도 최빈값의 개념을 유용하게 활용할 수 있습니다. 어느 나라 성인 여성의 발사이즈의 최빈값이 240mm라고 할 때, 그 나라의 신발 회사에서는 240mm 사이즈의 여성 신발을 가장 많이 제조할 것입니다. 그렇죠? 참고로 자료의 수가 적거나 도수가 동일한 자료가 여러 개 섞여 있을 경우에는 최빈값을 활용하기가 쉽지 않다는 점 또한 반드시 기억하시기 바랍니다.

다음은 은설이네 반 학생들의 수학 성적을 조사한 **도수분포표**입니다. 최빈값을 구해보시기 바랍니다.

계급(점)	도수(명)
50이상 ~ 60미만	1
60이상 ~ 70미만	9
70이상 ~ 80미만	12
80이상 ~ 90미만	18
90이상 ~ 100미만	5
계	45

 잠시 질문의 답을 스스로 찾아보는 시간을 가져보세요.

일단 도수가 가장 큰 계급은 '80이상 ~ 90미만'입니다. 음... 그런데 어떻게 최빈값을 구해야할지 감이 잘 오지 않네요. 힌트를 드리겠습니다. 계급을 대표하는 수치가 무엇인지 생각해 보십시오.

계급을 대표하는 수치라...?

아하! 계급값이군요. 네, 맞습니다. 도수분포표의 경우, 도수가 가장 큰 계급의 계급값을 최빈값으로 정의합니다. 즉, 은설이네 반 학생들의 수학 성적의 최빈값은 바로 85점입니다. 참고로 도수분포표의 계급의 양끝값에 대한 평균, 즉 양끝값을 더하여 2로 나눈 값을 그 계급의 계급값이라고 부릅니다.

다음은 2016년 4월 첫째주 로또 당첨금 정보입니다. 당첨금에 대한 평균, 중앙값, 최빈값을 각각 구해보시기 바랍니다.

구분	당첨금	도수(명)
1등 (보너스볼 숫자를 제외한 6개의 숫자가 모두 일치함)	16억원	10
2등 (5개의 숫자가 일치하며, 보너스볼 숫자도 일치함)	6천만원	44
3등 (5개의 숫자가 일치하며, 보너스볼 숫자는 불일치함)	160만원	1,721
4등 (4개의 숫자가 일치하며, 보너스볼 숫자는 불일치함)	5만원	90,020
5등 (3개의 숫자가 일치하며, 보너스볼 숫자는 불일치함)	5천원	1,501,952

 잠시 질문의 답을 스스로 찾아보는 시간을 가져보세요.

일단 당첨금에 대한 평균을 계산해 보면 다음과 같습니다.

구분	당첨금	도수(명)	(당첨금)×(도수)
1등	16억원	10	16,000,000,000
2등	6천만원	44	2,640,000,000
3등	160만원	1,721	2,753,600,000
4등	5만원	90,020	4,501,000,000
5등	5천원	1,501,952	7,509,760,000
계		1,593,747	33,404,360,000
평균 (소수점 첫째 자리에서 반올림)			20,960원

이제 중앙값과 최빈값을 찾아볼까요? 네, 맞아요~ 중앙값과 최빈값은 모두 5,000원입니다. 여기서 퀴즈~ 평균, 중앙값, 최빈값 중 로또 당첨금을 대표하는 숫자는 무엇일까요? 음... 이 질문이 가장 어렵네요. 이처럼 자료에 따라서 대푯값을 말하기가 상당히 어려운 경우도 여럿 있습니다. 이때에는 보통 세 값 중 공통으로 나온 값을 대푯값으로 정하는 것이 일반적이지요. 즉, 로또 당첨금의 대푯값은 5,000원(중앙값, 최빈값)이 된다는 뜻입니다. 부연 설명을 하자면, 로또 당첨금의 경우 1등처럼 극단적인 값이 존재하므로, 평균을 그 대푯값으로 정하기에는 무리가 있다는 말입니다.

여러분~ 아직도 통계가 어렵나요? 용어가 생소해서 그렇지, 그리 어렵진 않죠? 사실 중학교 수준에서 다루는 통계문제는 단순 계산문제에 불과합니다. 용어의 정의대로 천천히 계산하거나 그래프를 그리면 쉽게 해결할 수 있거든요. 그러니 너무 걱정하지 마십시오. 더불어 용어를 처음부터 달달 암기하려고 하지 말고, 필요할 때마다 자주 찾아보면서 자연스럽게 익히도록 노력하시기 바랍니다. 그러면 좀 더 수학이 쉬워질 것입니다.

★ 개념을 정확히 이해했는지 확인하고 싶다면, 학교 교과서에 나오는 개념확인 문제를 풀어 보거나 스스로 개념 확인문제를 출제
하여 풀어보면 큰 도움이 될 것입니다.

2 산포도

여러분~ 골프 좋아하세요? 최근 우리나라 여자 골프선수들이 미국 LPGA투어에서 아주 좋
은 성적을 거두고 있다지요? 사실 우리나라 골프의 인기는 과거 1998년으로 거슬러 올라갑니
다. 1998년 7월 7일, 미국 메이저 골프대회 'US여자오픈' 마지막 라운드에서 기적이 일어났
습니다. 일명 '맨발의 투혼'이라 불리며, 대한민국 박세리 선수가 당당히 우승컵을 거머쥐었던
사건입니다. 이로 인해 박세리 선수는 일약 스타덤에 오르게 되었죠.

박세리 선수의 맨발 투혼(양말을 벗고 연못 안으로 들어가 멋지게 공을 쳐낸 것)은 당시
IMF 외환위기로 힘들어하던 우리 모두에게 큰 희망을 안겨주었던 사건이었습니다. 참고로
IMF 외환위기란 기업이 연쇄적으로 도산하면서 국가 부도사태까지 이르는 상황을 말합니다.
여하튼 박세리 선수의 맨발 투혼으로 인해 그 당시 골프의 인기는 하늘을 찔렀다고 합니다. 이
때 박세리 선수를 보며 골퍼의 꿈을 키웠던 어린 학생들이 있었습니다. 이른바 '박세리 키즈'
라고 부르는데요. 요즘 미국, 일본, 유럽 등지에서 큰 활약을 하고 있는 선수들이 바로 그 박세
리 키즈라고 하네요.

혹시 골프의 성적이 어떻게 매겨지는지 알고 계신가요? 음... 잘 모르겠다고요? 먼저 골프의 코스
에 대해 이야기해 봅시다. 골프의 코스는 그 크기에 따라서 공을 3번 쳐서 홀(구멍)에 넣는 코
스, 공을 4번 쳐서 홀(구멍)에 넣는 코스, 공을 5번 쳐서 홀(구멍)에 넣는 코스, 이 세 가지로 분

류됩니다. 각각 순서대로 파 3홀, 파 4홀, 파 5홀이라고 부르죠.

① 공을 3번 쳐서 홀(구멍)에 넣는 코스 : 파 3홀
② 공을 4번 쳐서 홀(구멍)에 넣는 코스 : 파 4홀
③ 공을 5번 쳐서 홀(구멍)에 넣는 코스 : 파 5홀

일반적인 골프장의 경우, 파 3홀이 4개, 파 4홀이 10개, 파 5홀이 4개로 총 18홀을 가지고 있답니다. 즉, 한 명의 골프선수는 하루에 18홀을 완주해야 한다는 뜻이지요. 그리고 가장 적은 타수로 코스를 완주한 선수가 승리하게 됩니다. 다시 말해서, 기본 72타를 기준으로 더 적게 친 사람이 우승컵을 거머지게 된다는 말이지요.

① 공을 3번 쳐서 홀(구멍)에 넣는 코스(파 3홀) : 4개 → 12타(기본 타수)

② 공을 4번 쳐서 홀(구멍)에 넣는 코스(파 4홀) : 10개 → 40타(기본 타수)

③ 공을 5번 쳐서 홀(구멍)에 넣는 코스(파 5홀) : 4개 → 20타(기본 타수)

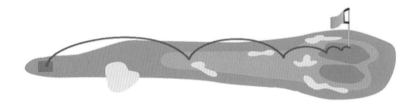

이해가 되시나요? 여기서 72타를 이븐파(even par), 71타를 1언더파(one under par : −1타), 70타를 2언더파(two under par : −2타), …, 73타를 1오버파(one over par : +1타), 74타를 2오버파(two over par : +2타)라고 부릅니다. 참고로 프로선수들이 출전하는 골프대회의 경우, 하루에 18홀씩 4일(4라운드)에 걸쳐 완주해야 하며, 총 4라운드 동안 가장 적은 타수를 기록한 선수가 우승하게 됩니다.

어떤 두 골프선수 A, B는 최근 10경기에서 평균 72타를 기록했다고 합니다. 과연 두 선수의 골프 실력이 비슷하다고 말할 수 있을까요? (여기서는 1경기를 1라운드(18홀)로 간주하겠습니다)

 잠시 질문의 답을 스스로 찾아보는 시간을 가져보세요.

당연히 그렇지 않느냐고요? 음... 사실 평균이라는 값은 10경기의 성적을 단순히 더하여 10으로 나눈 값에 불과합니다. 다시 말해서, 평균값만을 가지고는 선수들이 매 경기 어떤 실력을 보여주었는지 전혀 파악할 수가 없다는 뜻입니다. 다음은 두 선수 A, B의 최근 10경기에 대한 기록입니다.

대회	A선수의 타수	B선수의 타수
1차 대회	70	64
2차 대회	71	84
3차 대회	75	81
4차 대회	73	73
5차 대회	71	69
6차 대회	74	88
7차 대회	70	53
8차 대회	69	52
9차 대회	73	99
10차 대회	74	57

어떠세요? 뭔가 감이 오시나요? 타수의 평균값(A, B선수 모두 72타)만 봤을 때에는 두 선수의 실력이 비슷하다고 말할 수도 있겠지만, 세부적인 경기내역을 살펴보니 좀 다른 평가가 나올 것 같네요.

- A선수의 기록은 고르게 분포되어 있다. → 일정한 수준의 능력을 가지고 있다.
- B선수의 기록은 들쑥날쑥하다. → 잘할 땐 정말 잘하지만 못할 땐 엄청 못한다.

이러한 평가는 두 선수가 기록한 '타수의 평균값'만 가지고는 도저히 확인할 수 없는 사항입니다. 그렇죠? 만약 여러분들이 스포츠 에이전시 스카우터(scouter : 우수하거나 장래성이 있는 운동선수 또는 연예인 따위를 물색하여 발탁하는 일을 전문으로 하는 사람)라면, 두 선수 중 누구를 선택하겠습니까? 개인적으로 저는 A선수를 스카우트하고 싶네요. B선수는 조금 미덥지 못한 구석이 있거든요. 여러분도 비슷한 생각이죠? 여하튼 평균과 같은 대푯값만으로는, 자료의 분포 상태를 전혀 알 수 없다는 사실과 함께 일반적으로 통계자료를 분석할 때에는 자료의 분포 상태까지도 명확히 파악해야 한다는 것 또한 잊지 마시기 바랍니다.

각각의 자료들이 대푯값 주위에 흩어져 있는 정도를 하나의 수치로 나타낸 것을 산포도라고 말합니다.

산포도

각각의 자료들이 대푯값 주위에 흩어져 있는 정도를 하나의 수치로 나타낸 것을 산포도라고 부릅니다.

산포도라고 하니까, '산에서 나는 포도' 아니냐고 말하는(언어유희) 학생들도 있을 것입니다. 산포도의 산은 '흩을 산(散)', 벌은 '벌일 포(布)'자를 써서, 자료가 흩어져 벌여 있는 정도를 의미하는 한자어입니다.

산포도 : '흩을 산(散)', '벌일 포(布)', '법도 도(度)' → 흩어져 벌여 있는 정도

그렇다면 통계학에서는 왜 산포도(자료의 분포 정도)를 파악하는 걸까요? 쉬운 예를 하나 들어보겠습니다. 다음 기사를 천천히 읽어보시기 바랍니다.

'성범죄 지도' 작성하여, 우범지역 확인!!!

서울시 어느 지역의 성범죄 발생 지점을 지도에 표시해 보니, 단순 데이터 검색으로는 보이지 않았던 패턴을 쉽게 확인할 수 있었다. 그것은 바로 ○○역과 ○○역을 잇는 ○○대로를 따라 띠를 이루면서 성범죄가 집중적으로 발생했다는 사실이다. 그 외 … 즉, 성범죄에도 우범지역이 있다는 사실이 밝혀진 셈이다.

뭔가 감이 오시나요? 그렇습니다. 이렇게 자료의 분포 정도(산포도)를 확인하면 기대 이상의 유용한 정보들을 쉽게 찾아낼 수 있답니다. 이것이 바로 우리가 통계를 사용하는 이유인 것입니다. 사실 산포도를 나타내는 개념에는 여러 가지가 있지만, 중학교 수준에서는 평균을 대푯값으로 하는 '편차, 평균편차, 분산, 표준편차'에 대해서만 다루고 있습니다. 그럼 산포도의 기본 개념인 편차부터 살펴볼까요?

편차

어떤 자료의 각 변량(x_1, x_2, x_3, ...)에서 평균(m)을 뺀 값을 편차라고 정의합니다.

(편차)=(변량)−(평균)=$x_i − m (i=1, 2, 3, ...)$

다들 짐작하셨겠지만, 편차의 편은 '치우칠 편(偏)', 차는 '다를 차(差)'를 씁니다.

편차 : '치우칠 편(偏)', '다를 차(差)' → 치우쳐서 다르게 보이는 정도

즉, 편차란 자료의 값이 평균(대푯값)으로부터 얼마만큼 떨어져 있는지 나타내는 지표입니다. 음... 한자가 좀 어려운가요? 흔히 부모님들이 어떤 자녀를 편애한다고 말하죠? 여기서 편애란 '한 쪽으로 치우친 사랑'을 뜻합니다. 즉, 자녀들 중에 특정한 사람(아들 또는 딸, 장남 또는 막내)에게만 잘 해주는 것을 의미합니다. 편애는 가정의 화목을 깨뜨리는 요인이기도 하답니다.

앞서 다루었던 두 골프선수 A와 B의 10경기 성적에 대한 편차를 계산해 보도록 하겠습니다. 참고로 두 선수의 10경기 평균 성적은 모두 72타입니다.

대회	A선수		B선수	
	타수	편차	타수	편차
1차 대회	70		64	
2차 대회	71		84	
3차 대회	75		81	
4차 대회	73		73	
5차 대회	71		69	
6차 대회	74		88	
7차 대회	70		53	
8차 대회	69		52	
9차 대회	73		99	
10차 대회	74		57	

 잠시 질문의 답을 스스로 찾아보는 시간을 가져보세요.

어렵지 않죠? 편차의 정의만 알고 있으면 쉽게 해결할 수 있는 문제입니다.

$$(편차) = (변량) - (평균)$$

대회	A선수		B선수	
	타수	편차	타수	편차
1차 대회	70	-2	64	-8
2차 대회	71	-1	84	$+12$
3차 대회	75	$+3$	81	$+9$
4차 대회	73	$+1$	73	$+1$
5차 대회	71	-1	69	-3
6차 대회	74	$+2$	88	$+16$
7차 대회	70	-2	53	-19
8차 대회	69	-3	52	-20
9차 대회	73	$+1$	99	$+27$
10차 대회	74	$+2$	57	-15

경기별 편차를 살펴보니, 두 선수의 실력을 확연히 가늠할 수 있겠네요. 그렇죠? A선수의 경우 편차의 크기가 $(-3) \sim (+3)$으로, 잘할 때와 못할 때의 차이가 6타 밖에 나질 않습니다. 다시 말해, A선수는 일정한 수준의 골프실력을 갖추고 있음을 쉽게 알 수 있습니다. 반면에 B선수의 경우 편차의 크기가 $(-20) \sim (+27)$로, 잘할 때와 못할 때의 차이가 무려 47타나 됩니다. 즉, 잘할 땐 정말 잘하지만 못할 땐 엄청 못하는 선수라고 말할 수 있습니다.

잠깐! 여기서 평균보다 작은 변량의 편차는 음수, 평균보다 큰 변량의 편차는 양수로 표기되었다는 사실, 캐치하셨나요? 더불어 편차의 절댓값이 크면 클수록 변량의 값이 평균(대푯값)보다 멀리 떨어져 있다는 것, 편차의 절댓값이 작으면 작을수록 변량의 값이 평균(대푯값)에 근접해 있다는 것도 확인하셨나요?

여러분~ **편차의 총합은 얼마일까요?** 일단 계산하지 말고 직관적으로 답을 말해보시기 바랍니다.

편차의 총합이라...? 음... 평균보다 크거나 작은 정도를 모두 더한 값인데...

 잠시 질문의 답을 스스로 찾아보는 시간을 가져보세요.

네, 맞아요~ 정답은 0입니다. 왜 그런지 수학적으로 증명해 보도록 하겠습니다. 일단 n개의 자료(변량) x_1, x_2, ..., x_n의 평균을 m이라고 가정해 봅시다. 여기서 m은, 자료(변량) x_1, x_2, ..., x_n의 합을 자료의 개수 n으로 나눈 값이라는 거, 다들 알고 계시죠? 더불어 다음과 같이 등식의 양변에 n을 곱하여 식을 변형할 수도 있습니다.

$$m = \frac{x_1 + x_2 + \dots + x_n}{n} \rightarrow mn = x_1 + x_2 + \dots + x_n$$

각 자료에 대한 편차를 계산하면 다음과 같습니다.

$$x_1, x_2, \dots, x_n \text{의 편차} \rightarrow (x_1 - m), (x_2 - m), \dots, (x_n - m)$$
$$(\text{편차}) = (\text{변량}) - (\text{평균}) = x_i - m \, (i = 1, 2, 3, \dots)$$

이제 편차의 합을 구해볼까요? 잠깐! 앞서 $mn = x_1 + x_2 + \dots + x_n$이라고 했던 거, 기억하시죠?

$$(\text{편차의 합}) = (x_1 - m) + (x_2 - m) + \dots + (x_n - m) = (x_1 + x_2 + \dots + x_n) - (m \times n) = mn - mn = 0$$

역시~ 편차의 합은 0이군요. 다음 그림을 보면 이해하기가 좀 더 수월할 것입니다. 앞의 도표와 함께 천천히 살펴보시기 바랍니다.

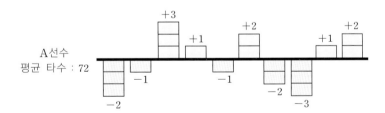

여러분~ 편차를 구하는 과정에서 뭔가 불편한 점, 못 느끼셨나요? 네, 그렇습니다. 편차는 각각의 변량에 대한 산포도를 의미하므로, 모든 변량에 대한 편차의 값을 알아야 자료의 분포 상태를 명확히 파악할 수 있습니다. 즉, 각 자료에 대한 편차값을 일일이 따져보면서 자료를 분석해야 한다는 말이죠.

하나의 숫자를 가지고 자료의 분포 상태를 쉽게 알 수 있는 방법, 어디 없을까요?

 잠시 질문의 답을 스스로 찾아보는 시간을 가져보세요.

자료의 분포 상태를 한눈에 확인할 수 있는 수치라... 음... 일단 편차는 각 자료에서 평균을 뺀 값으로, 양과 음으로 분류됩니다. 더불어 편차의 합은 항상 0이 되므로, 이 값을 가지고는 자료의 분포 상태를 전혀 확인할 수가 없습니다. 그렇죠? 도대체 어떻게 해야 편차의 개념으로부터 변량의 흩어진 정도(자료의 분포 상태)를 한번에 파악할 수 있는 개념(수치)를 도출할 수 있을까요?

편차의 음숫값을 양수로 만들어 보는 건 어떨까요...?

만약 편차의 음숫값을 양수로 만들 수 있다면, 편차의 합은 0이 되지 않을 것입니다. 혹시 음수를 양수로 만드는 기호가 무엇인지 아십니까? 중학교 1학년 때 배운 기호인데... 잘 생각 나지 않나 보네요. 바로 절댓값입니다.

$$|a| \begin{cases} a \geq 0 \text{일 때}, \ |a|=a : |3|=3, \ |0|=0 \\ a < 0 \text{일 때}, \ |a|=-a : |-3|=-(-3)=3 \end{cases}$$

그렇다면 편차의 절댓값의 합은 어떤 의미를 갖는 숫자일까요?

너무 막막한가요? 힌트를 드리겠습니다. 편차의 절댓값의 합이 큰 경우와 작은 경우를 상상해 보시기 바랍니다.

① 편차의 절댓값의 합이 큰 경우
  • 변량 : 1, 2, 99, 98 → 평균 : 50
  • 편차의 절댓값의 합 : 49+48+49+48=194

② 편차의 절댓값의 합이 작은 경우
  • 변량 : 48, 49, 51, 52 → 평균 : 50
  • 편차의 절댓값의 합 : 2+1+1+2=6

네, 맞아요~ 편차의 절댓값의 합이 크면 클수록 각각의 자료들은 평균으로부터 멀리 벗어나 있습니다. 그렇죠? 또한 편차의 절댓값의 합이 작으면 작을수록 각각의 자료들은 평균 근방에 밀집되어 있습니다. 여기까지 이해 되시나요? 다음에 주어진 표를 잘 살펴보시기 바랍니다. 결론부터 말하자면, 편차의 절댓값의 합이 작은 A선수의 대회 성적은 고른 반면 편차의 절댓값의 합이 큰 B선수의 대회 성적은 들쭉날쭉합니다.

대회	A선수			B선수		
	타수	편차	|편차|	타수	편차	|편차|
1차 대회	70	-2	2	64	-8	8
2차 대회	71	-1	1	84	$+12$	12
3차 대회	75	$+3$	3	81	$+9$	9
4차 대회	73	$+1$	1	73	$+1$	1
5차 대회	71	-1	1	69	-3	3
6차 대회	74	$+2$	2	88	$+16$	16
7차 대회	70	-2	2	53	-19	19
8차 대회	69	-3	3	52	-20	20
9차 대회	73	$+1$	1	99	$+27$	27
10차 대회	74	$+2$	2	57	-15	15
	|편차|의 합		**18**	|편차|의 합		**130**

역시 대회 성적이 고른 A선수의 편차의 절댓값의 합이 B선수보다 훨씬 작습니다. 그렇죠? 이로써 우리는 하나의 수치(편차의 절댓값의 합)로부터 자료의 분포 상태(산포도)를 한번에 파악할 수 있게 되었습니다.

- 편차의 절댓값의 합이 크면 클수록 자료는 평균으로부터 넓게 퍼져 분포되어 있다.
- 편차의 절댓값의 합이 작으면 작을수록 자료는 평균 근방에 밀집되어 분포되어 있다.

그런데 자료의 값(|편차|의 합)이 좀 커 보이죠?

A선수의 |편차|의 합 : 18   B선수의 |편차|의 합 : 130

'|편차|의 합'을 전체 자료의 개수로 나누면, 어느 한 자료의 값이 평균으로부터 대략 얼마나 떨어져 있는지 확인할 수 있을 것입니다. 그럼 두 골프선수의 대회 성적에 대한 '|편차|의 합'을 자료의 개수로 나누어 보도록 하겠습니다. 여기서 잠깐! 어떤 자료의 합을 자료의 개수로 나눈 값을 평균이라고 부른다는 사실, 잊지 않으셨죠?

- A선수 : $\dfrac{(|편차|의\ 총합)}{(전체\ 자료의\ 개수)}=\dfrac{18}{10}=1.8$ • B선수 : $\dfrac{(|편차|의\ 총합)}{(전체\ 자료의\ 개수)}=\dfrac{130}{10}=13$

이렇게 편차의 절댓값의 합을 전체 자료의 개수로 나눈 값을 평균편차라고 부릅니다. 평균편차가 1.8이라는 말은(A선수의 경우), 각 자료의 값이 평균으로부터 떨어진 정도가 대략 1.8(편차의 대푯값)이 된다는 것을 의미합니다. 더불어 평균편차가 13이라는 말은(B선수의 경우), 각 자료의 값이 평균으로부터 떨어진 정도가 대략 13(편차의 대푯값)이 된다는 것을 의미합니다. 즉, 평균편차의 값만 알면 각 자료의 값이 평균으로부터 얼마만큼 떨어져 있는지 한눈에 확인할 수 있습니다.

- 평균편차가 크면 클수록 자료는 평균으로부터 넓게 퍼져 분포되어 있다.
- 평균편차가 작으면 작을수록 자료는 평균 근방에 밀집되어 분포되어 있다.

평균편차

① 편차 : 어떤 자료의 각 변량에서 평균을 뺀 값 → (편차)=(변량)-(평균)
② 평균편차 : 편차의 절대값의 합을 전체 자료의 개수로 나눈 값

$$\rightarrow \text{(평균편차)}=\frac{\{|\text{편차}|\text{의 총합}\}}{\text{(전체 자료의 개수)}}$$

이처럼 평균편차라는 값 하나만 확인하면, 자료의 산포도(분포의 정도)를 한눈에 파악할 수 있습니다. 그런데... 이렇게 복잡한 계산을 언제 다 하냐고요? 걱정하지 마십시오. 컴퓨터 통계 프로그램을 활용하면 클릭 한번으로 모든 자료의 편차, 평균편차 등의 수치를 모조리 계산할 수 있답니다. (평균편차의 숨은 의미)

하지만 통계학적으로 보나 컴퓨터 계산프로그램으로 보나 평균편차의 개념에는 치명적인 약점이 하나 있습니다. 그것은 바로 '절댓값에 의한 계산식'이라는 점입니다. 사실 절댓값은 일반적인 다항식에서는 잘 쓰이지 않는 기호 중 하나인데요. 이는 단순히 수치를 더하거나 곱하는 것이 아닌, 절댓값 안에 있는 숫자가 0보다 큰지 작은지를 판단한 후에 그 값을 계산해야 하기 때문입니다.

$$|a| \begin{cases} a \geq 0 : |a| = a \\ a < 0 : |a| = -a \end{cases}$$

특히 자료의 양이 상당히 많아 컴퓨터를 활용하여 통계프로그램을 설계할 경우, 계산과정 중 무언가를 판단할 수 있는 단계(절댓값 안에 있는 숫자가 양수인지 음수인지 판단하는 알고리즘)가 들어가야 하기 때문에, 시스템 운영에 있어서도 효율성이 떨어집니다. 더불어 고등학교

에서 배울 미적분의 개념이 통계와 접목될 경우, 평균편차(절댓값)의 계산과정은 훨씬 더 복잡해집니다. 또한 수식의 각 항에 대한 의미도 부여할 수가 없는데요. 이는 데이터 처리를 통한 새로운 정보 활용에 있어서도 큰 장애가 됩니다. 음... 도통 무슨 말을 하는지 모르겠다고요? 아직 중학교 수준에서는 이해하기 어려운 내용이긴 합니다. 여하튼 평균편차는 통계학적으로 많이 쓰이지 않는 개념이라는 사실만 기억하고 넘어가시기 바랍니다.

절댓값 말고, 편차의 음숫값을 양수로 만드는 방법이 하나 더 있습니다. 과연 그것이 무엇일까요?

 잠시 질문의 답을 스스로 찾아보는 시간을 가져보세요.

너무 어렵나요? 힌트를 드리겠습니다.

어떤 수 a의 ○○은 항상 양수(또는 0)이다.

과연 a를 어떻게 연산해야 항상 양수(또는 0)가 나올까요? 네, 맞아요. 정답은 바로 제곱입니다. 임의의 어떤 수를 '제곱'하면 그 수는 항상 양수 또는 0($a^2 \geq 0$)이 되거든요. 그럼 두 골프선수의 대회 성적의 편차를 제곱해 보도록 하겠습니다. 더불어 그 합도 계산해 봅시다. 다들 아시다시피 A선수의 대회 성적은 고른 반면 B선수의 대회 성적은 들쑥날쑥합니다.

대회	A선수			B선수		
	타수	편차	(편차)²	타수	편차	(편차)²
1차 대회	70	−2	4	64	−8	64
2차 대회	71	−1	1	84	+12	144
3차 대회	75	+3	9	81	+9	81
4차 대회	73	+1	1	73	+1	1
5차 대회	71	−1	1	69	−3	9
6차 대회	74	+2	4	88	+16	256
7차 대회	70	−2	4	53	−19	361
8차 대회	69	−3	9	52	−20	400
9차 대회	73	+1	1	99	+27	729
10차 대회	74	+2	4	57	−15	225
	계		**38**	계		**2270**

역시 대회 성적이 고른 A선수의 편차 제곱의 합이 B선수보다 훨씬 작습니다. 그렇죠? 이로써 우리는 하나의 수치(편차 제곱의 합)로부터 자료의 분포 상태(산포도)를 한번에 파악할 수 있게 되었습니다.

- 편차 제곱의 합이 크면 클수록 자료는 평균으로부터 넓게 퍼져 분포되어 있다.
- 편차 제곱의 합이 작으면 작을수록 자료는 평균 근방에 밀집되어 분포되어 있다.

편차 제곱의 합을 전체 자료의 개수로 나누면, 어느 한 자료의 값이 평균으로부터 대략 얼마나 떨어져 있는지 확인할 수 있을 것입니다. 그럼 두 골프선수의 대회 성적에 대한 편차 제곱의 합을 자료의 개수로 나누어 보도록 하겠습니다.

- A선수 : $\dfrac{\{(편차)^2의\ 총합\}}{(전체\ 자료의\ 개수)} = \dfrac{38}{10} = 3.8$ · B선수 : $\dfrac{\{(편차)^2의\ 총합\}}{(전체\ 자료의\ 개수)} = \dfrac{2270}{10} = 227$

이렇게 **편차 제곱의 합을 전체 자료의 개수로 나눈 값을 분산이라고 정의합니다.** 다들 짐작했겠지만, 분산의 분은 '나눌 분(分)', 산은 '흩어질 산(散)'을 씁니다. 즉, 자료들이 나누어 흩어진 정도를 뜻하는 한자어라는 말이지요. 분산 또한 산포도의 개념 중 하나입니다.

- 분산이 크면 클수록 자료는 평균으로부터 넓게 퍼져 분포되어 있다.
- 분산이 작으면 작을수록 자료는 평균 근방에 밀집되어 분포되어 있다.

그런데 분산값을 보아하니 좀 의문이 생기는군요. 특히 B선수의 분산은 227로 너무 큽니다. 왜 그럴까요? 네, 맞아요. 편차의 값을 양수로 만들기 위해 '제곱'을 해서 그렇습니다. 분산의 개념을 좀 더 실제 자료에 맞는 수치로 변형하려면 어떻게 해야 할까요? 즉, 분산에 어떤 계산을 추가해야 제대로 된 편차의 값을 찾을 수 있는지 묻는 것입니다.

제곱된 수를 다시 원래대로 되돌리는 방법이라...?

 잠시 질문의 답을 스스로 찾아보는 시간을 가져보세요.

이 타이밍에 제곱근을 떠올렸다면, 여러분의 수학실력은 가히 최고 수준이라고 말할 수 있을 것입니다. 즉, 분산의 제곱근을 구하자는 말이지요. 참고로 분산은 양수이므로, 그 제곱근은 분산값에 $\sqrt{\ }$(근호)를 씌워주기만 하면 됩니다.

앞서 두 골프선수 A, B의 대회 성적에 대한 $\sqrt{(분산)}$의 값을 구해보도록 하겠습니다. 단, 제곱근을 구할 때에는 계산기를 활용하며, 소수 셋째 자리에서 반올림하시기 바랍니다.

$$\cdot\, \text{A선수} : \frac{\{(편차)^2의\ 총합\}}{(전체\ 자료의\ 개수)} = \frac{38}{10} = 3.8 \;\rightarrow\; \sqrt{(분산)} = \sqrt{3.8} \fallingdotseq 1.95$$

$$\cdot\, \text{B선수} : \frac{\{(편차)^2의\ 총합\}}{(전체\ 자료의\ 개수)} = \frac{2270}{10} = 227 \;\rightarrow\; \sqrt{(분산)} = \sqrt{227} \fallingdotseq 15.07$$

이제 $\sqrt{(분산)}$의 값을 살펴볼까요? A선수의 $\sqrt{(분산)}$은 1.95입니다. 이는 각 자료의 값이 평균으로부터 대략 1.95 정도 떨어져 있음을 의미합니다. 그렇죠? 마찬가지로 B선수의 $\sqrt{(분산)}$은 15.07이며, 각 자료의 값이 평균으로부터 15.07 정도 떨어져 있음을 의미합니다. 이렇게 자료의 편차를 부호(양,음)와 상관없이 표준적으로 만든 편차값 $\sqrt{(분산)}$을 표준편차라고 부릅니다. 물론 표준편차도 산포도의 개념 중 하나입니다.

그럼 산포도의 개념을 하나씩 정리해 볼까요?

편차, 평균편차, 분산, 표준편차

① 편차 : 어떤 자료의 각 변량에서 평균을 뺀 값 → (편차)=(변량)−(평균)

② 평균편차 : 편차의 절댓값의 합을 전체 자료의 개수로 나눈 값 → $(평균편차)=\dfrac{\{|편차|의\ 총합\}}{(전체\ 자료의\ 개수)}$

③ 분산 : 편차의 제곱의 합을 전체 자료의 개수로 나눈 값 → $(분산)=\dfrac{\{(편차)^2의\ 총합\}}{(전체\ 자료의\ 개수)}$

④ 표준편차 : 분산의 양의 제곱근 → $(표준편차)=\sqrt{(분산)}=\sqrt{\dfrac{\{(편차)^2의\ 총합\}}{(전체\ 자료의\ 개수)}}$

음... 보아하니, 산포도에 대한 개념은 크게 평균편차와 표준편차로 나뉘는군요. 그렇죠? 사실 편차의 개념을 정확히 적용하려면, 평균편차를 활용하는 것이 좋습니다. 왜냐하면 각각의 자료가 평균으로부터 얼만큼 떨어져 있는지, 즉 그 차이를 명확히 보여주거든요. 이는 평균편차를 계산하는 데 있어서 뺄셈연산이 주(主)가 되었기 때문입니다. 하지만 표준편차의 경우, 편차를 제곱하는 과정이 포함되어 있어 편차의 값을 조금 더 크게(또는 작게) 만듭니다. 즉, 제곱으로 인해 평균으로부터 멀어진 정도가 조금 더 커지거나 작아진다는 뜻이지요. 물론 제곱근을 활용하긴 하지만 평균편차보다는 정확하지 않습니다. 이는 앞서 두 골프선수 A와 B의 대회 성적에 대한 평균편차와 표준편차를 비교해 보며 쉽게 확인할 수 있을 것입니다.

[평균편차]

- A선수 : $\dfrac{\{|편차|의\ 총합\}}{(전체\ 자료의\ 개수)}=\dfrac{18}{10}=1.8$ • B선수 : $\dfrac{\{|편차|의\ 총합\}}{(전체\ 자료의\ 개수)}=\dfrac{130}{10}=13$

[표준편차]

- A선수 : $\dfrac{\{(편차)^2의\ 총합\}}{(전체\ 자료의\ 개수)}=\dfrac{38}{10}=3.8 \ \rightarrow \ \sqrt{(분산)}=\sqrt{3.8}\fallingdotseq1.95$

- B선수 : $\dfrac{\{(편차)^2의\ 총합\}}{(전체\ 자료의\ 개수)}=\dfrac{2270}{10}=227 \ \rightarrow \ \sqrt{(분산)}=\sqrt{227}\fallingdotseq15.07$

여기서 질문~ 왜 수학자들은 표준편차의 개념을 도출했을까요?

🖼 잠시 질문의 답을 스스로 찾아보는 시간을 가져보세요.

 앞서도 잠깐 언급했지만, 자료의 양이 상당히 많을 경우 평균편차를 계산하는 것은 아주 번거롭습니다. 특히 컴퓨터를 이용하여 통계프로그램을 설계할 경우, 계산과정 중 무언가를 판단해야 하는 단계(절댓값 안에 있는 숫자가 양수인지 음수인지 판단하는 알고리즘)가 들어가야 하기 때문에, 시스템 운영에 있어서도 효율성이 떨어집니다. 더불어 고등학교에서 배울 미적분의 개념이 통계와 접목될 경우, 평균편차(절댓값)의 계산과정은 훨씬 더 복잡해집니다. 하지만 표준편차는 그렇지 않습니다. 그냥 제곱(곱셈)을 계산하기만 하면 되거든요. 또한 평균편차의 경우 절댓값으로 인해 각 항의 의미를 명확히 부여할 수 없는 반면 표준편차는 그렇지 않습니다. 제곱을 전개하기만 하면 수식이 완전히 풀리기 때문이죠. 이는 각 항에 대한 데이터 처리를 통한 새로운 정보 활용에 있어서도 큰 장점을 갖습니다. 음... 도통 무슨 말을 하는지 모르겠다고요? 아직 중학교 수준에서는 이해하기 어려운 내용이긴 합니다. 여하튼 평균편차의 개념보다는 표준편차의 개념이 통계학적으로 훨씬 많이 쓰인다는 사실만 기억하고 넘어가시기 바랍니다.

[제곱과 절댓값의 알고리즘]

$START \longrightarrow READ\ A \longrightarrow X=A\times A \longrightarrow PRINT\ X \longrightarrow END$

$START \longrightarrow READ\ A \longrightarrow A\geq0? \begin{smallmatrix}Yes \\ No\end{smallmatrix} \begin{smallmatrix}X=A \\ X=-A\end{smallmatrix} \longrightarrow PRINT\ X \longrightarrow END$

다음 두 골프선수의 대회 성적에 대한 편차, 분산, 표준편차의 값을 구해보면 다음과 같습니다.

대회	A선수			B선수		
	타수	편차	(편차)²	타수	편차	(편차)²
1차 대회	70	−2	4	64	−8	64
2차 대회	71	−1	1	84	+12	144
3차 대회	75	+3	9	81	+9	81
4차 대회	73	+1	1	73	+1	1
5차 대회	71	−1	1	69	−3	9
6차 대회	74	+2	4	88	+16	256
7차 대회	70	−2	4	53	−19	361
8차 대회	69	−3	9	52	−20	400
9차 대회	73	+1	1	99	+27	729
10차 대회	74	+2	4	57	−15	225
분산	계		38	계		2270
	$\dfrac{\{(편차)^2의\ 총합\}}{(전체\ 자료의\ 개수)}=\dfrac{38}{10}=3.8$			$\dfrac{\{(편차)^2의\ 총합\}}{(전체\ 자료의\ 개수)}=\dfrac{2270}{10}=227$		
표준 편차	$\sqrt{(분산)}=\sqrt{3.8}=1.95$			$\sqrt{(분산)}=\sqrt{227}=15.07$		

일반적으로 어떤 자료의 평균을 m, 표준편차를 σ(sigma)로 표기합니다. 여기서 σ(sigma)는 알파벳 s를 의미하는 그리스 문자입니다. 영어를 많이 공부한 학생들은 눈치챘겠지만, 평균을 m으로 표기하는 이유는 평균의 영단어가 바로 mean이기 때문입니다.

mean이 평균이라고...?

네, 맞아요. mean은 동사로 '의미하다'를 뜻하는 단어이면서 동시에 명사로 '중도', '평균' 등을 뜻하는 단어이기도 하답니다. 사실 실생활에서는 average(애버리지)라는 말을 흔하게 사용하는데, 소문자 a의 경우 수식에서 이미 많이 활용되었기 때문에, 수학에서 평균을 의미하는 m을 쓰는 듯합니다. 반면에 표준편차 σ(sigma)는 영단어 standard deviation의 첫글자인 s에서 비롯된 것입니다. 소문자 s 또한 도형(기하학)에서 널리 쓰이는 문자이기 때문에, s에 대응하는 그리스 문자인 σ(sigma)를 표준편차로 사용한 듯 싶습니다. 참고로 분산은 σ^2으로 표기합니다. 웬 σ^2이냐고요? 분산의 제곱근이 바로 표준편차이기 때문입니다.

문자를 활용하여 편차, 분산, 표준편차의 계산식을 다시 한 번 작성해 보겠습니다. n개의 변량 x_1, x_2, ..., x_n의 평균을 m이라고 하면, 편차와 분산(σ^2) 그리고 표준편차(σ)는 다음과 같습니다.

$$（편차）=（변량）-（평균） : x_i - m(i=1, 2, 3, ...)$$

$$（분산）=\frac{\{（편차）^2의\ 총합\}}{（전체\ 자료의\ 개수）} : \sigma^2 = \frac{(x_1-m)^2+...+(x_n-m)^2}{n}$$

$$（표준편차）=\sqrt{（분산）}=\sqrt{\frac{\{（편차）^2의\ 총합\}}{（전체\ 자료의\ 개수）}} : \sigma = \sqrt{\frac{(x_1-m)^2+...+(x_n-m)^2}{n}}$$

이제 좀 산포도에 대해 감이 오시나요? 음... 계산과정이 너무 복잡하다고요? 그건 걱정할 필요 없습니다. 통계와 관련된 모든 계산식은 컴퓨터 프로그램의 함수로 저장해 놓기 때문에, 자료만 업로드 해 놓으면 클릭 한 번으로 모든 통계수치를 바로바로 계산해 낼 수 있거든요. 참고로 표준편차의 경우 주어진 자료와 동일한 단위를 가지며, 산포도 중 가장 널리 활용되는 개념이라는 사실도 함께 기억하시기 바랍니다.

통계를 공부할 때 가장 신경써야 하는 부분이 뭐라고 했죠? 그렇습니다. 바로 용어의 정의입니다. 다시 말해서, 용어가 어떤 계산식으로 정의되어 있는지 정확히 알고 있으면 통계문제의 70%를 해결했다고 볼 수 있습니다. 나머지 30%는 그 수치를 해석하는 과정일 것입니다. 하지만 무작정 용어를 암기하려고만 한다면 수학이 점점 어려워질 것입니다. 문제를 풀 때마다 개념를 자주 찾아보면서 자연스럽게 익히시기 바랍니다.

통계(statistics)의 유래

통계라는 단어 이전에는 '정치 산술'이라는 말이 있었다고 합니다. 그것은 주로 인구수와 수명을 알아보기 위한 조사로서 17세기 유럽, 특히 영국과 프랑스에서 처음 등장한 용어라고 합니다. 당시 사람들은 인구 증가가 건강한 국가를 의미한다고 믿었기 때문에, 출산·사망·결혼의 숫자를 가능한 한 정확히 계산하려고 했습니다. 이 숫자들이 바로 사회적·정치적 번영에 대한 질적인 분석을 의미했기 때문이죠. 그 후 이탈리아에서 유래한 statista(나라, 정치가), 라틴어의 statisticus(확률), statisticum(상태)가 결합하여 통계를 뜻하는 statistics라는 단어가 탄생했다고 하네요.

다음 두 학생의 성적에 대한 분산과 표준편차를 구해보시기 바랍니다. 더불어 두 학생의 성적에는 어떤 특징이 있는지도 분석해 보시기 바랍니다.

- 은설이의 중간고사 성적 : 국어 85점, 영어 83점, 수학 88점, 과학 84점
- 세정이의 중간고사 성적 : 국어 73점, 영어 95점, 수학 94점, 과학 78점

 잠시 질문의 답을 스스로 찾아보는 시간을 가져보세요.

일단 두 학생의 평균점수를 구해보면 다음과 같습니다

- 은설이의 중간고사 평균점수 : $\dfrac{85+83+88+84}{4}=85$

- 세정이의 중간고사 평균점수 : $\dfrac{73+95+94+78}{4}=85$

이번엔 두 학생의 성적에 대한 분산과 표준편차를 구해보겠습니다. 잠깐! 분산과 표준편차를 구하기 위해서는 편차를 먼저 계산해야 한다는 거, 다들 아시죠?

[은설이의 중간고사 성적]

$$(분산)=\dfrac{\{(편차)^2의\ 총합\}}{(전체\ 자료의\ 개수)}$$
$$=\dfrac{(85-85)^2+(83-85)^2+(88-85)^2+(84-85)^2}{4}$$
$$=\dfrac{0^2+(-2)^2+3^2+(-1)^2}{4}$$
$$=3.5$$

$$(표준편차)=\sqrt{(분산)}=\sqrt{3.5}≒1.87$$

[세정이의 중간고사 성적]

$$(분산)=\dfrac{\{(편차)^2의\ 총합\}}{(전체\ 자료의\ 개수)}$$
$$=\dfrac{(73-85)^2+(95-85)^2+(94-85)^2+(78-85)^2}{4}$$
$$=\dfrac{(-12)^2+10^2+9^2+(-7)^2}{4}$$

$$=93.5$$

$$(\text{표준편차})=\sqrt{(\text{분산})}=\sqrt{93.5}≒9.67$$

음... 보아하니 은설이와 세정이의 중간고사 평균점수는 서로 같군요. 하지만 은설이는 네 과목의 성적이 고르게 우수한 반면 세정이는 그렇지 않습니다. 즉, 영어와 수학점수는 아주 높지만, 국어와 과학점수는 형편 없다는 뜻이죠. 통계학적으로 말해서, 과목별 편차가 아주 심하다는 얘기입니다. 이것이 분산과 표준편차에 그대로 반영되었습니다. 잘 보세요~ 은설이의 성적에 대한 분산과 표준편차의 값이 세정이의 값보다 훨씬 작죠? 일반적으로 자료의 분산과 표준편차가 작으면 작을수록 자료의 분포 상태는 고른(평균을 중심으로 밀집되어 있다) 반면 분산과 표준편차가 크면 클수록 자료의 분포 상태는 고르지 못합니다. (평균으로부터 멀리 떨어져 있다)

다음은 어느 중학교의 한 학급의 수학 성적에 대한 도수분포표입니다. 주어진 자료에 대한 편차, 분산, 표준편차를 구해보시기 바랍니다.

계급(점)	도수(명)
90이상 ~ 100미만	2
80이상 ~ 90미만	6
70이상 ~ 80미만	8
60이상 ~ 70미만	4
합계	20

 잠시 질문의 답을 스스로 찾아보는 시간을 가져보세요.

도수분포표의 편차, 분산, 표준편차를 구하라고...? 음... 어떻게 문제를 해결해야 할지 도무지 감이 오지 않네요. 왜 그럴까요? 네, 맞아요. 편차, 분산, 표준편차를 구하기 위해서는, 주어진 자료의 값과 평균을 알아야 하는데, 문제에는 그 값들이 주어지지 않았습니다.

$$(\text{편차})=(\text{변량})-(\text{평균}) : x_i-m(i=1,\ 2,\ 3,\ ...)$$

$$(\text{분산})=\frac{\{(\text{편차})^2\text{의 총합}\}}{(\text{전체 자료의 개수})} : \sigma^2=\frac{(x_1-m)^2+...+(x_n-m)^2}{n}$$

$$(표준편차) = \sqrt{(분산)} = \sqrt{\frac{\{(편차)^2의\ 총합\}}{(전체\ 자료의\ 개수)}} \quad : \quad \sigma = \sqrt{\frac{(x_1 - m)^2 + \ldots + (x_n - m)^2}{n}}$$

그래도 포기할 순 없겠죠? 가장 합리적인 방법으로 질문의 답을 찾아보도록 하겠습니다. 일단 편차를 구하기 위해서는 각 변량의 값을 알아야 합니다. 그런데 도수분포표를 가지고는 정확한 변량의 값을 찾을 수가 없습니다. 음... 계급값을 활용하면 어떨까요? 아마도 대략적인 값은 추측할 수 있을 듯합니다. 계급값... 기억나시죠? 계급값은 계급의 중앙값으로, 계급의 양끝값을 더한 후 2로 나눈 값을 의미합니다.

$$(계급값) = \frac{(계급의\ 양끝값의\ 합)}{2}$$

그럼 주어진 자료의 계급값을 하나의 변량이라고 보고, 도수에 맞게 하나씩 정리해 보도록 하겠습니다.

수학 성적 (점)	도수(명)	변량
90이상 ~ 100미만	2	95, 95
80이상 ~ 90미만	6	85, 85, 85, 85, 85, 85
70이상 ~ 80미만	8	75, 75, 75, 75, 75, 75, 75, 75
60이상 ~ 70미만	4	65, 65, 65, 65

음... 드디어 편차, 분산, 표준편차를 계산할 수 있겠네요. 우선 평균을 구해야겠죠? 사실 우리는 중학교 1학년 때 도수분포표의 평균에 대해 배워본 적이 있습니다. 기억할지 모르겠지만, 그때에도 이와 같이 계급값을 기준으로 변량을 판단하여 평균을 구했답니다.

$$(도수분포표의\ 평균) = \frac{(변량의\ 총합)}{(변량의\ 개수)} = \frac{\{(계급값) \times (도수)의\ 총합\}}{(도수의\ 총합)}$$

$$= \frac{\{(계급값) \times (도수)의\ 총합\}}{(도수의\ 총합)} = \frac{\{(95 \times 2) + (85 \times 6) + (75 \times 8) + (65 \times 4)\}}{20}$$

$$= 78$$

다음으로 각 변량에 대한 편차와 편차의 제곱을 구해볼까요?

$$(편차) = (변량) - (평균) = (계급값) - (평균)$$

평균	변량	편차	편차의 제곱
78	95, 95	$+17$ (자료 2개)	289 (자료 2개)
	85, 85, 85, 85, 85, 85	$+7$ (자료 6개)	49 (자료 6개)
	75, 75, 75, 75, 75, 75, 75, 75	-3 (자료 8개)	9 (자료 8개)
	65, 65, 65, 65	-13 (자료 4개)	169 (자료 4개)

이제 분산과 표준편차로 넘어갑시다. 먼저 편차 제곱의 총합을 계산해 보면 다음과 같습니다. 참고로 수식이 복잡하니 차근차근 하나씩 살펴보시기 바랍니다.

$$\{전체\ 자료의\ (편차)^2의\ 총합\} = \{(편차)^2 \times (도수)의\ 총합\}$$

$(편차)^2$	$\{전체\ 자료의\ (편차)^2의\ 총합\} = \{(편차)^2 \times (도수)의\ 총합\}$
289 (자료 2개)	
49 (자료 6개)	$(289 \times 2) + (49 \times 6) + (9 \times 8) + (169 \times 4) = 1620$
9 (자료 8개)	
169 (자료 4개)	

이해되시나요? 그럼 분산과 표준편차를 구해볼까요?

$$(분산) = \frac{\{전체\ 자료의\ (편차)^2의\ 총합\}}{(전체\ 자료의\ 개수)} = \frac{\{(계급값 - 평균)^2 \times (도수)의\ 총합\}}{(전체\ 자료의\ 개수)}$$

$$\rightarrow \sigma^2 = \frac{(289 \times 2) + (49 \times 6) + (9 \times 8) + (169 \times 4)}{20} = \frac{1620}{20} = 81$$

$$(표준편차) = \sqrt{(분산)} = \sqrt{81} = 9$$

드디어 주어진 도수분포표에 대한 편차, 분산, 표준편차를 구했습니다. 혹시 이해가 잘 가지 않는 학생이 있다면, 다음 도수분포표의 평균(계산식)을 기억하면서 다시 한 번 읽어보시기 바랍니다.

$$(도수분포표의\ 평균) = \frac{(변량의\ 총합)}{(변량의\ 개수)} = \frac{\{(계급값) \times (도수)의\ 총합\}}{(도수의\ 총합)}$$

도수분포표의 편차, 분산 그리고 표준편차를 정의하면 다음과 같습니다.

> **도수분포표의 편차, 분산, 표준편차**
>
> ① (편차)=(변량)−(평균)=(계급값)−(도수분포표의 평균)
>
> $$(계급값)=\frac{(계급의 \ 양끝값의 \ 합)}{2} \qquad (도수분포표의 \ 평균)=\frac{\{(계급값)\times(도수)의 \ 총합\}}{(도수의 \ 총합)}$$
>
> ② $$(분산)=\frac{\{(편차)^2의 \ 총합\}}{(전체 \ 자료의 \ 개수)}$$
>
> ③ $$(표준편차)=\sqrt{(분산)}=\sqrt{\frac{\{(편차)^2의 \ 총합\}}{(전체 \ 자료의 \ 개수)}}=\sqrt{\frac{\{(계급값−평균)^2\times(도수)의 \ 총합\}}{(전체 \ 자료의 \ 개수)}}$$

수식이 너무 복잡하다고요? 그건 걱정할 필요가 전혀 없습니다. 통계와 관련된 모든 계산식은 컴퓨터 프로그램의 함수로 저장해 놓기 때문에, 자료만 업로드 해 놓으면 클릭 한 번으로 모든 통계수치를 바로바로 계산해 낼 수 있거든요. 다시 한 번 말하지만, 통계를 공부할 때 가장 신경써야 하는 것은 바로 계산이 아닌 용어의 정의입니다. 용어가 어떤 계산식으로 정의되어 있는지 정확히 알고 있다면 통계문제의 70%를 해결했다고 볼 수 있거든요. 나머지 30%는 그 수치를 해석하는 과정일 것입니다. 그렇다고 무작정 용어를 암기하려고 하면 수학이 점점 어려워지게 되니, 문제를 풀 때마다 자주 개념을 찾아보면서 자연스럽게 익히시기 바랍니다.

다음은 한 달 간 어느 두 지역의 아침 최저기온을 조사한 도수분포표입니다. 두 지역의 분산과 표준편차를 각각 구해보시기 바랍니다. 더불어 두 자료를 비교·분석해 보십시오.

계급(℃)	도수(일)
−10이상 ~ −5미만	7
−5이상 ~ 0미만	4
0이상 ~ 5미만	8
5이상 ~ 10미만	6
10이상 ~ 15미만	5
계	30

(A지역)

계급(℃)	도수(일)
−10이상 ~ −5미만	1
−5이상 ~ 0미만	4
0이상 ~ 5미만	17
5이상 ~ 10미만	6
10이상 ~ 15미만	2
계	30

(B지역)

 잠시 질문의 답을 스스로 찾아보는 시간을 가져보세요.

계산과정은 복잡할 수 있겠지만, 그렇게 어려운 문제는 아니네요. 즉, 정해진 계산식에 숫자를 하나씩 대입하면 언젠가는 답을 찾을 수 있을 듯합니다. 그럼 하나씩 풀어볼까요? 일단 두 도수분포표의 분산을 계산해 보겠습니다.

$$(분산) = \frac{\{(편차)^2의\ 총합\}}{(전체\ 자료의\ 개수)} = \frac{\{(계급값 - 평균)^2 \times (도수)의\ 총합\}}{(전체\ 자료의\ 개수)}$$

어라...? 평균을 먼저 구해야겠군요. 여러분~ 도수분포표의 평균, 어떻게 구하는지 다들 아시죠? 여기서는 가급적 계산기를 사용하시기 바랍니다. 그리고 소수가 나올 경우, 소수점 셋째 자리에서 반올림하십시오.

[A지역]

$$(도수분포표의\ 평균) = \frac{\{(계급값) \times (도수)의\ 총합\}}{(도수의\ 총합)}$$

$$= \frac{(-7.5) \times 7 + (-2.5) \times 4 + (2.5) \times 8 + (7.5) \times 6 + (12.5) \times 5}{30}$$

$$= \frac{-52.5 + (-10) + 20 + 45 + 62.5}{30} \fallingdotseq 2.17$$

[B지역]

$$(도수분포표의\ 평균) = \frac{\{(계급값) \times (도수)의\ 총합\}}{(도수의\ 총합)}$$

$$= \frac{(-7.5) \times 1 + (-2.5) \times 4 + (2.5) \times 17 + (7.5) \times 6 + (12.5) \times 2}{30}$$

$$= \frac{(-7.5) + (-10) + 42.5 + 45 + 25}{30} \fallingdotseq 3.17$$

이제 분산을 구해볼까요? 편의상 중간 계산과정은 생략하도록 하겠습니다. 각자 연습장에 천천히 풀어본 후, 본인의 계산이 맞는지 비교해 가면서 천천히 읽어보시기 바랍니다.

[A지역]

$$(분산) = \frac{\{(편차)^2의\ 총합\}}{(전체\ 자료의\ 개수)} = \frac{\{(계급값 - 평균)^2 \times (도수)의\ 총합\}}{(전체\ 자료의\ 개수)}$$

$$= \frac{654.56 + 87.24 + 0.87 + 170.45 + 533.54}{30} \fallingdotseq 48.22$$

[B지역]

$$(분산) = \frac{\{(편차)^2의 \ 총합\}}{(전체 \ 자료의 \ 개수)} = \frac{\{(계급값 - 평균)^2 \times (도수)의 \ 총합\}}{(전체 \ 자료의 \ 개수)}$$

$$= \frac{113.85 + 128.60 + 7.63 + 112.49 + 174.10}{30} ≒ 17.89$$

마지막으로 표준편차를 구해보겠습니다.

[A지역]

$$(표준편차) = \sqrt{(분산)} = \sqrt{48.22} ≒ 6.94$$

[B지역]

$$(표준편차) = \sqrt{(분산)} = \sqrt{17.89} = 4.23$$

이제 분석을 시작해 볼까요?

 잠시 질문의 답을 스스로 찾아보는 시간을 가져보세요

조사기간 동안 A지역의 아침 최저기온에 대한 분산은 48.22이고 표준편차는 6.94입니다. 그리고 B지역의 아침 최저기온에 대한 분산은 17.89이고 표준편차는 4.23입니다. 여러분~ 분산과 표준편차의 값이 작으면 작을수록 자료의 분포 상태는 고른(평균을 중심으로 밀집해 있다) 반면 그 값이 클수록 자료의 분포 상태는 고르지 못하다는(평균으로부터 떨어져 있다) 사실, 다들 알고 계시죠? 즉, 조사기간 동안 A지역의 아침 최저기온은 B지역보다 그 편차가 심합니다. 다시 말해서, A지역의 기온이 그만큼 들쑥날쑥했다는 말이죠. 반면에 B지역의 경우 A지역보다 상당히 고른 분포를 보입니다. 이는 기온의 변화가 크게 없었다는 것을 뜻합니다.

★ 개념을 정확히 이해했는지 확인하고 싶다면, 학교 교과서에 나오는 개념확인 문제를 풀어 보거나 스스로 개념 확인문제를 출제하여 풀어보면 큰 도움이 될 것입니다.

★ 개념의 이해도가 충분하지 않다면, 일단 PASS하시기 바랍니다. 그리고 개념정리가 마무리 되었을 때 심화학습 내용을 따로 읽어보는 것을 권장합니다.

【두 나라의 장군】

중국 초나라 군대가 전쟁에 패하여 도망가고 있습니다. 불행히도 도망가던 길목에 큰 강이 있었다고 합니다. 강을 처음 발견한 부하가 장군에게 아래와 같이 고했습니다.

"장군~ 강 때문에 후퇴하기가 어렵사옵니다."

장군은 부하에게, 이 마을의 지리를 가장 잘 아는 사람 한 명을 데려오라고 명했습니다. 몇 시간 뒤, 마을에서 가장 오래 살았던 한 노인이 장군 앞에 대령했습니다. 장군은 그 노인에게 이렇게 물었다고 합니다.

"이 강의 수심이 얼마더냐?"

노인은 대답했습니다.

"이 강의 평균 수심은 140cm입니다."

장군은 부하를 시켜 모든 병사들이 키를 조사하게 했습니다. 다행히도 키가 150cm 이하인 병사는 한 명도 없다고 하네요. 장군이 생각하기에, '군대가 걸어서 강을 건너도 큰 무리가 없 겠구나'라고 판단했습니다. 장군은 모든 병사들에게 걸어서 강을 건너라고 명령하였습니다. 음... 과연 병사들은 어떻게 되었을까요?

 잠시 질문의 답을 스스로 찾아보는 시간을 가져보세요.

강 중심부에 다다르자, 앞서 가던 병사들이 모두 허우적 대기 시작했습니다. 왜냐하면 강 중 심부의 수심이 170cm였기 때문입니다. 결국 대부분의 병사들은 뒤따르던 적군에게 사로 잡혀 죽임을 당했다고 합니다.

이번에는 중국 한나라 군대가 전쟁에 패하여 도망가고 있습니다. 마찬가지로 도망가던 길목 에 큰 강이 있었다고 하네요. 강을 처음 발견한 부하가 장군에게 다음과 같이 고했습니다.

"장군~ 강 때문에 후퇴하기가 어렵사옵니다."

　장군은 부하에게, 이 마을의 지리를 가장 잘 아는 사람 한 명을 데려오라고 명했습니다. 몇 시간 뒤, 마을에서 가장 오래 살았던 한 노인이 장군 앞에 대령했습니다. 장군은 그 노인에게 이렇게 물었다고 합니다.

"이 강의 수심이 얼마더냐?"

　노인은 대답했습니다.

"이 강의 평균 수심은 140cm입니다"

　명석한 장군은 노인에게 질문을 하나 더 했다고 합니다.

"그럼 수심의 편차는 얼마나 되는가?"

　노인은 대답했습니다.

"수심의 편차는 최대 ±30cm입니다."

　장군은 부하들에게 다음과 같이 명령했습니다.

"키가 180cm 이하인 병사들은 말을 타고 강을 건너고,
180cm 이상인 병사들은 걸어서 강을 건너게 하라."

　결국 한나라 군대의 모든 병사들은 무사히 강을 건너 고국으로 돌아갔다고 합니다. 앞서 초나라 장군이 간과했던 개념은 무엇이었을까요?

🎞 잠시 질문의 답을 스스로 찾아보는 시간을 가져보세요.

　네~ 그렇습니다. 평균값이 모든 변량을 대변한다고 착각했던 것이 화근이었습니다. 즉, 편차의 개념을 생각하지 못했던 것이지요. 한나라 장군처럼 평균과 편차에 대한 개념을 정확히 인지하고 있었다면, 아마도 병사들을 허무하게 죽음으로 내몰지는 않았을 것입니다.

2 개념정리하기

■ 학습 방식

개념에 대한 예시를 스스로 찾아보면서, 개념을 정리하시기 바랍니다.

1 평균과 대푯값

전체 자료의 합을 자료의 개수로 나눈 값을 자료의 평균이라고 말하며, 평균과 같이 어떤 자료를 대표할 수 있는 값을 대푯값이라고 부릅니다. (숨은 의미 : 여러 자료를 대표할 수 있는 값을 찾는 데 도움을 줍니다)

2 중앙값과 최빈값

자료를 크기순으로 나열했을 때, 중앙에 위치한 값을 중앙값이라고 말하며, 자료 중에서 가장 많이 등장하는 값을 최빈값이라고 부릅니다. (숨은 의미 : 여러 자료를 대표할 수 있는 값을 찾는 데 도움을 줍니다)

3 산포도

각각의 자료들이 대푯값 주위에 흩어져 있는 정도를 하나의 수치로 나타낸 값을 산포도라고 말합니다. 산포도에는 편차, 평균편차, 분산, 표준편차 등이 있습니다. (숨은 의미 : 자료의 분포 정도를 손쉽게 확인할 수 있게 합니다)

4 편차, 평균편차, 분산, 표준편차

각 개념의 정의는 다음과 같습니다.

① 편차 : 어떤 자료의 각 변량에서 평균을 뺀 값 → (편차)=(변량)−(평균)

② 평균편차 : 편차의 절댓값의 합을 전체 자료의 개수로 나눈 값

$$\rightarrow \ (평균편차)=\frac{\{|편차|의\ 총합\}}{(전체\ 자료의\ 개수)}$$

③ 분산 : 편차의 제곱의 합을 전체 자료의 개수로 나눈 값

$$\rightarrow \ (분산)=\frac{\{(편차)^2의\ 총합\}}{(전체\ 자료의\ 개수)}$$

④ 표준편차 : 분산의 양의 제곱근 → $(표준편차)=\sqrt{(분산)}=\sqrt{\frac{\{(편차)^2의\ 총합\}}{(전체\ 자료의\ 개수)}}$

(숨은 의미 : 자료의 분포 정도를 손쉽게 확인할 수 있게 합니다)

5 도수분포표의 편차, 분산, 표준편차

각 개념의 정의는 다음과 같습니다.

① (편차)=(계급값)−(도수분포표의 평균)

② $(분산)=\dfrac{\{(편차)^2의\ 총합\}}{(전체\ 자료의\ 개수)}=\dfrac{\{(계급값-평균)^2 \times (도수)의\ 총합\}}{(전체\ 자료의\ 개수)}$

③ $(표준편차)=\sqrt{(분산)}=\sqrt{\dfrac{\{(편차)^2의\ 총합\}}{(전체\ 자료의\ 개수)}}=\sqrt{\dfrac{\{(계급값-평균)^2 \times (도수)의\ 총합\}}{(전체\ 자료의\ 개수)}}$

(숨은 의미 : 도수분포표로 표현된 자료의 분포 정도를 손쉽게 확인할 수 있게 합니다)

3 문제해결하기

■ **개념도출형** 학습방식

개념도출형 학습방식이란 단순히 수학문제를 계산하여 푸는 것이 아니라, 문제로부터 필요한 개념을 도출한 후 그 개념을 떠올리면서 문제의 출제의도 및 문제해결방법을 찾는 학습방식을 말합니다. 문제를 통해 스스로 개념을 도출할 수 있으므로, 한 문제를 풀더라도 유사한 많은 문제를 풀 수 있는 능력을 기를 수 있으며, 더 나아가 스스로 개념을 변형하여 새로운 문제를 만들어 낼 수 있어, 좀 더 수학을 쉽고 재미있게 공부할 수 있도록 도와줍니다.

시간에 쫓기듯 답을 찾으려 하지 말고, 어떤 개념을 어떻게 적용해야 문제를 풀 수 있는지 천천히 생각한 후에 계산하시기 바랍니다. 문제를 해결하는 방법을 찾는다면 정답을 구하는 것은 단순한 계산과정일 뿐이라는 사실을 명심하시기 바랍니다. (생각을 많이 하면 할수록, 생각의 속도는 빨라집니다)

문제해결과정

① 이 문제를 풀기 위해 어떤 개념을 알아야 하는가?
② 그 개념을 간단히 설명해 보아라.
③ 문제의 출제의도를 말하고 어떻게 풀지 간단히 설명해 보아라.
④ 그럼 문제의 답을 찾아라.

※ **책 속에 있는 붉은색 카드**를 사용하여 힌트 및 정답을 가린 후, ①~④까지 순서대로 질문의 답을 찾아보시기 바랍니다.

Q1. 다음은 9명의 학생들이 가지고 있는 신발의 개수를 조사한 자료이다. 이 자료의 중앙값과 평균이 서로 같을 때, 소민이의 신발의 개수는 얼마인가?

학생명	은설	규민	세정	정민	소민	은찬	경아	효진	효숙
신발의 개수	6	2	4	4		6	7	1	3

① 이 문제를 풀기 위해 어떤 개념을 알아야 하는가?
② 그 개념을 머릿속에 떠올려 보아라.
③ 문제의 출제의도를 말하고 어떻게 풀지 간단히 설명해 보아라. (잘 모를 경우, 아래 Hint를 보면서 질문의 답을 찾아본다)

Hint(1) 소민이를 제외한 나머지 학생들의 신발의 개수를 크기순으로 나열해 본다.

☞ 1, 2, 3, 4, 4, 6, 6, 7

Hint(2) 소민이의 신발의 개수를 x로 놓고, x값에 임의의 여러 숫자를 대입하여 중앙값을 찾아본다.

☞ $x=1, 2, 3, 4, \ldots$ 즉, 임의의 수를 x에 대입해도 중앙값은 항상 4가 된다.

Hint(3) 소민이의 신발의 개수를 포함하여 주어진 자료를 바탕으로 평균을 구해본다. (평균과 중앙값이 같도록 x에 대한 방정식을 도출해 본다)

☞ (평균)$=\dfrac{1+2+3+4+4+6+6+7+x}{9}=\dfrac{33+x}{9}=$(중앙값)$=4$

④ 그럼 문제의 답을 찾아라.

A1.

① 평균, 중앙값

② 개념정리하기 참조

③ 이 문제는 평균과 중앙값의 개념을 정확히 알고 있는지 묻는 문제이다. 일단 소민이를 제외한 나머지 학생들의 신발의 개수를 크기순으로 나열해 본다. 그리고 소민이의 신발의 개수를 x로 놓고, x값에 임의의 여러 숫자를 대입하여 중앙값을 찾아본다. 소민이의 신발의 개수를 포함하여 주어진 자료를 바탕으로 평균을 구한 후, 중앙값과 같도록 x에 대한 방정식을 도출하면 쉽게 답을 구할 수 있다.

④ 소민이의 신발의 개수는 3개이다.

[정답풀이]

소민이를 제외한 나머지 학생들의 신발의 개수를 크기순으로 나열해 보면 다음과 같다.

1, 2, 3, 4, 4, 6, 6, 7

소민이의 신발의 개수를 x로 놓고, x값에 임의의 여러 숫자를 대입하여 중앙값을 구해보자.

$x=1, 2, 3, 4, \ldots$ 즉, 임의의 수를 x에 대입해도 중앙값은 항상 4가 된다.

소민이의 신발의 개수를 포함하여 주어진 자료를 바탕으로 평균을 구한 후, 중앙값과 같도록 x에 대한 방정식을 도출하면 다음과 같다.

(평균)$=\dfrac{1+2+3+4+4+6+6+7+x}{9}=\dfrac{33+x}{9}=$(중앙값)$=4 \rightarrow 33+x=36$

방정식을 풀면 $x=3$이다. 따라서 중앙값과 평균이 같을 때, 소민이의 신발의 개수는 3개가 된다.

 스스로 유사한 문제를 여러 개 만들어(출제하여) 답을 찾아보시기 바랍니다.

Q2. 다음은 은설이네 반 학생 10명이 1년 동안 읽은 책의 권수를 조사한 자료이다. 이 자료로부터 평균, 중앙값, 최빈값을 구하고 이 중 대푯값으로 적절하지 않은 값이 무엇인지 그 이유와 함께 설명하여라.

학생명	은설	규민	세정	정민	소민	은찬	경아	효진	효숙	선희
읽은 책의 권수	10	8	9	98	5	7	8	12	11	8

① 이 문제를 풀기 위해 어떤 개념을 알아야 하는가?

② 그 개념을 머릿속에 떠올려 보아라.

③ 문제의 출제의도를 말하고 어떻게 풀지 간단히 설명해 보아라. (잘 모를 경우, 아래 Hint를 보면서 질문의 답을 찾아본다)

> **Hint(1)** 평균, 중앙값, 최빈값을 구한 후 서로 비교해 본다.
> ☞ 세 값 중 현저히 차이가 나는 값이 있는지 찾아본다.

> **Hint(2)** 주어진 자료(변량)에서 특별하게 크거나 작은 숫자가 있는지 확인해 본다.

④ 그럼 문제의 답을 찾아라.

A2.

① 평균, 중앙값, 최빈값

② 개념정리하기 참조

③ 이 문제는 대푯값의 개념(평균, 중앙값, 최빈값)을 정확히 알고 있는지 그리고 자료의 대푯값으로 적당하지 않은 값을 골라낼 수 있는지 묻는 문제이다. 먼저 주어진 자료로부터 평균, 중앙값, 최빈값을 구한 후 서로 비교해 본다. 그리고 세 값 중 현저히 차이가 나는 값이 있는지 찾아본다. 더불어 주어진 자료(변량)에서 특별하게 크거나 작은 숫자가 있는지 확인해 보면 어렵지 않게 답을 구할 수 있을 것이다.

④ 평균 17.6, 중앙값 9.5, 최빈값 8
평균 17.6은 대푯값이 될 수 없다. 그 이유는 다른 학생들에 비해 정민이가 읽은 책의 권수가 현저히 커, 평균값에 영향을 미쳤기 때문이다.

[정답풀이]

주어진 자료로부터 평균, 중앙값, 최빈값을 구해보면 다음과 같다.

$$(평균) = \frac{(변량의\ 총합)}{(변량의\ 개수)} = \frac{10+8+9+98+5+7+8+12+11+8}{10} = 17.6$$

(중앙값) 자료를 크기순으로 작은 것부터 나열하면 다음과 같다.

5 7 8 8 8 9 10 11 12 98

자료가 총 10개 이므로 중앙값은 5번째와 6번째 변량, 즉 9와 10의 평균값과 같다.

$$\rightarrow 9.5\left(=\frac{9+10}{2}\right)$$

(최빈값) 가장 많이 나온 값이 8이므로, 최빈값은 8이 된다.

세 값 중 현저히 차이가 나는 값은 바로 평균이다. 즉, 평균 17.6은 대푯값이 될 수 없다. 그 이유는 다른 학생들에 비해 정민이가 읽은 책의 권수가 현저히 커, 평균값에 영향을 미쳤기 때문이다.

 스스로 유사한 문제를 여러 개 만들어(출제하여) 답을 찾아보시기 바랍니다.

Q3. 다음은 어느 마을 사람들의 나이를 조사한 자료(줄기와 잎 그림)이다. 자료의 평균, 중앙값, 최빈값을 구하여라.

줄기(십의자리수)	잎(일의자리수)
3	8 9
4	0 5 4 0
5	8 6 4 9 6 0 7 6
6	9 2 0 9
7	1 2

① 이 문제를 풀기 위해 어떤 개념을 알아야 하는가?

② 그 개념을 머릿속에 떠올려 보아라.

③ 문제의 출제의도를 말하고 어떻게 풀지 간단히 설명해 보아라. (잘 모를 경우, 아래 Hint를 보면서 질문의 답을 찾아본다)

    Hint 주어진 자료를 크기순으로 작은 것부터 나열해 본다.

       ☞ 38, 39, 40, 40, 44, 45, 50, 54, 56, 56, 56, 57, 58, 59, 60, 62, 69, 69, 71, 72

④ 그럼 문제의 답을 찾아라.

A3.

① 줄기와 잎 그림, 평균, 중앙값, 최빈값

② 개념정리하기 참조

③ 이 문제는 줄기와 잎 그림 그리고 평균, 중앙값, 최빈값의 개념을 정확히 알고 있는지 묻는 문제이다. 주어진 자료를 크기순으로 작은 것부터 나열한 후, 중앙값 및 최빈값 그리고 평균을 구하면 쉽게 답을 찾을 수 있을 것이다.

④ 평균 54.75, 중앙값 56, 최빈값 56

[정답풀이]

주어진 자료를 크기순으로 작은 것부터 나열해 보면 다음과 같다.

38, 39, 40, 40, 44, 45, 50, 54, 56, 56, 56, 57, 58, 59, 60, 62, 69, 69, 71, 72

(중앙값) 자료가 총 20개이므로 중앙값은 10번째와 11번째 변량, 즉 56이 된다.

(평균)=$\dfrac{(변량의 \ 총합)}{(변량의 \ 개수)}=\dfrac{1095}{20}=54.75$

(최빈값) 가장 많이 나온 값은 56이므로, 최빈값은 56이다.

 스스로 유사한 문제를 여러 개 만들어(출제하여) 답을 찾아보시기 바랍니다.

Q4. 다음은 은설이네 반 학생 10명의 키에 대한 편차를 조사한 내용이다. 경아의 키가 얼마인지 구하여라. (단, 10명의 학생의 키에 대한 평균값은 170cm이다)

학생명	은설	규민	세정	정민	소민	은찬	경아	효진	효숙	선희
편차	2	12	−3	−10	0	−4		−15	8	−1

① 이 문제를 풀기 위해 어떤 개념을 알아야 하는가?

② 그 개념을 머릿속에 떠올려 보아라.

③ 문제의 출제의도를 말하고 어떻게 풀지 간단히 설명해 보아라. (잘 모를 경우, 아래 Hint를 보면서 질문의 답을 찾아본다)

Hint(1) 경아의 키에 대한 편차를 x로 놓은 후, 편차의 합이 0이 되도록 x에 대한 방정식을 도출해 본다.

Hint(2) 경아의 키의 값을 y로 놓을 경우, 변량 y(경아의 키)에서 평균을 뺀 값 $(y-170)$은 편차 x와 같다.

④ 그럼 문제의 답을 찾아라.

A4.
① 편차, 편차의 합

② 개념정리하기 참조

③ 이 문제는 편차의 개념(계산식)을 정확히 알고 있는지 묻는 문제이다. 일단 경아의 키에 대한 편차를 x로 놓은 후, 편차의 합이 0이 되도록 x에 대한 방정식을 도출해 본다. 여기서 우리는 x값을 쉽게 구할 수 있을 것이다. 더불어 경아의 키의 값을 y로 놓을 경우, 변량 y(경아의 키)에서 평균을 뺀 값 $(y-170)$은 편차 x와 같을 것이다. 이 점을 활용하면 어렵지 않게 경아의 키를 계산할 수 있다.

④ 경아의 키 : 181cm

[정답풀이]

경아의 키에 대한 편차를 x로 놓은 후, 편차의 합이 0이 되도록 x에 대한 방정식을 도출해 본다. 여기서 우리는 x값을 쉽게 구할 수 있다.

(편차의 합)$= 2+12+(-3)+(-10)+0+(-4)+x+(-15)+8+(-1)$
$= (-11)+x=0 \quad \therefore x=11$

경아의 키의 값을 y로 놓을 경우, 변량 y(경아의 키)에서 평균을 뺀 값 $(y-170)$은 편차 x와 같다는 사실로부터 경아의 키 y값을 구하면 다음과 같다.

$y-170=11 \rightarrow y=181$

따라서 경아의 키는 181cm이다.

 스스로 유사한 문제를 여러 개 만들어(출제하여) 답을 찾아보시기 바랍니다.

Q5. 다음은 성재와 현도의 멀리뛰기 기록이다. 주어진 자료를 바탕으로 성재와 현도의 멀리뛰기 기록에 대한 표준편차를 구하여라. 더불어 표준편차의 값을 활용하여 두 학생 중 누가 더 기록이 고른지 설명하여라. (표준편차의 값을 구할 때 계산기를 사용하고, 소수 둘째 자리에서 반올림한다. 그리고 단위는 cm로 표현한다)

	1차시도	2차시도	3차시도	4차시도	5차시도
성재의 기록	3m50cm	3m40cm	3m60cm	3m30cm	3m70cm
현도의 기록	3m00cm	3m90cm	4m00cm	3m80cm	2m80cm

① 이 문제를 풀기 위해 어떤 개념을 알아야 하는가?

② 그 개념을 머릿속에 떠올려 보아라.

③ 문제의 출제의도를 말하고 어떻게 풀지 간단히 설명해 보아라. (잘 모를 경우, 아래 Hint를 보면서 질문의 답을 찾아본다)

Hint(1) 성재와 현도의 멀리뛰기 기록에 대한 표준편차를 각각 구해본다. (표준편차를 구하기 위해서는 평균, 편차, 분산을 계산할 수 있어야 한다)

Hint(2) 표준편차가 작을수록 자료의 값이 평균 근처에 밀집되어 있으며(기록이 고르다), 표준편차가 클수록 자료의 값이 평균으로부터 멀리 떨어져 분포한다. (기록이 들쑥날쑥하다)

④ 그럼 문제의 답을 찾아라.

A5.
① 편차, 분산, 표준편차
② 개념정리하기 참조

③ 이 문제는 편차, 분산, 표준편차(산포도)의 개념 및 그 계산식에 대해 정확히 알고 있는지 묻는 문제이다. 먼저 성재와 현도의 멀리뛰기 기록에 대한 표준편차를 각각 구해본다. 참고로 표준편차를 구하기 위해서는 평균, 분산, 편차를 계산할 수 있어야 한다. 더불어 표준편차의 값이 작을수록 자료의 값이 평균 근방에 밀집되어 있다는(기록이 고르다) 사실과 함께 표준편차의 값이 클수록 자료의 값이 평균으로부터 멀리 떨어져 분포한다(기록이 들쑥날쑥하다)는 사실을 활용하면 어렵지 않게 답을 찾을 수 있을 것이다.

④ 성재의 기록에 대한 표준편차 : 14.1 현도의 기록에 대한 표준편차 : 85.3
성재의 기록에 대한 표준편차가 현도의 표준편차보다 작으므로, 성재의 기록이 현도보다 고르게 분포되어 있음을 쉽게 알 수 있다.

[정답풀이]

성재와 현도의 멀리뛰기 기록에 대한 표준편차를 각각 구해보면 다음과 같다. 여기서 변량의 단위를 cm로 변환한다.

	1차시도	2차시도	3차시도	4차시도	5차시도
성재의 기록	350cm	340cm	360cm	330cm	370cm
현도의 기록	300cm	390cm	400cm	380cm	280cm

• 성재의 기록에 대한 표준편차

$$(\text{표준편차})=\sqrt{(\text{분산})}=\sqrt{\frac{\{(\text{편차})^2\text{의 총합}\}}{(\text{변량의 개수})}}=\sqrt{\frac{\{(\text{변량}-\text{평균})^2\text{의 총합}\}}{(\text{변량의 개수})}}$$

$$(\text{평균})=\frac{350+340+360+330+370}{5}=350$$

$$(\text{분산})=\frac{(350-350)^2+(340-350)^2+(360-350)^2+(330-350)^2+(370-350)^2}{5}$$

$$=\frac{0+(-10)^2+10^2+(-20)^2+20^2}{5}=200$$

$$(\text{표준편차})=\sqrt{(\text{분산})}=\sqrt{200}=14.1$$

• 현도의 기록에 대한 표준편차

$$(\text{표준편차})=\sqrt{(\text{분산})}=\sqrt{\frac{\{(\text{편차})^2\text{의 총합}\}}{(\text{변량의 개수})}}=\sqrt{\frac{\{(\text{변량}-\text{평균})^2\text{의 총합}\}}{(\text{변량의 개수})}}$$

$$(\text{평균})=\frac{300+390+400+380+280}{5}=350$$

$$(\text{분산})=\frac{(300-350)^2+(390-350)^2+(400-350)^2+(380-350)^2+(280-350)^2}{5}$$

$$=\frac{(-50)^2+40^2+50^2+30^2+(-170)^2}{5}=\frac{36400}{5}=7280$$

$$(\text{표준편차})=\sqrt{(\text{분산})}=\sqrt{7280}=85.3$$

성재의 기록에 대한 표준편차가 현도의 표준편차보다 작으므로, 성재의 기록이 현도보다 고르게 분포되어 있음을 쉽게 알 수 있다.

 스스로 유사한 문제를 여러 개 만들어(출제하여) 답을 찾아보시기 바랍니다.

Q6. 다음은 ○○중학교 1학년 4반 학생들의 2단줄넘기 기록이다. 남학생과 여학생의 줄넘기 기록에 대한 표준편차를 구하여 자료를 분석해 보아라. (표준편차의 값을 구할 때 계산기를 사용하고, 소수 둘째 자리에서 반올림한다)

줄넘기개수(개)	남학생수(명)	여학생수(명)
0이상 ~ 10미만	4	17
10이상 ~ 20미만	6	2
20이상 ~ 30미만	6	1
30이상 ~ 40미만	4	0
계	20	20

① 이 문제를 풀기 위해 어떤 개념을 알아야 하는가?

② 그 개념을 머릿속에 떠올려 보아라.

③ 문제의 출제의도를 말하고 어떻게 풀지 간단히 설명해 보아라. (잘 모를 경우, 아래 Hint를 보면서 질문의 답을 찾아본다)

> **Hint(1)** 도수분포표의 표준편차 계산식을 확인한 후, 남학생과 여학생의 줄넘기 기록에 대한 표준편차를 각각 구해본다. (표준편차를 구하기 위해서는 평균, 편차, 분산을 계산할 수 있어야 한다)

> **Hint(2)** 표준편차가 작을수록 자료의 값이 평균 근처에 밀집되어 있으며(기록이 고르다), 표준편차가 클수록 자료의 값이 평균으로부터 멀리 떨어져 분포한다. (기록이 들쑥날쑥하다)

④ 그럼 문제의 답을 찾아라.

A6.

① 도수분포표의 평균, 편차, 분산, 표준편차

② 개념정리하기 참조

③ 이 문제는 도수분포표의 평균, 편차, 분산, 표준편차의 개념 및 그 계산식을 정확히 알고 있는지 묻는 문제이다. 일단 도수분포표의 표준편차 계산식을 확인한 후, 남학생과 여학생의 줄넘기 기록에 대한 표준편차를 각각 구해본다. 참고로 표준편차를 구하기 위해서는 평균, 편차, 분산을 계산할 수 있어야 한다. 더불어 표준편차의 값이 작을수록 자료의 값이 평균 근방에 밀집되어 있다는(기록이 고르다) 사실과 함께 표준편차의 값이 클수록 자료의 값이 평균으로부터 멀리 떨어

져 분포한다(기록이 들쑥날쑥하다)는 사실을 활용하면 어렵지 않게 답을 찾을 수
있을 것이다.

④ 남학생의 기록에 대한 표준편차 : 10.2 여학생의 기록에 대한 표준편차 : 5.1
  여학생의 기록에 대한 표준편차가 남학생의 표준편차보다 작으므로, 여학생의 기
  록이 남학생보다 고르게 분포되어 있음을 쉽게 알 수 있다.

[정답풀이]

도수분포표의 표준편차 계산식을 확인한 후, 남학생과 여학생의 줄넘기 기록에 대한 표준편차를 각각
구해본다. 참고로 표준편차를 구하기 위해서는 평균, 편차, 분산을 계산할 수 있어야 한다.

줄넘기개수(개)	남학생수(명)	여학생수(명)
0이상 ~ 10미만	4	17
10이상 ~ 20미만	6	2
20이상 ~ 30미만	6	1
30이상 ~ 40미만	4	0
계	20	20

• 남학생의 기록에 대한 표준편차

$$(표준편차)=\sqrt{(분산)}=\sqrt{\frac{\{(편차)^2\times(도수)\}의\ 총합}{(자료의\ 개수)}}=\sqrt{\frac{\{(계급값-평균)^2\times(도수)\}의\ 총합}{(자료의\ 개수)}}$$

$$(평균)=\frac{\{(계급값)\times(도수)\}의\ 총합}{(자료의\ 개수)}=\frac{5\times4+15\times6+25\times6+35\times4}{20}=20$$

$$(분산)=\frac{(5-20)^2\times4+(15-20)^2\times6+(25-20)^2\times6+(35-20)^2\times4}{20}=105$$

$$(표준편차)=\sqrt{(분산)}=\sqrt{105}=10.2$$

• 여학생의 기록에 대한 표준편차

$$(표준편차)=\sqrt{(분산)}=\sqrt{\frac{\{(편차)^2\times(도수)\}의\ 총합}{(자료의\ 개수)}}=\sqrt{\frac{\{(계급값-평균)^2\times(도수)\}의\ 총합}{(자료의\ 개수)}}$$

$$(평균)=\frac{\{(계급값)\times(도수)\}의\ 총합}{(자료의\ 개수)}=\frac{5\times17+15\times2+25\times1+35\times0}{20}=7$$

$$(분산)=\frac{(5-7)^2\times17+(15-7)^2\times2+(25-7)^2\times1+(35-7)^2\times0}{20}=26$$

$$(표준편차)=\sqrt{(분산)}=\sqrt{26}=5.1$$

여학생의 기록에 대한 표준편차가 남학생의 표준편차보다 작으므로, 여학생의 기록이 남학생보다 고르
게 분포되어 있음을 쉽게 알 수 있다.

스스로 유사한 문제를 여러 개 만들어(출제하여) 답을 찾아보시기 바랍니다.

Q7. 다음은 은설이네 반 학생들의 수학 성적을 조사한 자료(히스토그램)이다. 수학 성적에 대한 표준편차를 구하여라. (표준편차의 값을 구할 때 계산기를 사용하고, 소수 첫째 자리에서 반올림한다)

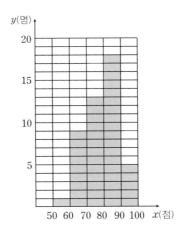

① 이 문제를 풀기 위해 어떤 개념을 알아야 하는가?

② 그 개념을 머릿속에 떠올려 보아라.

③ 문제의 출제의도를 말하고 어떻게 풀지 간단히 설명해 보아라. (잘 모를 경우, 아래 Hint를 보면서 질문의 답을 찾아본다)

Hint(1) 주어진 히스토그램을 도수분포표로 변환해 본다.

Hint(2) 도수분포표의 표준편차에 대한 계산식을 떠올리면서 반 학생들의 수학 성적의 표준편차를 구해본다. (표준편차를 구하기 위해서는 평균, 편차, 분산를 계산할 수 있어야 한다)

④ 그럼 문제의 답을 찾아라.

A7.

① 히스토그램, 도수분포표의 평균, 편차, 분산, 표준편차

② 개념정리하기 참조

③ 이 문제는 히스토그램을 도수분포표로 변환할 수 있는지 그리고 도수분포표의 평균, 편차, 분산, 표준편차의 개념 및 그 계산식을 정확히 알고 있는지 묻는 문제이다. 일단 주어진 히스토그램을 도수분포표로 변환해 본다. 더불어 도수분포표의 표준편차에 대한 계산식을 떠올리면서 반 학생들의 수학 성적에 대한 표준편차를 구해본다. 참고로 표준편차를 구하기 위해서는 평균, 편차, 분산를 계산할 수 있어야 한다.

④ 10

[정답풀이]

주어진 히스토그램을 도수분포표로 변환하면 다음과 같다.

수학 성적(점)	학생수(명)
50이상 ~ 60미만	1
60이상 ~ 70미만	9
70이상 ~ 80미만	13
80이상 ~ 90미만	18
90이상 ~ 100미만	5
계	46

반 학생들의 수학 성적에 대한 표준편차를 구하면 다음과 같다. 참고로 표준편차를 구하기 위해서는 평균, 편차, 분산을 계산할 수 있어야 한다.

$$(표준편차) = \sqrt{(분산)} = \sqrt{\frac{\{(편차)^2 \times (도수)\}의 총합}{(자료의 개수)}} = \sqrt{\frac{\{(계급값-평균)^2 \times (도수)\}의 총합}{(자료의 개수)}}$$

$$(평균) = \frac{\{(계급값) \times (도수)\}의 총합}{(자료의 개수)} = \frac{55 \times 1 + 65 \times 9 + 75 \times 13 + 85 \times 18 + 95 \times 5}{46} = 79$$

$$(분산) = \frac{(55-79)^2 \times 1 + (65-79)^2 \times 9 + (75-79)^2 \times 13 + (85-79)^2 \times 18 + (95-79)^2 \times 5}{46} = 97$$

$$(표준편차) = \sqrt{(분산)} = \sqrt{97} = 10$$

 스스로 유사한 문제를 여러 개 만들어(출제하여) 답을 찾아보시기 바랍니다.

Q8. 다음은 세 학생 A, B, C의 영어 성적에 대한 설명이다.

- A와 B의 영어 성적의 평균은 77점이다.
- B와 C의 영어 성적의 평균은 81점이다.
- C와 A의 영어 성적의 평균은 88점이다.

세 사람의 영어 성적을 각각 말하고, 그 평균을 계산하여라.

① 이 문제를 풀기 위해 어떤 개념을 알아야 하는가?

② 그 개념을 머릿속에 떠올려 보아라.

③ 문제의 출제의도를 말하고 어떻게 풀지 간단히 설명해 보아라. (잘 모를 경우, 아래 Hint를 보면서 질문의 답을 찾아본다)

Hint(1) 세 사람 A, B, C의 영어 성적을 각각 a, b, c로 놓고 평균을 구해본다.

☞ (세 사람의 영어 성적의 평균) $= \dfrac{a+b+c}{3}$

Hint(2) 두 사람씩 짝지어 영어 성적의 평균을 구해본다. (즉, 주어진 문장을 수식으로 만들어 본다)

☞ A와 B의 영어 성적의 평균은 77점이므로, $77 = \dfrac{a+b}{2}$ 이다.

☞ B와 C의 영어 성적의 평균은 81점이므로, $81 = \dfrac{b+c}{2}$ 이다.

☞ C와 A의 영어 성적의 평균은 88점므로, $88=\dfrac{c+a}{2}$ 이다.

Hint(3) 도출된 세 평균식을 변변(좌변은 좌변끼리 우변은 우변끼리) 더해본다.

☞ $77=\dfrac{a+b}{2}$, $81=\dfrac{b+c}{2}$, $88=\dfrac{c+a}{2}$ → $77+81+88=\dfrac{2(a+b+c)}{2}=a+b+c$

Hint(4) 두 사람씩 짝지어 구한 영어 성적의 평균식과 세 사람의 영어 성적의 평균식을 연립하여 a, b, c의 값을 구해본다.

④ 그럼 문제의 답을 찾아라.

A8.

① 평균, 등식의 성질
② 개념정리하기 참조
③ 이 문제는 평균의 정의를 정확히 알고 있는지 그리고 등식의 성질을 활용하여 구하고자 하는 값을 찾을 수 있는지 묻는 문제이다. 우선 세 사람 A, B, C의 영어 성적을 a, b, c로 놓은 후, 세 사람의 영어 성적의 평균을 구하면 $\dfrac{a+b+c}{3}$ 가 된다. 그리고 주어진 문장을 수식으로 만든 후, 즉 두 사람씩 짝지어 구한 영어 성적의 평균식을 작성한 후, 변변 더하여 $(a+b+c)$의 값을 구하면 쉽게 세 사람의 평균을 구할 수 있다. 또한 도출된 등식들을 하나씩 연립하면 어렵지 않게 세 사람의 점수도 구할 수 있을 것이다.
④ 세 사람의 영어 성적의 평균 : 82점
세 사람 A, B, C의 영어 성적은 각각 84, 70, 92점이다.

[정답풀이]

A, B, C의 영어 성적을 각각 a, b, c로 놓은 후, 평균을 구해보면 다음과 같다.

(세 사람의 영어 성적의 평균)$=\dfrac{a+b+c}{3}$

다음으로 두 사람씩 짝지어 영어 성적의 평균을 구해보자.

- A와 B의 영어 성적의 평균점수 : 77점 → $77=\dfrac{a+b}{2}$ → $a+b=154$

- B와 C의 영어 성적의 평균점수 : 81점 → $81=\dfrac{b+c}{2}$ → $b+c=162$

- C와 A의 영어 성적의 평균점수 : 88점 → $88=\dfrac{c+a}{2}$ → $c+a=176$

도출된 세 평균식을 변변(좌변은 좌변끼리 우변은 우변끼리) 더해본다.

$a+b=154$, $b+c=162$, $c+a=176$ → $2(a+b+c)=154+162+176=492$

→ $a+b+c=246$

즉, 세 사람의 영어 성적의 평균은 $82\left(=\dfrac{246}{3}=\dfrac{a+b+c}{3}\right)$점이다. 더불어 두 사람씩 짝지어 구한 영어 성적의 평균식과 세 사람의 영어 성적의 평균식을 적당히 연립하여 a, b, c의 값을 구하면 다음과 같다.

- 식 $a+b+c=246$에서 $a+b=154$를 뺀다. → $c=246-154=92$

- 식 $a+b+c=246$에서 $b+c=162$를 뺀다. → $a=246-162=84$
- 식 $a+b+c=246$에서 $c+a=176$을 뺀다. → $b=246-176=70$

따라서 A, B, C 세사람의 영어 성적은 각각 84, 70, 92점이다.

 스스로 유사한 문제를 여러 개 만들어(출제하여) 답을 찾아보시기 바랍니다.

Q9. 은설이는 하루에 적게는 10건, 많게는 70건의 스팸문자를 받는다. 다음은 한 달 동안 은설이에게 전송된 스팸문자의 개수를 일수와 함께 정리한 표이다. 빈 칸을 채워보아라. (단, 계산기를 사용하며 소수 첫째 자리에서 반올림한다)

스팸문자의 개수	도수(일)	평균	편차	분산	표준편차
10건이상 ~ 20건미만	2				
20건이상 ~ 30건미만	8				
30건이상 ~ 40건미만	7				
40건이상 ~ 50건미만	10				
50건이상 ~ 60건미만	2				
60건이상 ~ 70건미만	1				

① 이 문제를 풀기 위해 어떤 개념을 알아야 하는가?
② 그 개념을 머릿속에 떠올려 보아라.
③ 문제의 출제의도를 말하고 어떻게 풀지 간단히 설명해 보아라.
④ 그럼 문제의 답을 찾아라.

A9.

① 도수분포표의 평균, 편차, 분산, 표준편차
② 개념정리하기 참조
③ 이 문제는 도수분포표의 평균, 편차, 분산, 표준편차의 개념(계산식)을 알고 있는지 묻는 문제이다. 계산식에 맞춰 하나씩 빈 칸을 채워나가면 쉽게 답을 구할 수 있을 것이다.
④ 정답참조

[정답풀이]

도수분포표의 표준편차 계산식을 활용하여 반 학생들의 수학 성적에 대한 표준편차를 구하면 다음과 같다.

스팸문자의 개수	도수(일)	평균	편차	분산	표준편차
10건이상 ~ 20건미만	2				
20건이상 ~ 30건미만	8				
30건이상 ~ 40건미만	7				
40건이상 ~ 50건미만	10				
50건이상 ~ 60건미만	2				
60건이상 ~ 70건미만	1				

$(\text{표준편차})=\sqrt{(\text{분산})}=\sqrt{\dfrac{\{(\text{편차})^2 \times (\text{도수})\text{의 총합}\}}{(\text{자료의 개수})}}=\sqrt{\dfrac{\{(\text{계급값}-\text{평균})^2 \times (\text{도수})\text{의 총합}\}}{(\text{자료의 개수})}}$

$(\text{평균})=\dfrac{\{(\text{계급값}) \times (\text{도수})\text{의 총합}\}}{(\text{자료의 개수})}=\dfrac{15 \times 2+25 \times 8+35 \times 7+45 \times 10+55 \times 2+65 \times 1}{30} \fallingdotseq 37$

$(\text{분산})=\dfrac{(15-37)^2 \times 2+(25-37)^2 \times 8+(35-37)^2 \times 7+(45-37)^2 \times 10+(55-37)^2 \times 2+(65-37)^2 \times 1}{30}$

$\fallingdotseq 141$

$(\text{표준편차})=\sqrt{141} \fallingdotseq 12$

스팸문자의 개수	도수(일)	평균	편차	분산	표준편차
10건이상 ~ 20건미만	2		22		
20건이상 ~ 30건미만	8		12		
30건이상 ~ 40건미만	7	37	2	141	12
40건이상 ~ 50건미만	10		8		
50건이상 ~ 60건미만	2		18		
60건이상 ~ 70건미만	1		28		

 스스로 유사한 문제를 여러 개 만들어(출제하여) 답을 찾아보시기 바랍니다.

Q10. 어느 중학교의 전체 학생에 대한 수학 성적의 평균이 74점, 남학생의 수학 성적의 평균이 68점일 때, 여학생의 수학 성적의 평균은 얼마인가? (단, 전체 학생수는 300명이며, 남학생과 여학생의 비율은 2:3이다)

① 이 문제를 풀기 위해 어떤 개념을 알아야 하는가?

② 그 개념을 머릿속에 떠올려 보아라.

③ 문제의 출제의도를 말하고 어떻게 풀지 간단히 설명해 보아라. (잘 모를 경우, 아래 Hint를 보면서 질문의 답을 찾아본다)

　　Hint(1) 전체 학생수 300명에 대한 남학생과 여학생의 비율이 2:3이라는 사실로부터 남학생과 여학생의 수를 각각 구해본다.

　　　☞ 남학생수 : 300명의 $\dfrac{2}{5}$ → 120명, 여학생수 : 300명의 $\dfrac{3}{5}$ → 180명

　　Hint(2) 전체 학생에 대한 수학 성적의 평균이 74점이라는 내용을 수식(계산식)으로 표현해 본다.

☞ (전체 학생에 대한 수학 성적의 평균)=$\dfrac{\text{(전체 학생들의 수학 성적의 합)}}{\text{(전체 학생수)}}$=74

☞ (전체 학생들의 수학 성적의 합)=(전체 학생수)×74=300×74=22200

Hint(3) 남학생에 대한 수학 성적의 평균이 68점이라는 내용을 수식(계산식)으로 표현해 본다.

☞ (남학생들에 대한 수학 성적의 평균)=$\dfrac{\text{(남학생들의 수학 성적의 합)}}{\text{(남학생수)}}$=68

☞ (남학생들의 수학 성적의 합)=(남학생수)×68=120×68=8160

Hint(4) 여학생에 대한 수학 성적의 평균을 x점이라고 놓고, 이를 계산식으로 표현해 본다.

☞ (여학생들에 대한 수학 성적의 평균)=$\dfrac{\text{(여학생들의 수학 성적의 합)}}{\text{(여학생수)}}$=$x$

☞ (여학생들의 수학 성적의 합)=(여학생수)×x=180×x=180x

Hint(5) (남학생에 대한 수학 성적의 합)과 (여학생에 대한 수학 성적의 합)은 (전체 학생들의 수학 성적의 합)과 같다.

④ 그럼 문제의 답을 찾아라.

A10.

① 평균, 등식의 성질

② 개념정리하기 참조

③ 이 문제는 평균에 대한 정의(계산식)를 알고 있는지 그리고 도출된 등식을 변형하여 구하고자 하는 값을 찾을 수 있는지 묻는 문제이다. 일단 전체 학생수 300명에 대한 남학생과 여학생의 비율이 2:3이라는 사실로부터 남학생수와 여학생수를 각각 계산할 수 있다. 전체 학생, 남학생, 여학생에 대한 수학 성적의 평균식을 도출한 후, 등식을 적당히 변형(연립)하면 어렵지 않게 답을 찾을 수 있을 것이다. 여기서 여학생에 대한 수학 성적의 평균을 x점이라고 놓는다.

④ 78점

[정답풀이]

전체 학생수 300명에 대한 남학생과 여학생의 비율이 2:3이라는 사실로부터 남학생수와 여학생수를 각각 구하면 다음과 같다.

• 남학생수 : 300명의 $\dfrac{2}{5}$ → 120명

• 여학생수 : 300명의 $\dfrac{3}{5}$ → 180명

전체 학생에 대한 수학 성적의 평균이 74점이라고 했으므로, 이를 계산식으로 표현하면 다음과 같다.

(전체 학생에 대한 수학 성적의 평균)=$\dfrac{\text{(전체 학생들의 수학 성적의 합)}}{\text{(전체 학생수)}}$=74

(전체 학생들의 수학 성적의 합)=(전체 학생수)×74=300×74=22200

남학생에 대한 수학 성적의 평균이 68점이라고 했으므로, 이를 계산식으로 표현하면 다음과 같다.

(남학생들에 대한 수학 성적의 평균)=$\dfrac{\text{(남학생들의 수학 성적의 합)}}{\text{(남학생수)}}$=68

(남학생들의 수학 성적의 합)＝(남학생수)×68＝120×68＝8160

여학생에 대한 수학 성적의 평균을 x점이라고 놓고, 이를 계산식으로 표현하면 다음과 같다.

(여학생들에 대한 수학 성적의 평균)＝$\dfrac{(여학생들의\ 수학\ 성적의\ 합)}{(여학생수)}$＝$x$

(여학생들의 수학 성적의 합)＝(여학생수)×x＝180×x＝180x

도출된 등식으로부터 x에 대한 방정식을 도출하면 다음과 같다. 즉, 방정식을 풀어 여학생들에 대한 수학 성적의 평균을 구해보자.

(전체 학생들의 수학 성적의 합)

＝(남학생에 대한 수학 성적의 합)＋(여학생에 대한 수학 성적의 합)

$\rightarrow\ 22200＝8160+180x$

$\rightarrow\ 22200-8160＝180x\ \rightarrow\ 180x＝14010\ \rightarrow\ x＝78$

따라서 여학생에 대한 수학 성적의 평균은 78점이다.

 스스로 유사한 문제를 여러 개 만들어(출제하여) 답을 찾아보시기 바랍니다.

Q11. 어떤 사람이 ○○자격증을 따기 위해서 공부를 하고 있다. ○○자격증을 따기 위해서는 총 5과목에 대한 시험 성적의 평균점수가 70점이 넘어야 한다. 현재 이 사람이 치른 4과목 평균점수는 68점이다. 나머지 한 과목의 점수가 얼마 이상이어야 ○○자격증을 딸 수 있겠는가?

① 이 문제를 풀기 위해 어떤 개념을 알아야 하는가?

② 그 개념을 머릿속에 떠올려 보아라.

③ 문제의 출제의도를 말하고 어떻게 풀지 간단히 설명해 보아라. (잘 모를 경우, 아래 Hint를 보면서 질문의 답을 찾아본다)

　Hint(1) 다섯 과목의 점수를 각각 a, b, c, d, e로 놓고, 평균이 70점이 되도록 등식을 세워본다.

　　☞ (평균)＝$\dfrac{a+b+c+d+e}{(과목수)}＝\dfrac{a+b+c+d+e}{5}＝70\ \rightarrow\ a+b+c+d+e＝350$

　Hint(2) 이미 치른 네 과목의 점수를 a, b, c, d라고 할 때, 평균이 68점이 되도록 계산식을 세워본다.

　　☞ (평균)＝$\dfrac{a+b+c+d}{(과목수)}＝\dfrac{a+b+c+d}{4}＝68\ \rightarrow\ a+b+c+d＝272$

　Hint(3) 도출된 두 식을 더하거나 빼, 나머지 한 과목의 점수 e의 값을 구해본다.

　　☞ $a+b+c+d+e＝350$에서 $a+b+c+d＝272$를 변변 빼면 $e＝78$이 된다.

④ 그럼 문제의 답을 찾아라.

A11.

① 평균, 등식의 성질

② 개념정리하기 참조

③ 이 문제는 평균에 대한 정의(계산식)를 알고 있는지 그리고 등식의 성질을 활용하여 구하고자 하는 값을 찾을 수 있는지 묻는 문제이다. 일단 다섯 과목의 점수를 a, b, c, d, e로 놓고 평균이 70점이 되도록 등식을 세워본다. 그리고 이미 치른 네 과목의 점수를 a, b, c, d라고 하여 평균이 68점이 되도록 계산식을 세운 다음, 도출된 두 식을 더하거나 빼면 어렵지 않게 답을 찾을 수 있을 것이다.

④ 마지막 한 과목의 점수는 78점 이상이 되어야 한다.

[정답풀이]

다섯 과목의 점수를 각각 a, b, c, d, e로 놓고, 평균이 70점이 되도록 등식을 세워보면 다음과 같다.

$$(평균) = \frac{a+b+c+d+e}{(과목수)} = \frac{a+b+c+d+e}{5} = 70 \ \rightarrow \ a+b+c+d+e = 350$$

이미 치른 네 과목의 점수를 a, b, c, d라고 할 때, 평균이 68점이 되도록 계산식을 세워보면 다음과 같다.

$$(평균) = \frac{a+b+c+d}{(과목수)} = \frac{a+b+c+d}{4} = 68 \ \rightarrow \ a+b+c+d = 272$$

도출된 등식 $a+b+c+d+e = 350$에서 $a+b+c+d = 272$를 빼면 $e = 78$이 된다. 즉, 마지막 한 과목의 점수가 78점 이상이 되어야 자격증을 딸 수 있다.

 스스로 유사한 문제를 여러 개 만들어(출제하여) 답을 찾아보시기 바랍니다.

심화학습

★ 개념의 이해도가 충분하지 않다면, 일단 PASS하시기 바랍니다. 그리고 개념정리가 마무리 되었을 때 심화학습 내용을 따로 읽어보는 것을 권장합니다.

Q1. 두 수학동아리 A와 B에 소속된 학생수는 각각 8명, 12명이다. 어느 날 두 동아리 학생 전체를 대상으로 쪽지시험을 봤는데, 공교롭게도 동아리별 쪽지시험 평균점수가 70점으로 같았다. 즉, A동아리에 소속된 학생들의 쪽지시험 평균점수도 70점이며, B동아리에 소속된 학생들의 쪽지시험 평균점수도 70이다. 하지만 분산은 A동아리 50, B동아리 100으로 크게 차이가 있었다. 전체 학생에 대한 점수의 분산을 구하여라. (단, 전체 학생이란 두 동아리 A, B에 소속된 학생 모두를 말한다)

① 이 문제를 풀기 위해 어떤 개념을 알아야 하는가?

② 그 개념을 머릿속에 떠올려 보아라.

③ 문제의 출제의도를 말하고 어떻게 풀지 간단히 설명해 보아라. (잘 모를 경우, 아래 Hint를 보면서 질문의 답을 찾아본다)

Hint(1) 동아리별로 쪽지시험에 대한 평균점수를 계산하는 식을 도출해 본다.

☞ $(A동아리의 평균)=\dfrac{(8명의 쪽지시험 성적의 합)}{8}=70$

$(B동아리의 평균)=\dfrac{(12명의 쪽지시험 성적의 합)}{12}=70$

Hint(2) 동아리별로 쪽지시험에 대한 분산을 계산하는 식을 도출해 본다.

☞ $(A동아리의 분산)=\dfrac{\{(편차)^2의 총합\}}{8}=\dfrac{\{(각 학생의 점수-70)^2의 총합\}}{8}=50$

→ $\{(각 학생의 점수-70)^2의 총합\}=400$

$(B동아리의 분산)=\dfrac{\{(편차)^2의 총합\}}{12}=\dfrac{\{(각 학생의 점수-70)^2의 총합\}}{12}=100$

→ $\{(각 학생의 점수-70)^2의 총합\}=1200$

Hint(3) 전체 학생에 대한 분산을 계산하는 식을 도출해 본다. (편의상 전체 학생에 대한 분산을 미지수 x로 놓는다)

☞ $(전체 학생에 대한 분산)=\dfrac{\{(편차)^2의 총합\}}{20}=\dfrac{\{(각 학생의 점수-70)^2의 총합\}}{20}=x$

→ $\{(각 학생의 점수-70)^2의 총합\}=20x$

Hint(4) 도출된 식을 변변 더하여 전체 학생에 대한 분산(x)을 구해본다.

④ 그럼 문제의 답을 찾아라.

A1.

① 분산

② 개념정리하기 참조

③ 이 문제는 분산의 개념(계산식)을 정확히 알고 있는지 그리고 등식의 성질을 이용하여 구하고자 하는 값을 찾을 수 있는지 묻는 문제이다. 일단 두 동아리의 쪽지시험에 대한 평균점수를 계산하는 식과 분산을 계산하는 식을 도출해 본다. 그리고 전체 학생에 대한 분산을 계산하는 식을 도출하여 등식을 연립하면 어렵지 않게 답을 찾을 수 있을 것이다.

④ 전체 학생에 대한 점수의 분산은 80이다.

[정답풀이]

동아리별로 쪽지시험에 대한 평균점수를 계산하는 식을 도출해 보면 다음과 같다.

$(A동아리의 평균)=\dfrac{(8명의 쪽지시험 성적의 합)}{8}=70$

$(B동아리의 평균)=\dfrac{(12명의 쪽지시험 성적의 합)}{12}=70$

동아리별로 쪽지시험에 대한 분산을 계산하는 식을 도출해 보면 다음과 같다.

$(A동아리의 분산)=\dfrac{\{(편차)^2의 총합\}}{8}=\dfrac{\{(각 학생의 점수-70)^2의 총합\}}{8}=50$

→ $\{(각 학생의 점수-70)^2의 총합\}=400$

$$(\text{B동아리의 분산}) = \frac{\{(\text{편차})^2\text{의 총합}\}}{12} = \frac{\{(\text{각 학생의 점수}-70)^2\text{의 총합}\}}{12} = 100$$

→ $\{(\text{각 학생의 점수}-70)^2\text{의 총합}\} = 1200$

전체 학생에 대한 분산을 계산하는 식을 도출해 본다. 편의상 전체 학생에 대한 분산을 미지수 x로 놓는다.

$$(\text{전체 학생에 대한 분산}) = \frac{\{(\text{편차})^2\text{의 총합}\}}{20} = \frac{\{(\text{각 학생의 점수}-70)^2\text{의 총합}\}}{20} = x$$

→ $\{(\text{각 학생의 점수}-70)^2\text{의 총합}\} = 20x$

도출된 식(A동아리의 분산식, B동아리의 분산식)을 변변 더하여 x값을 찾으면 다음과 같다.

$[\{(\text{A동아리 각 학생의 점수}-70)^2\text{의 총합}\} = 400] + [\{(\text{B동아리 각 학생의 점수}-70)^2\text{의 총합}\} = 1200]$

→ $\{(\text{A동아리 각 학생의 점수}-70)^2\text{의 총합}\} + \{(\text{B동아리 각 학생의 점수}-70)^2\text{의 총합}\} = 1600$

→ $\{(\text{전체 학생에 대한 각 학생의 점수}-70)^2\text{의 총합}\} = 1600$

→ $20x = 1600$ ∴ $x = 80$

따라서 전체 학생에 대한 분산은 80이다.

 스스로 유사한 문제를 여러 개 만들어(출제하여) 답을 찾아보시기 바랍니다.

Q2. 다음은 은설이가 월요일부터 금요일까지 등교하는 데 걸리는 시간을 기록한 자료이다. 평균이 20분이고 분산이 8일 때, 식 (x^2+y^2)의 값을 구하여라.

날짜(요일)	월	화	수	목	금
걸린 시간(분)	21	x	18	y	24

① 이 문제를 풀기 위해 어떤 개념을 알아야 하는가?

② 그 개념을 머릿속에 떠올려 보아라.

③ 문제의 출제의도를 말하고 어떻게 풀지 간단히 설명해 보아라. (잘 모를 경우, 아래 Hint를 보면서 질문의 답을 찾아본다)

Hint(1) 등교시간의 평균을 구하는 계산식을 도출해 본다.

☞ $(\text{등교시간의 평균}) = \dfrac{21+x+18+y+24}{5} = 20$ → $x+y=37$

Hint(2) 등교시간의 분산을 구하는 계산식을 도출해 본다.

☞ $(\text{등교시간의 분산}) = \dfrac{(21-20)^2+(x-20)^2+(18-20)^2+(y-20)^2+(24-20)^2}{5} = 8$

→ $\dfrac{1+(x-20)^2+4+(y-20)^2+16}{5} = 8$ → $(x-20)^2+(y-20)^2+21=40$

Hint(3) 도출된 식을 정리하여 식 (x^2+y^2)의 값을 구해본다.

④ 그럼 문제의 답을 찾아라.

A2.

① 평균과 분산

② 개념정리하기 참조

③ 이 문제는 평균과 분산의 개념(계산식)을 알고 있는지 그리고 등식의 성질을 활용하여 구하고자 하는 값을 찾을 수 있는지 묻는 문제이다. 먼저 등교시간의 평균을 구하는 계산식과 등교시간의 분산을 구하는 계산식을 도출해 본다. 도출된 식을 정리한 후 천천히 구하고자 하는 값을 유도하면 어렵지 않게 답을 구할 수 있다.

④ $x^2 + y^2 = 699$

[정답풀이]

등교시간의 평균을 구하는 계산식을 도출해 보면 다음과 같다.

$$(\text{등교시간의 평균}) = \frac{21 + x + 18 + y + 24}{5} = 20 \rightarrow x + y = 37$$

등교시간의 분산을 구하는 계산식을 도출해 보면 다음과 같다.

$$(\text{등교시간의 분산}) = \frac{(21-20)^2 + (x-20)^2 + (18-20)^2 + (y-20)^2 + (24-20)^2}{5} = 8$$

$$\rightarrow \frac{1 + (x-20)^2 + 4 + (y-20)^2 + 16}{5} = 8$$

$$\rightarrow (x-20)^2 + (y-20)^2 + 21 = 40$$

도출된 식을 정리하면 다음과 같다.

$$(x-20)^2 + (y-20)^2 + 21 = 40 \rightarrow x^2 - 40x + 400 + y^2 - 40y + 400 + 21 = 40$$

$$\rightarrow x^2 + y^2 - 40(x+y) = -781$$

앞서 $x + y = 37$을 대입하여 식 $(x^2 + y^2)$의 값을 구하면 다음과 같다.

$$x^2 + y^2 - 40(x+y) = -781 \rightarrow x^2 + y^2 - 40 \times 37 = -781 \rightarrow x^2 + y^2 = 699$$

 스스로 유사한 문제를 여러 개 만들어(출제하여) 답을 찾아보시기 바랍니다.

VI

피타고라스 정리

1 피타고라스 정리

1 피타고라스 정리

여러분~ 최근에 한창 인기를 끌었던 '정글의 법칙'이라는 TV 예능프로그램에 대해 알고 계십니까?

'정글의 법칙'은 6~7명의 연예인들이 아프리카 정글로 들어가 2주 동안 생존하는 정글체험 예능프로그램입니다. 처음에는 아무것도 모르던 사람들이 차차 정글생활에 익숙해져, 집도 짓고 밥도 해 먹으며 생존해 가는 모습이 마치 원시인들이 진화하는 것처럼 보이더라고요. 여기서 퀴즈~ 사람들이 정글에 갔을 때 제일 먼저 하는 것이 뭘까요?

 잠시 질문의 답을 스스로 찾아보는 시간을 가져보세요.

그렇습니다. 먹을 것과 잠잘 곳을 해결하는 것입니다. TV에서 보니, 두 팀으로 나누어 한 팀은 낚시를 하러 가고 나머지 한 팀은 잠자리를 마련하더군요. 음... 그리고 집을 짓기는 하는데, 거창한 벽돌집을 짓는 것이 아닙니다. 보통은 정글에서 쉽게 구할 수 있는 풀, 나무 등을 이용하여 2주 동안 생존할 수 있는 간이 텐트를 만들곤 하죠.

(공동 공간용 텐트)

(개별 공간용 텐트)

어떤 사람이 정글에서 아래와 같이 생긴 텐트를 만들려고 합니다.

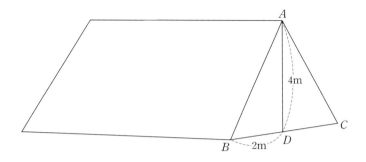

일단 텐트의 기둥($\overline{AD}$)이 되는 나무를 D지점에서 꽂아 수직으로 세웁니다. 그리고 나서 빗변이 되는 나무($\overline{AB}$와 $\overline{AC}$)를 B지점과 C지점에 꽂아 세우려고 하는데, 나무의 길이를 맞추기가 여간 어렵지 않다고 하네요. 지금 이 사람에게 필요한 것은 무엇일까요? 현재 이 사람은 톱, 줄자, 계산기를 가지고 있다고 합니다.

잘 모르겠다고요? 힌트를 드리죠. 지금 이 사람에게 필요한 것은 '어떤 수학이론' 입니다.

정글에서 수학이론이 필요하다고...?

네, 그렇습니다. 이 사람이 헤매고 있는 이유는 바로 빗변이 되는 나무막대($\overline{AB}$와 $\overline{AC}$)의 길이를 정확히 몰라서입니다. 즉, 빗변의 길이를 구할 수 있는 수학이론, 다시 말해서 직각삼각형의 두 변의 길이로부터 나머지 한 변의 길이를 계산할 수 있는 수학공식이 필요하다는 말입니다. 만약 이러한 공식이 존재한다면, 이미 알고 있는 직각삼각형 ABD(또는 $\triangle ACD$)의 높이($\overline{AD}$)와 밑변($\overline{BD}$ 또는 $\overline{DC}$)의 길이로부터, 빗변($\overline{AB}$와 $\overline{AC}$)의 길이를 쉽게 알아낼 수 있을 것입니다. 과연 그러한 수학공식(이론)이 존재할까요? **다음 세 그림의 공통점을 찾아보시기 바랍니다.**

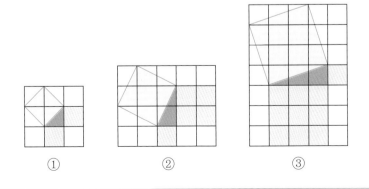

①   ②   ③

너무 어렵나요? 힌트를 드리겠습니다. 그림 속에 보이는 삼각형은 직각삼각형이며, 사각형은 정사각형입니다. 더불어 정사각형의 한 변의 길이는 직각삼각형의 각 변의 길이와 같습니다. 그렇죠? 음... 아직도 감이 오지 않는다고요? 마지막 힌트입니다.

직각삼각형으로부터 도출된 세 정사각형의 넓이의 관계를 찾아라!

 잠시 질문의 답을 스스로 찾아보는 시간을 가져보세요.

세 정사각형의 넓이의 관계라...? 일단 세 정사각형 중 직각삼각형의 빗변을 한 변으로 하는 정사각형의 넓이가 가장 크군요. 그렇죠? 여기서 잠깐~ 혹시... 직각삼각형의 밑변과 높이를 한 변으로 하는 두 정사각형의 넓이의 합이, 빗변을 한 변으로 하는 정사각형의 넓이와 같은 건 아닐까요? 편의상 빗변을 한 변으로 하는 정사각형의 넓이를 A, 밑변과 높이를 한 변으로 하는 정사각형의 넓이를 각각 B, C라고 놓아봅시다.

과연 $A = B + C$ 일까?

자세히 보니 정말 그렇군요. 혹여 이해가 잘 가지 않는 학생이 있다면, 다음과 같이 정사각형의 일부를 오린 후 빈틈에 붙여보시기 바랍니다.

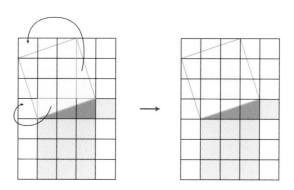

이제 **직각삼각형에 대한 이론을 도출해 볼까요?** 빗변의 길이가 a이고 나머지 두 변(높이와 밑변)의 길이가 각각 b, c인 직각삼각형의 각 변으로부터 도출된 세 개의 정사각형의 넓이와 세 변 a, b, c의 관계를 정리하면 다음과 같습니다.

빗변을 한 변으로 하는 정사각형의 넓이는 밑변과
높이를 한 변으로 하는 두 정사각형의 넓이의 합과 같다.

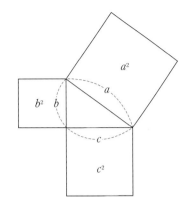

- 한 변의 길이가 a(직각삼각형의 빗변의 길이)인 정사각형의 넓이 : a^2

- 한 변의 길이가 b(직각삼각형의 높이의 길이)인 정사각형의 넓이 : b^2

- 한 변의 길이가 c(직각삼각형의 밑변의 길이)인 정사각형의 넓이 : c^2

  ☞ $a^2 = b^2 + c^2$

이해되시죠? 이것이 바로 그 유명한 피타고라스 정리입니다.

$$(빗변의 길이)^2 = (높이의 길이)^2 + (밑변의 길이)^2$$

다들 짐작했겠지만, 이것에 대해 가장 확실하고 논리적인 증명과정을 '처음'으로 제시한 사람이 피타고라스로 알려져 있기 때문에, '피타고라스 정리'라고 부릅니다. 당시 피타고라스는 사원에 장식된 타일을 보고 힌트를 얻었다고 합니다.

뭐? 피타고라스가 가장 먼저 찾아낸 것이 아니라, 가장 먼저 증명했다고...?

사실 이 정리는 피타고라스가 살던 시대로부터 약 1200년 전에 살았던 고대인조차도 이미 알고 있었던 것으로 밝혀졌습니다. 더불어 고대 인도와 중국의 문헌에도 피타고라스 정리가 소개되어 있었으며, 피타고라스 정리를 활용했다는 내용 또한 쉽게 찾아볼 수 있다고 하네요. 특히 고대 중국의 유명한 수학책인 [주비산경]에서는 '구고현의 정리'라는 이름으로 피타고라스 정리가 소개되고 있었는데, 이 책에는 어떤 수식이나 기하학적 증명과정 없이 단 한 장의 그림으로 구고현의 정리를 설명하고 있다고 합니다. 영국의 수학자 에릭 지이만(Zeeman)은 구고현의 정리를 보고 '세상에서 가장 아름답고 완벽한 증명'이라고 말하기도 했답니다. 중국에서는 구고현의 정리를 '진자'라는 사람이 발견했다고 하여, '진자의 정리'라고도 부르는데, 이는 피타고라스가 증명한 것보다 약 500년 이상 앞선 것이라고 합니다.

피타고라스 정리

직각삼각형에서 직각을 낀 두 변의 길이의 제곱의 합은 빗변의 길이의 제곱과 같다는 것을 피타고라스 정리라고 부릅니다.

다음 그림을 보면 이해하기가 한결 수월할 것입니다.

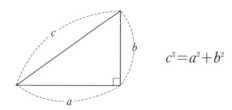

$$c^2 = a^2 + b^2$$

이와 관련하여 **직각삼각형 문제를 하나 풀어보도록** 하겠습니다. 다음 직각삼각형의 빗변의 길이를 구해보시기 바랍니다.

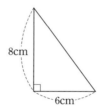

💟 잠시 질문의 답을 스스로 찾아보는 시간을 가져보세요.

어렵지 않죠? 주어진 삼각형의 세 변의 길이를 피타고라스 정리로 표현하기만 하면 쉽게 해결할 수 있는 문제입니다. 편의상 빗변의 길이를 미지수 x로 놓겠습니다.

(직각을 낀 두 변의 길이의 제곱의 합)$=8^2+6^2$, (빗변의 길이의 제곱)$=x^2$ ☞ $x^2=8^2+6^2$

$8^2+6^2=64+36=100$이므로, $x=10$이 될 것입니다. 따라서 직각삼각형의 빗변의 길이는 10cm입니다. 여기서 우리는 피타고라스 정리가 갖는 숨은 의미를 찾을 수 있습니다. 네, 맞아요~ 직각삼각형에서 직각을 낀 두 변의 길이를 알면, 빗변의 길이를 손쉽게 구할 수 있다는 것입니다. 좀 더 일반적으로 말하자면, 직각삼각형의 어느 두 변의 길이를 알고 있으면, 피타고라스 정리를 활용하여 나머지 한 변의 길이를 구할 수 있다는 말입니다.

직각삼각형의 어느 두 변의 길이를 알고 있으면,
나머지 한 변의 길이를 손쉽게 구할 수 있습니다.

물론 피타고라스 정리가 정확히 무엇인지 알고 있어야겠죠? 그렇다고 공식을 달달 암기하라는 말이 아닙니다. 사실 공식이라는 것은 어떤 특정한 계산과정에서 드러난 공통적인 패턴을 일반화한 것에 불과합니다. 더불어 이는 만천하에 공개된 정보이기도 하죠.

만천하에 공개된 정보라고...?

그렇습니다. 언제든지 교과서, 인터넷 등을 통해 쉽게 찾아볼 수 있다는 뜻입니다. 그러니 무턱대고 공식부터 암기하려는 생각은 버리십시오. 이는 수포자(수학포기자)로 가는 지름길이기도 하거든요. 이 점 반드시 명심하시기 바랍니다. 하나 더! 가끔 피타고라스 정리에 대한 증명과정을 달달 암기하는 학생이 있는데, 대부분의 수학공식이 그렇듯이 그 증명과정보다는 공식을 어떻게 활용할 수 있는지가 더 중요합니다. 특히 피타고라스 정리의 경우, 건축물의 설계 등에 있어서 그 활용 가치가 상당히 높습니다. 그러니 피타고라스 정리를 활용하는 데에 좀 더 집중하시기 바랍니다. 참고로 피타고라스 정리에 대한 활용은 뒤쪽에서 차근차근 다루어 보도록 하겠습니다.

다시 정글의 법칙으로 돌아가 볼까요? 어떤 사람이 정글에서 다음과 같이 생긴 텐트를 만들려고 합니다.

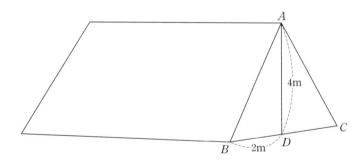

일단 텐트의 기둥($\overline{AD}$)이 되는 나무를 D지점에 수직으로 세웠습니다. 이제 빗변이 되는 나무막대($\overline{AB}$와 $\overline{AC}$)를 B지점과 C지점에 꽂아 세우려고 합니다. 과연 나무막대의 길이를 얼마로 해야할까요?

잠시 질문의 답을 스스로 찾아보는 시간을 가져보세요.

다들 예상했겠지만, 피타고라스 정리를 활용하면 쉽게 해결할 수 있는 문제입니다. 그럼 우리 함께 피타고라스 정리를 떠올려 볼까요?

직각삼각형에서 직각을 낀 두 변의 길이의 제곱의 합은 빗변의 길이의 제곱과 같다는 것을 피타고라스 정리라고 부릅니다.

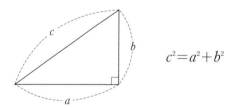

$$c^2 = a^2 + b^2$$

이제 빗변에 해당하는 나무막대의 길이($\overline{AB}$, $\overline{AC}$)를 구해봅시다. 피타고라스 정리에 따르면 주어진 $\triangle ABD$의 세 변 $\overline{AB}$, $\overline{BD}$, $\overline{AD}$에 대하여 다음 등식이 성립합니다. (방정식으로부터 $\overline{AB}$의 길이를 구하면 다음과 같습니다)

$$\overline{AB}^2 = \overline{AD}^2 + \overline{BD}^2 \;\rightarrow\; \overline{AB}^2 = 4^2 + 2^2 = 16 + 4 = 20 \;\rightarrow\; \overline{AB} = \sqrt{20} \fallingdotseq 4.47$$

따라서 구하고자 하는 나무막대의 길이는 4.47m입니다. 즉, 나무막대의 길이($\overline{AB}$, $\overline{AC}$)를 4.47m로 잘라 비스듬히 세우면 텐트의 골격이 완성된다는 말이지요. 잠깐! 피타고라스 정리를 자유롭게 사용하기 위해서는, 제곱근과 이차방정식을 손쉽게 다룰 수 있어야 합니다. 다들 알고 계시죠? 다시 한 번 간단히 정리하고 넘어가도록 하겠습니다. 복습한다 생각하시고 천천히 읽어보시기 바랍니다.

① 제곱근의 정의

어떤 수 x를 제곱하여 $a(a>0)$가 될 때, 즉 $x^2=a$를 만족하는 x를 a의 제곱근이라고 하며, $\sqrt{a}$, $-\sqrt{a}$라고 씁니다. 그리고 $\sqrt{a}$를 a의 양의 제곱근, $-\sqrt{a}$를 a의 음의 제곱근이라고 합니다. 여기서 기호 $\sqrt{}$를 근호(루트)라고 부르며, $\sqrt{a}$를 '제곱근 a' 또는 '루트 a'라고 읽습니다. 더불어 $\sqrt{a}$, $-\sqrt{a}$를 한꺼번에 $\pm\sqrt{a}$(플러스 마이너스 루트 a로 읽는다)라고 쓸 수 있습니다.

② 제곱근의 성질 $(a>0)$

i) $(\sqrt{a})^2=a$, $(-\sqrt{a})^2=a$ ii) $\sqrt{a^2}=a$, $\sqrt{(-a)^2}=a$

③ 이차방정식의 정의

방정식의 모든 항을 좌변으로 이항하여 정리했을 때, '(x에 대한 이차식)꼴'로 나타낼 수 있는 방정식을 이차방정식이라고 정의합니다.

④ 이차방정식 $ax^2+bx+c=0$의 해법

   i) 인수분해의 의한 해법

$$ax^2+bx+c=0 \rightarrow a(x-\alpha)(x-\beta)=0 \rightarrow x=\alpha,\ \beta$$

   ii) 제곱근 풀이법에 의한 해법

$$ax^2+bx+c=0 \rightarrow (x+p)^2=q \rightarrow x=-p\pm\sqrt{q}$$

   iii) 근의 공식에 의한 해법

$$ax^2+bx+c=0 \rightarrow x=\frac{-b\pm\sqrt{b^2-4ac}}{2a}$$

여러분~ 피타고라스 정리로부터 무리수가 탄생했다는 사실, 알고 계신가요? 무한소수 중 비순환소수의 경우, 두 정수 a, b에 대하여 '$\frac{b}{a}$꼴(정수의 비)'로 표현이 불가능하기 때문에 유리수가 될 수 없습니다. 이러한 비순환소수를 유리수와 대비하여 무리수라고 정의합니다.

$$1.414213\ldots \qquad 3.1415926\ldots$$

무리수에 대한 역사적인 기록은 기원전 6세기로 거슬러 올라갑니다. 기원전 6세기경 고대 그리스 철학을 주름잡던 피타고라스 학파는, '수(數)'를 만물의 근원이자 철학의 핵심요소로 여겼습니다. 그 당시 유리수는 '절대적 측정단위'로 신봉되던 숫자였지만, '밑변과 높이가 1인 직각삼각형의 빗변의 길이'를 유리수에서 찾을 수 없게 되자, 그 권위는 조금씩 흔들리게 되었습니다. 여러분~ 피타고라스 정리를 이용하여 직각삼각형의 빗변의 길이를 구할 수 있다는 거, 다들 아시죠?

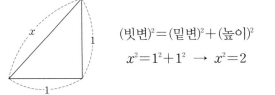

$$(\text{빗변})^2 = (\text{밑변})^2 + (\text{높이})^2$$
$$x^2 = 1^2 + 1^2 \rightarrow x^2 = 2$$

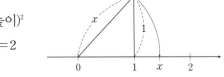

'밑변과 높이가 1인 직각삼각형의 빗변의 길이' 즉, '제곱해서 2가 되는 수'를 유리수에서 찾을 수 없다는 사실을 알게 된 피타고라스 학파는 큰 혼란에 휩싸이게 되었습니다. 이 사실을 절대 비밀에 부치기로 했지만, 히파수스라는 학자가 그 비밀을 만천하에 폭로함으로써 결국 유리수의 권위는 사라지게 되었습니다. 피타고라스 학파는 실추된 권위에 대한 책임을 히파수

스에게 돌려 그를 죽이고 말았습니다.

　피타고라스 정리는 어떻게 증명되었을까요? 우선 피타고라스가 증명했던 것부터 차근차근 살펴보도록 하겠습니다. 잠깐! 가끔 공식의 증명과정을 달달 암기하는 학생이 있는데, 절대 그러지 마십시오. 증명과정은 언제든지 교과서 및 인터넷 등을 통해 쉽게 찾아볼 수 있으며, 그것을 암기했다고 해서 뭐 대단한 것을 이루어낸 것이 아닙니다. 앞서도 잠깐 언급했지만, 대부분의 수학공식은 증명과정보다 그 공식을 어떻게 활용하느냐가 더 중요하다는 사실, 절대 잊지 마시기 바랍니다. 피타고라스 정리 또한 마찬가지고요. 이 점 반드시 명심하십시오.

　일단 빗변의 길이가 a이고, 밑변과 높이의 길이가 각각 b, c인 직각삼각형을 상상해 볼까요?

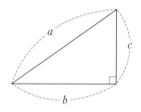

　다음으로 이 직각삼각형과 합동인 네 개의 직각삼각형을 다음과 같이 맞대어 정사각형을 만들어 봅니다.

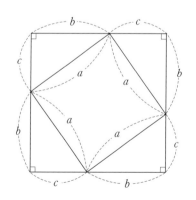

여기서 한 변의 길이가 $(b+c)$인 정사각형(큰 정사각형)의 넓이는, 직각삼각형 4개의 넓이와 한 변의 길이가 a인 정사각형(작은 정사각형)의 넓이를 합한 것과 같습니다. 그렇죠? 이를 수식으로 표현해 보면 다음과 같습니다.

- (큰 정사각형의 넓이) $=(b+c)\times(b+c)=b^2+2bc+c^2$
- (네 개의 직각삼각형의 넓이) $=4\times\left\{\dfrac{1}{2}\times b\times c\right\}=2bc$
- (작은 정사각형의 넓이) $=a\times a=a^2$

(큰 정사각형의 넓이)=(네 개의 직각삼각형의 넓이)+(작은 정사각형의 넓이)
$$b^2+2bc+c^2=2bc+a^2 \ \rightarrow \ a^2=b^2+c^2$$

음... 역시 빗변의 길이가 a이고 밑변과 높이의 길이가 각각 b, c인 직각삼각형에 대하여 등식 $a^2=b^2+c^2$이 성립하는군요.

다음은 피타고라스 정리와 관련하여 학생들이 자주 범하는 오류입니다. 무엇이 잘못 되었는지 찾아보시기 바랍니다.

- 은설 : 임의의 삼각형의 세 변을 a, b, $c(a$가 가장 긴 변)라고 할 때, 세 변 사이에는 $a^2=b^2+c^2$이 성립해~

- 규민 : 직각삼각형의 어느 두 변의 길이의 제곱의 합은 나머지 한 변의 제곱의 합과 같아~

- 세정 : 직각삼각형의 빗변의 길이의 제곱은 나머지 두 변의 길이의 합을 제곱한 것과 같아~

 잠시 질문의 답을 스스로 찾아보는 시간을 가져보세요.

질문의 답을 찾으셨나요? 그렇습니다. 피타고라스 정리는 모든 삼각형에 적용할 수 있는 이론이 아닙니다. 즉, 직각삼각형에만 적용할 수 있다는 뜻입니다. 더불어 직각삼각형의 어느 두 변의 길이의 제곱의 합이 나머지 한 변의 제곱의 합과 같은 것이 아니라, 직각삼각형의 '직각을 낀' 두 변의 길이의 제곱의 합(빗변이 아닌 두 변)이 바로 나머지 한 변(빗변)의 길이의 제곱의 합과 같다는 사실, 절대 잊지 마시기 바랍니다. 마지막으로 세정이처럼 직각삼각형의 빗변의 길이의 제곱이 나머지 두 변의 길이의 '합을 제곱한 것'과 같다고 착각하는 학생들이 있는데, '합의 제곱'이 아니라 '제곱의 합'이라는 사실, 잘 정리해 놓으시기 바랍니다.

피타고라스 정리를 이용하여 다음 삼각형의 나머지 한 변의 길이를 구해보시기 바랍니다.

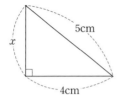

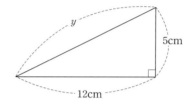

 잠시 질문의 답을 스스로 찾아보는 시간을 가져보세요.

음... 세 변의 길이를 피타고라스 정리에 하나씩 대입하면 쉽게 해결할 수 있겠네요.

$$5^2 = x^2 + 4^2 \qquad\qquad y^2 = 5^2 + 12^2$$
$$\rightarrow x^2 = 25 - 16 = 9 \qquad \rightarrow y^2 = 25 + 144 = 169$$
$$\rightarrow x = 3 \qquad\qquad\qquad \rightarrow y = 13$$

이렇게 피타고라스 정리를 활용하면, 직각삼각형과 관련된 다양한 문제를 아주 쉽게 해결할 수 있답니다. 한 문제 더 풀어볼까요? 다음 그림에서 $\overline{AG}$의 길이를 구해보시기 바랍니다. (단, $\overline{BC} = \overline{CD} = \overline{DE} = \overline{EF} = \overline{FG}$입니다)

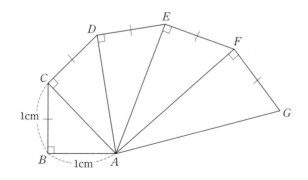

 잠시 질문의 답을 스스로 찾아보는 시간을 가져보세요.

우선 $\triangle ABC$에 피타고라스 정리를 적용해 봐야겠죠? 음... 손쉽게 $\overline{AC}$의 길이를 구할 수 있겠네요.

$$\overline{AC}^2=\overline{AB}^2+\overline{BC}^2 : \overline{AC}^2=1^2+1^2=2 \;\rightarrow\; \overline{AC}=\sqrt{2}$$

이러한 방식으로 $\overline{AD}$, $\overline{AE}$, $\overline{AF}$, $\overline{AG}$의 길이를 차례로 구하면 다음과 같습니다.

$$\overline{AD}^2=\overline{CD}^2+\overline{AC}^2 : \overline{AD}^2=1^2+(\sqrt{2})^2=3 \;\rightarrow\; \overline{AD}=\sqrt{3}$$
$$\overline{AE}^2=\overline{DE}^2+\overline{AD}^2 : \overline{AE}^2=1^2+(\sqrt{3})^2=4 \;\rightarrow\; \overline{AE}=\sqrt{4}$$
$$\overline{AF}^2=\overline{EF}^2+\overline{AE}^2 : \overline{AF}^2=1^2+(\sqrt{4})^2=5 \;\rightarrow\; \overline{AF}=\sqrt{5}$$
$$\overline{AG}^2=\overline{FG}^2+\overline{AF}^2 : \overline{AG}^2=1^2+(\sqrt{5})^2=6 \;\rightarrow\; \overline{AG}=\sqrt{6}$$

따라서 정답은 $\overline{AG}=\sqrt{6}$입니다. 어렵지 않죠? 이렇게 직각을 낀 두 변의 길이가 1인 직각삼각형을 아래와 같이 맞대어 붙인 것을 '테오도로스의 바퀴'라고 부릅니다. 그림이 마치 바퀴처럼 빙빙 돌고 있는 형상이죠? 이것의 특징은 계속해서 그려지는 n번째 삼각형의 빗변의 길이가 바로 $\sqrt{n+1}$이 된다는 사실입니다. 참 신기하죠?

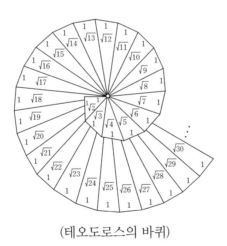

(테오도로스의 바퀴)

어떤 삼각형이 피타고라스 정리를 만족한다면, 직각삼각형이라고 말할 수 있을까요? 즉, 피타고라스 정리를 역으로 뒤집었을 경우, 그 문장이 참이 되는지 묻는 것입니다.

직각삼각형이면 피타고라스 정리가 성립한다. [참]
과연 피타고라스 정리가 성립하면 직각삼각형이 될까?

가끔 이것을 당연하게 여기는 학생들이 있습니다. 하지만 수학에서는 증명되지 않는 한, 절대 당연한 것으로 판단하면 안 됩니다. 왜냐하면 어떤 명제가 참이라고 해서 그 역 또한 반드시 참이 된다는 보장이 없으니까요. 예를 들어 볼까요? 다음 명제를 유심히 살펴보시기 바랍니다. 참고로 명제란 참과 거짓을 판별할 수 있는 문장을 의미하며, 명제의 역은 가정(~이면)과 결론(~이다)을 바꾼 명제를 뜻합니다.

$$x=2\text{이면 } x^2=4\text{이다.}$$
$$\underset{\text{(가정)}}{} \quad \underset{\text{(결론)}}{}$$

음... 이것은 참인 명제군요. 이제 가정과 결론을 바꾸어 명제의 역을 작성해 보도록 하겠습니다.

$$x^2=4\text{이면 } x=2\text{이다.}$$

과연 이것도 참이 될까요? 얼핏 보면 그럴 것도 같지만, 잘 살펴보세요~ 제곱해서 4가 되는 숫자, 즉 $x^2=4$를 만족하는 x는 $+2$뿐만 아니라 -2도 있습니다. 즉, $x^2=4$이면 $x=2$가 된다는 것은 거짓입니다. 왜냐하면 $x=-2$일 수도 있거든요. 이해되시죠?

$$x=2\text{이면 } x^2=4\text{이다. (참)}$$
$$x^2=4\text{이면 } x=2\text{이다. (거짓)}$$

다시 피타고라스 정리로 돌아와서, 모든 직각삼각형은 피타고라스 정리를 만족합니다. 그렇죠? 더불어 이 명제의 역 '피타고라스의 정리를 만족하는 모든 삼각형은 직각삼각형이다' 라는 것 또한 참인 명제입니다. 사실 이에 대한 증명과정은 고등학교 교과과정에 해당하는 사항이므로, 여기서는 그냥 피타고라스 정리를 만족하는 모든 삼각형이 직각삼각형이 된다는 사실만 기억하고 넘어가도록 하겠습니다. 혹여 증명과정이 궁금하다면, 인터넷 등을 통해 각자 그 상세내용을 찾아보시기 바랍니다.

① 모든 직각삼각형은 피타고라스 정리를 만족한다. (참)
   [예시] 직각삼각형의 세 변의 길이가
      5, 12, 13일 때, $13^2=5^2+12^2$이 성립한다.

② 피타고라스 정리를 만족하는 모든 삼각형은 직각삼각형이다 (참)
   [예시] 세 변의 길이가 5, 12, 13인($13^2=5^2+12^2$) 삼각형은 직각삼각형이다.

다음 △ABC는 어떤 삼각형일까요?

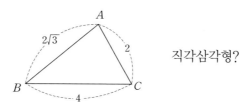

직각삼각형?

 잠시 질문의 답을 스스로 찾아보는 시간을 가져보세요.

일단 가장 긴 변을 빗변이라고 가정한 후, 피타고라스 정리를 적용해 보겠습니다.

[피타고라스의 정리]

빗변의 제곱은 나머지 두 변의 제곱의 합과 같다.

→ (빗변)$^2 = 4^2 = 16$,　　$2^2 = 4^2$,　　$(2\sqrt{3})^2 = 12$

음... 피타고라스 정리를 만족하는군요. 즉, △ABC는 직각삼각형입니다. 다음에 주어진 값이 삼각형의 세 변의 길이를 의미할 때, 직각삼각형인지 확인해 보시기 바랍니다.

① 10, 24, 26　　② 6, 7, 8　　③ 10, 15, 20

 잠시 질문의 답을 스스로 찾아보는 시간을 가져보세요.

마찬가지로 가장 긴 변을 직각삼각형의 빗변(a)이라고 가정한 후, 피타고라스 정리를 적용해 보면 다음과 같습니다. (나머지 두 변의 길이는 b, c로 놓겠습니다)

① 10, 24, 26 : $a^2 = b^2 + c^2$　→　$26^2 = 10^2 + 24^2 = 676$

② 6, 7, 8 : $a^2 = b^2 + c^2$　→　$8^2 = 64 \neq 6^2 + 7^2 = 85$

③ 10, 15, 20 : $a^2 = b^2 + c^2$　→　$20^2 = 400 \neq 10^2 + 15^2 = 325$

어라...? ①번만 직각삼각형이고, ②와 ③은 직각삼각형이 아니군요. 그렇다면 ②와 ③은 어떤 삼각형일까요?

갑자기 어떤 삼각형이냐고 물으니, 뭐라고 답을 해야 할지 막막하다고요? 몇몇 학생들은 정삼각형이나 이등변삼각형, ... 등을 말해야 하는 줄 알고 있는데, 절대 그렇지 않습니다. 정삼각형과 이등변삼각형은 '변'을 기준으로 분류한 삼각형인 반면 직각삼각형은 '각'을 기준으로 분류한 삼각형이기 때문입니다. 즉, 서로 다른 분류기준을 적용했기 때문에 직각삼각형이 아니면 뭐냐고 물었을 때, 정삼각형이나 이등변삼각형이라고 답하면 안 된다는 뜻이지요. 이해되시나요? 다음 이야기를 읽어보면 이해하기가 한결 수월할 것입니다.

> • 규민 : 은설아! 내가 소개팅 시켜줄까?
> • 은설 : 그래, 좋아~ 나는 좀 소심한 편인데... 그 사람은 어떤 사람이야?
> • 규민 : 응... 그 사람은 키가 크고 좀 마른 편이야...
> • 은설 : 헐~ 나는 그 사람의 외모를 물어본 게 아니라 성격을 물어본 거야.

직각삼각형과 같이 각을 기준으로 분류한 삼각형에는 뭐가 있을까요?

각을 기준으로 분류한 삼각형이라...?

네, 맞아요. 바로 예각삼각형과 둔각삼각형입니다. 여러분~ 예각·둔각삼각형이 어떤 삼각형인지 잊은 건 아니죠?

> • 예각삼각형 : 삼각형의 모든 내각이 예각인 삼각형
> (예각 : $0°$ 보다 크고 $90°$ 보다 작은 각)
> • 직각삼각형 : 삼각형의 한 각이 직각($90°$)인 삼각형
> • 둔각삼각형 : 삼각형의 한 각이 둔각인 삼각형
> (둔각 : $90°$ 보다 크고 $180°$ 보다 작은 각)

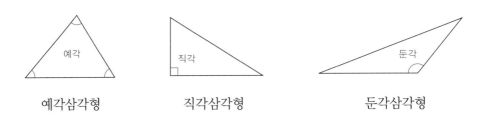

| 예각삼각형 | 직각삼각형 | 둔각삼각형 |

이제 질문의 답해볼까요? ②와 ③은 어떤 삼각형입니까?

잠시 질문의 답을 스스로 찾아보는 시간을 가져보세요.

음... 세 변의 길이로 보아 ②는 예각삼각형, ③은 둔각삼각형인 듯합니다. 확신이 잘 서지 않는다면, 세 변의 길이를 가지고 직접 삼각형을 만들어 보시기 바랍니다.

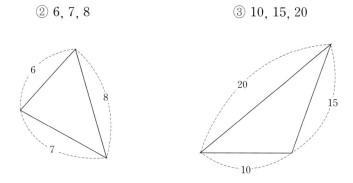

② 6, 7, 8   ③ 10, 15, 20

역시 ②는 예각삼각형, ③은 둔각삼각형이 맞네요. 그럼 예각, 직각, 둔각삼각형이 되는 조건을 찾아보는 시간을 갖도록 하겠습니다.

예각, 직각, 둔각삼각형의 조건이라...?

 잠시 질문의 답을 스스로 찾아보는 시간을 가져보세요.

도무지 감이 오질 않는다고요? 일단 직각삼각형이 되는 조건을 살펴보면 다음과 같습니다. 잠깐! 삼각형의 세 변의 길이가 피타고라스 정리를 만족하면, 그 삼각형은 직각삼각형이 된다는 거, 다들 아시죠?

[직각삼각형이 되는 조건]
 $\triangle ABC$의 세 변의 길이가 a, b, $c\,(a>b>c)$일 때,
 등식 $a^2=b^2+c^2$을 만족하면 $\triangle ABC$는 직각삼각형이다. ($\angle A=90°$)

과연 예각삼각형, 둔각삼각형이 되는 조건은 무엇일까요? 음... 잘 모르겠다고요? 힌트를 드리겠습니다. 다음 밑줄 친 부분에 유의하면서 천천히 읽어보시기 바랍니다. (참고로 다음 내용은 직각삼각형의 조건을 수식이 아닌 글로 풀어 설명한 것입니다)

어떤 삼각형의 가장 긴 변의 길이의 제곱이 나머지 두 변의
길이의 제곱의 합과 <u>같을 때</u>, 그 삼각형은 <u>직각삼각형</u>이 된다.

이제 좀 감이 오시나요? 네, 맞아요. 밑줄 친 '같을 때'를 '작을 때' 또는 '클 때'로 변형하면 예각삼각형 또는 둔각삼각형의 조건을 도출할 수 있습니다. 그렇죠?

어떤 삼각형의 가장 긴 변의 길이의 제곱이 나머지 두 변의
길이의 제곱의 합보다 <u>작을 때</u>, 그 삼각형은 <u>예각삼각형</u>이 된다.

어떤 삼각형의 가장 긴 변의 길이의 제곱이 나머지 두 변의
길이의 제곱의 합보다 <u>클 때</u>, 그 삼각형은 <u>둔각삼각형</u>이 된다.

다음 그림을 보면 좀 더 명확해질 것입니다. 여기서 직각삼각형의 빗변을 짧게 줄이거나 길게 늘인다고 생각해 보십시오.

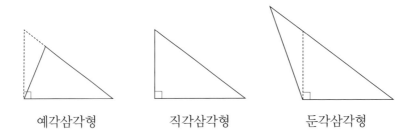

예각삼각형   직각삼각형   둔각삼각형

이제 도출한 내용을 수식(부등식)으로 표현하면 되겠네요. 예각, 직각, 둔각삼각형의 조건은 다음과 같습니다.

예각, 직각, 둔각삼각형의 조건

$\triangle ABC$의 세 변의 길이가 a, b, $c(a>b>c)$일 때,
① $a^2=b^2+c^2$을 만족하면 $\triangle ABC$는 직각삼각형이 됩니다.
② $a^2<b^2+c^2$을 만족하면 $\triangle ABC$는 예각삼각형이 됩니다.
③ $a^2>b^2+c^2$을 만족하면 $\triangle ABC$는 둔각삼각형이 됩니다.

다음 그림을 보면 이해하기가 한결 수월할 것입니다.

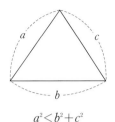

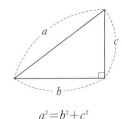

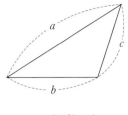

$$a^2 < b^2 + c^2 \qquad\qquad a^2 = b^2 + c^2 \qquad\qquad a^2 > b^2 + c^2$$

삼각형의 세 변의 길이가 다음과 같을 때, 어떤 삼각형인지 말해보시기 바랍니다. 즉, 주어진 삼각형이 예각삼각형, 직각삼각형 또는 둔각삼각형인지 묻는 것입니다.

$$① \ 3, 4, 5 \qquad ② \ 5, 8, 12 \qquad ③ \ 7, 10, 11$$

 잠시 질문의 답을 스스로 찾아보는 시간을 가져보세요

쉽죠? 가장 긴 변의 제곱이 나머지 두 변의 제곱의 합보다 작으면 예각삼각형, 같으면 직각삼각형, 크면 둔각삼각형이잖아요. 정답은 다음과 같습니다.

$$① \ 3, 4, 5 : 5^2 = 3^2 + 4^2 = 25 \ \rightarrow \ \text{직각삼각형}$$
$$② \ 5, 8, 12 : 12^2 = 144 > 5^2 + 8^2 = 89 \ \rightarrow \ \text{둔각삼각형}$$
$$③ \ 7, 10, 11 : 11^2 = 121 < 7^2 + 10^2 = 149 \ \rightarrow \ \text{예각삼각형}$$

삼각형의 세 변의 길이가 다음과 같다고 합니다. ①은 직각삼각형, ②는 예각삼각형, ③은 둔각삼각형이 되도록 x값의 범위를 찾아보시기 바랍니다. 단, x는 양수이며 밑줄 친 길이가 가장 긴 변에 해당합니다.

$$① \ x, \ x-1, \ \underline{x+5} \qquad ② \ x, \ x-10, \ \underline{\sqrt{2x}} \qquad ③ \ 2x-1, \ x, \ \underline{\sqrt{5x}}$$

 잠시 질문의 답을 스스로 찾아보는 시간을 가져보세요

음... 예각, 직각, 둔각삼각형의 조건(피타고라스 정리의 변형식)을 하나씩 적용하면 손쉽게 해결할 수 있는 문제군요. 다시 한 번 그 개념을 떠올려 볼까요?

$\triangle ABC$의 세 변의 길이가 a, b, $c(a>b>c$, $a<b+c)$일 때,

① $a^2=b^2+c^2$을 만족하면 $\triangle ABC$는 직각삼각형이 됩니다.

② $a^2<b^2+c^2$을 만족하면 $\triangle ABC$는 예각삼각형이 됩니다.

③ $a^2>b^2+c^2$을 만족하면 $\triangle ABC$는 둔각삼각형이 됩니다.

정답은 다음과 같습니다.

① 세 변 x, $x-1$, $x+5$가 직각삼각형의 세 변이 되려면,

$(x+5)^2=x^2+(x-1)^2$이 되어야 합니다.

→ $(x+5)^2=x^2+(x-1)^2$ → $x^2+10x+25=x^2+x^2-2x+1$

→ $x^2-12x-24=0$ → $x=\dfrac{12\pm\sqrt{(-12)^2-4\times(-24)}}{2}=\dfrac{12\pm4\sqrt{15}}{2}=6\pm2\sqrt{15}$

→ $x=6+2\sqrt{15}(x>0)$

② 세 변 x, $x-10$, $\sqrt{2}x$가 예각삼각형의 세 변이 되려면,

$(\sqrt{2}x)^2<x^2+(x-10)^2$이 되어야 합니다.

→ $(\sqrt{2}x)^2<x^2+(x-10)^2$ → $2x^2<x^2+x^2-20x+100$ → $0<-20x+100$ → $x<5$

③ 세 변 $2x-1$, x, $\sqrt{5}x$가 둔각삼각형의 세 변이 되려면,

$(\sqrt{5}x)^2>x^2+(2x-1)^2$이 되어야 합니다.

→ $(\sqrt{5}x)^2>x^2+(2x-1)^2$ → $5x^2>x^2+4x^2-4x+1$ → $0>-4x+1$ → $x>\dfrac{1}{4}$

어렵지 않죠? 문제를 조금 변형해 볼까요? 세 변의 길이가 x, $x-10$, $\sqrt{2}x$인 예각삼각형이 있습니다. x가 양의 정수일 때, 가장 큰 x의 값은 얼마일까요? 단, 여기서 가장 긴 변의 길이는 $\sqrt{2}x$입니다. (힌트 : ②번 결과 활용)

🏠 잠시 질문의 답을 스스로 찾아보는 시간을 가져보세요.

네, 그렇습니다. 앞서 세 변 x, $x-10$, $\sqrt{2}x$가 예각삼각형이 되기 위해서는 $x<5$를 만족해야 한다고 했습니다. 그렇죠? 문제에서 x는 양의 정수이며, 가장 큰 x의 값을 구하라고 했으므로 $x=4$가 될 것입니다. 어렵지 않죠?

다음은 직각삼각형 $\triangle ABC$의 각 변을 한 변으로 하는 정사각형을 직각삼각형과 맞대어 그린 도형입니다. 가장 큰 정사각형의 넓이($x\text{cm}^2$)를 구해보시기 바랍니다.

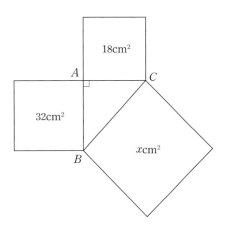

잠시 질문의 답을 스스로 찾아보는 시간을 가져보세요.

우선 주어진 직각삼각형의 빗변의 길이를 a, 나머지 두 변의 길이를 b와 c로 놓겠습니다. 그리고 정사각형의 넓이를 문자 a, b, c로 표현해 보겠습니다. ($\overline{BC}=a$, $\overline{AC}=b$, $\overline{AB}=c$)

- $\overline{BC}$를 한 변으로 하는 정사각형의 넓이 : $a^2=x$
- $\overline{AC}$을 한 변으로 하는 정사각형의 넓이 : $b^2=18$
- $\overline{AB}$을 한 변으로 하는 정사각형의 넓이 : $c^2=32$

문제에서 $\triangle ABC$가 직각삼각형이라고 했으므로 피타고라스 정리가 성립합니다. 그럼 피타고라스 정리를 활용하여 x값을 구해볼까요? 가끔 빗변과 나머지 두 변을 구분하지 않고 피타고라스 정리를 적용하는 학생들이 있는데, 직각삼각형에서 빗변의 길이에 대한 제곱의 값이 '빗변이 아닌' 두 변의 길이의 제곱의 합과 같다는 것, 꼭 명심하시기 바랍니다.

$$a^2=b^2+c^2(\text{피타고라스 정리}) : b^2=18,\ c^2=32,\ a^2=x \ \rightarrow\ x=18+32=50$$

따라서 가장 큰 정사각형의 넓이는 50cm^2입니다.

다음은 직각삼각형의 빗변을 한 변으로 하는 정사각형을 직각삼각형과 맞대어 그린 도형입니다. 정사각형의 넓이가 136cm^2일 때, 빗변이 아닌 두 변의 길이의 합($a+b$)의 값을 구해보시기 바랍니다. 단, 두 변의 길이의 곱(ab)의 값은 15입니다.

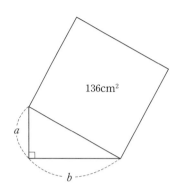

잠시 질문의 답을 스스로 찾아보는 시간을 가져보세요.

음... 이건 조금 어려워 보이는군요... 일단 빗변의 길이를 $x$cm로 놓고 피타고라스 정리를 적용해 보면 다음과 같습니다.

(빗변의 길이의 제곱)=(빗변이 아닌 나머지 두 변의 길이의 제곱의 합) : $x^2=a^2+b^2$

문제에서 정사각형의 넓이가 136cm^{2}라고 했으므로, $x^2=136$입니다. 그렇죠?

$$x^2=a^2+b^2 \;\rightarrow\; 136=a^2+b^2$$

그리고 빗변이 아닌 두 변의 곱의 값이 15라고 했으므로, $ab=15$가 될 것입니다. 이제 생각을 정리해 볼까요?

- 우리가 알고 있는 값 : $a^2+b^2=136$(두 변의 길이의 제곱의 합)
$ab=15$(두 변의 길이의 곱)
- 우리가 구하고자 하는 값 : $a+b$(빗변이 아닌 두 변의 길이의 합)

아하! 이 문제는 두 변의 길이의 제곱의 합(a^2+b^2)과 두 변의 길이의 곱(ab)을 이용하여 빗변이 아닌 두 변의 길이의 합($a+b$)을 찾으라는 문제군요. 이해가 되시나요? 여기서 우리는 다항식에서 배운 어떤 공식을 적용해야 합니다. 혹시 그게 뭔지 아십니까?

두 수의 제곱의 합(a^2+b^2)과 두 수의 곱(ab)과 관련된 공식이라...?

 잠시 질문의 답을 스스로 찾아보는 시간을 가져보세요.

네, 맞아요. 바로 곱셈공식입니다. 그것도 완전제곱식을 표현하는 곱셈공식이죠.

$$(a+b)^2 = a^2 + 2ab + b^2$$

음... 보아하니 등식 $(a+b)^2 = a^2 + 2ab + b^2$에 $a^2 + b^2 = 136$, $ab = 15$를 대입하면 어렵지 않게 식 $(a+b)$의 값을 구할 수 있겠네요.

$$(a+b)^2 = a^2 + 2ab + b^2 \quad \rightarrow \quad (a+b)^2 = 136 + 2 \times 15 = 166$$
$$\rightarrow \quad (a+b)^2 = 166 \quad \rightarrow \quad a+b = \pm\sqrt{166}$$

a, b는 두 변의 길이를 나타내므로 모두 양수입니다. 즉, 식 $(a+b)$의 값 또한 양수가 된다는 뜻이죠. 따라서 구하고자 하는 값 $(a+b)$, 즉 빗변이 아닌 두 변의 길이의 합은 $\sqrt{166}$cm입니다.

세 개의 직각삼각형을 다음 그림과 같이 붙여놓았다고 합니다. x의 값을 구해보시기 바랍니다.

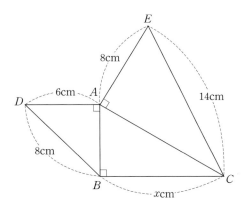

 잠시 질문의 답을 스스로 찾아보는 시간을 가져보세요.

여러분~ 피타고라스 정리를 이용하면, 직각삼각형의 두 변의 길이로부터 나머지 한 변의 길이를 손쉽게 구할 수 있다는 사실, 다들 알고 계시죠? 문제에서 x의 값($\overline{BC}$의 길이)을 구하라고 했으므로, 직각삼각형 $\triangle ABC$의 두 변 $\overline{AB}$와 $\overline{AC}$의 길이만 찾으면, 어렵지 않게 x의 값 ($\overline{BC}$의 길이)을 구할 수 있을 듯합니다.

$$직각삼각형 \; \triangle ABC : \overline{AC}^2 = \overline{AB}^2 + \overline{BC}^2 = \overline{AB}^2 + x^2$$

그럼 두 변 $\overline{AB}$와 $\overline{AC}$의 길이를 구해볼까요? 두 직각삼각형 $\triangle ADB$와 $\triangle AEC$에 피타고라스 정리를 적용해 보면 다음과 같습니다.

- 직각삼각형 $\triangle ADB$: $\overline{DB}^2=\overline{AD}^2+\overline{AB}^2 \ \rightarrow \ 8^2=6^2+\overline{AB}^2 \ \rightarrow \ \overline{AB}=\sqrt{28}$
- 직각삼각형 $\triangle AEC$: $\overline{EC}^2=\overline{AE}^2+\overline{AC}^2 \ \rightarrow \ 14^2=8^2+\overline{AC}^2 \ \rightarrow \ \overline{AC}=\sqrt{132}$

이제 직각삼각형 $\triangle ABC$에 피타고라스 정리를 적용하여 x값을 구해보겠습니다.

$$\overline{AC}^2=\overline{AB}^2+\overline{BC}^2 \ \rightarrow \ (\sqrt{132})^2=(\sqrt{28})^2+x^2 \ \rightarrow \ x^2=132-28=104 \ \rightarrow \ x=\sqrt{104}$$

할 만하죠? 다시 한 번 말하지만, 직각삼각형에서 빗변의 길이에 대한 제곱의 값이 '빗변이 아닌' 두 변의 길이의 제곱의 합과 같다는 사실을 꼭 명심하시기 바랍니다.

(빗변의 길이의 제곱)=(빗변이 아닌 나머지 두 변의 길이의 제곱의 합)

다음 도형에서 x, y, z의 값을 구해보시기 바랍니다.

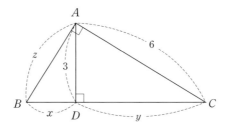

 잠시 질문의 답을 스스로 찾아보는 시간을 가져보세요.

여러분~ 그림에서 보이는 직각삼각형은 몇 개인가요? 네, 맞아요. 3개입니다. 각각의 직각삼각형을 분리하여 그려보면 다음과 같습니다.

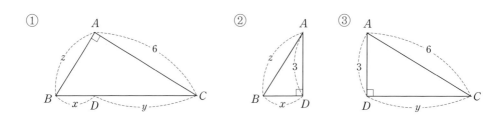

슬슬 피타고라스 정리를 적용해 볼까요?

$$① \ (x+y)^2 = z^2 + 6^2 \quad ② \ z^2 = x^2 + 3^2 \quad ③ \ 6^2 = 3^2 + y^2$$

헉? 미지수가 3개인 연립방정식이 도출되었네요. 그것도 연립이차방정식입니다. 음... 이건 아직 배운 적이 없는데... 도대체 어떻게 이 연립이차방정식을 풀 수 있을까요?

잠시 질문의 답을 스스로 찾아보는 시간을 가져보세요

네, 그렇습니다. 미지수가 몇 개든 간에 주어진 식을 적당히 가감(또는 대입)하여, 미지수를 하나씩 소거하면 어렵지 않게 연립방정식의 해를 찾을 수 있습니다. 즉, 연립이차방정식의 풀이는 단순 계산문제에 지나지 않는다는 말이죠.

> 연립방정식을 풀 때, 최종적으로 우리는 미지수가 1개인 방정식을 도출해야 한다.

잠깐! 미지수의 개수만큼 방정식이 존재해야 그 해를 구할 수 있다는 사실, 다들 아시죠? 풀이과정을 간단히 설명하자면, 미지수가 1개인 이차방정식 ③ $6^2 = 3^2 + y^2$을 먼저 풀이한 후, 나머지식과 가감(또는 대입)하여 미지수를 하나씩 찾는 것이 포인트입니다.

$$③ \ 6^2 = 3^2 + y^2 \ \rightarrow \ y^2 = 27 \ \rightarrow \ y = 3\sqrt{3}$$

$$① \ (x+y) = z^2 + 6^2 \ \rightarrow \ (x+3\sqrt{3})^2 = z^2 + 6^2 \ \rightarrow \ (x+3\sqrt{3})^2 = (x^2 + 3^2) + 6^2$$

$$② \ z^2 = x^2 + 3^2$$

$$(x+3\sqrt{3})^2 = (x^2 + 3^2) + 6^2 \ \rightarrow \ x = \sqrt{3}$$

$$② \ z^2 = x^2 + 3^2 \ \rightarrow \ z^2 = 3 + 3^2 = 12 \ \rightarrow \ z = 2\sqrt{3}$$

따라서 $x = \sqrt{3}$, $y = 3\sqrt{3}$, $z = 2\sqrt{3}$입니다. 할 만한가요? 계산과정이 복잡해서 그렇지, 그리 어려운 문제는 아닙니다.

다음은 필자가 자주 사용하는 피타고라스 정리를 활용한 변형공식입니다. 삼각형의 길이문제를 풀때 유용하게 쓰이니 적극 활용하시기 바랍니다.

> 빗변이 아닌 나머지 두 변의 길이가 각각 $\sqrt{a}$와 $\sqrt{b}$일 때, 직각삼각형의 빗변의 길이는 $\sqrt{a+b}$입니다.

증명과정이 궁금하다고요? 간단합니다. 빗변이 아닌 나머지 두 변의 길이가 각각 $\sqrt{a}$와 $\sqrt{b}$인 직각삼각형에 피타고라스 정리를 적용하면 끝~. 편의상 빗변의 길이를 x로 놓겠습니다.

$$(빗변의 길이의 제곱) = (빗변이 아닌 나머지 두 변의 길이의 제곱의 합)$$
$$x^2 = (\sqrt{a})^2 + (\sqrt{b})^2 \ \rightarrow \ x^2 = (a+b)^2 \ \rightarrow \ x = \sqrt{a+b}$$

이 공식은 다음과 같이 활용할 수 있습니다.

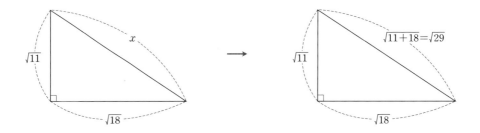

어떠세요? 루트 안의 값을 더하기만 하면 손쉽게 빗변의 길이를 구할 수 있죠? 앞서 도출한 변형공식(1)과 유사한 내용이긴 하지만, 다음 변형공식(2)도 함께 기억하고 있으면, 좀 더 편하게 피타고라스 정리를 활용할 수 있을 것입니다.

> 빗변이 아닌 나머지 두 변의 길이가 각각 $a(=\sqrt{a^2})$와 $b(=\sqrt{b^2})$일 때, 직각삼각형의 빗변의 길이는 $\sqrt{a^2+b^2}$입니다.

마찬가지로 피타고라스 정리에 대입하기만 하면 쉽게 증명할 수 있습니다. (편의상 빗변의 길이를 x로 놓겠습니다)

$$(빗변의 길이의 제곱) = (빗변이 아닌 나머지 두 변의 길이의 제곱의 합)$$
$$x^2 = a^2 + b^2 \ \rightarrow \ x = \sqrt{a^2+b^2}$$

그럼 변형공식(2)를 활용한 문제를 풀어볼까요?

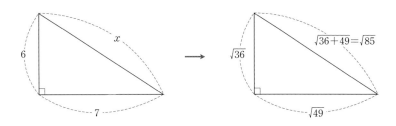

보는 바와 같이, 직각삼각형의 두 변의 길이를 루트값으로 변형하기만 하면, 쉽게 나머지 한 변을 구할 수 있습니다. 그렇죠? 이번엔 빗변과 높이를 가지고 밑변의 길이를 구해보겠습니다.

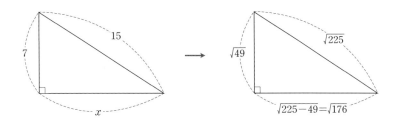

어떠세요? 루트 안의 값을 더하거나 빼기만 하면 쉽게 빗변의 길이를 구할 수 있죠? 이처럼 직각삼각형에서 피타고라스 정리는 정말 '가뭄에 단비' 같은 공식입니다.

★ 개념을 정확히 이해했는지 확인하고 싶다면, 학교 교과서에 나오는 개념확인 문제를 풀어 보거나 스스로 개념 확인문제를 출제하여 풀어보면 큰 도움이 될 것입니다.

2 피타고라스 정리의 활용

피타고라스 정리는 주로 어디에서 활용될까요? 네, 맞습니다. 건축 설계와 관련하여 길이 또는 거리 등을 계산할 때 가장 많이 사용된다고 하네요. 여기서 우리는 피타고라스 정리를 활용하여 다양한 도형(평면도형 및 입체도형)의 길이와 넓이 등을 구해보려 합니다. 그럼 준비되셨나요?

여러분~ 혹시 TV(또는 모니터)의 규격에 대해 알고 계십니까? 일반적으로 우리는 TV(또는 모니터)의 규격(크기)을 인치로 표현합니다.

32인치 LCD TV, 19인치 모니터, ...

즉, TV의 규격(크기)을 잴 때, cm(센티미터)가 아닌 'in(인치)'라는 단위를 사용한다는 말이지요. 인터넷이나 공학계산기 등을 찾아보면 1인치가 약 2.54cm라는 사실을 손쉽게 확인할 수 있을 것입니다.

32인치≒81.28cm,   19인치≒48.26cm

그렇다면 이 길이는 TV(또는 모니터)의 어느 부분을 잰 것일까요?

잠시 질문의 답을 스스로 찾아보는 시간을 가져보세요.

네, 맞아요. 바로 TV(또는 모니터)의 대각선의 길이입니다.

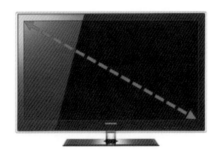

음.. 그림을 보아하니, 대각선에 의해 나누어진 두 개의 삼각형 모두 직각삼각형이군요. 여러분~ 직각삼각형하면 뭐가 떠오르시죠? 네 맞아요. 피타고라스 정리입니다.

직각삼각형 → 피타고라스 정리!

피타고라스 정리를 활용하여 직사각형의 대각선의 길이를 구해보도록 하겠습니다. 다음 가로와 세로의 길이가 각각 5cm, 8cm인 직사각형 $ABCD$의 대각선($\overline{BD}$)의 길이를 구해보십시오. 잠깐! 직사각형의 두 대각선의 길이가 서로 같다는 사실, 다들 알고 계시죠?

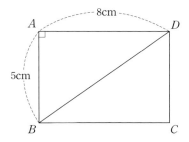

앞서도 언급했지만, 직각삼각형 $\triangle ABD$에 피타고라스 정리를 적용하면 손쉽게 직사각형 $ABCD$의 대각선의 길이($\overline{BD}$)를 계산해 낼 수 있습니다.

$$\overline{BD}^2 = \overline{AB}^2 + \overline{AD}^2 \;\rightarrow\; \overline{BD}^2 = 5^2 + 8^2 = 25 + 64 = 89 \;\rightarrow\; \overline{BD} = \sqrt{89}$$

이참에 피타고라스 정리를 활용하여 직사각형의 대각선 길이공식을 만들어 보는 건 어떨까요? 즉, 가로와 세로의 길이가 각각 a, b인 직사각형의 대각선 길이를 'a와 b에 대한 식'으로 표현해 보자는 말입니다.

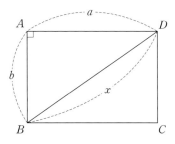

방금 전 대각선의 길이를 구한 것과 같이, 직각삼각형 $\triangle ABD$에 피타고라스 정리를 그대로 적용하면 어렵지 않게 직사각형 $ABCD$의 대각선의 길이($\overline{BD}$) 공식을 도출할 수 있습니다. 여기서 두 수 a, b는 단순히 어떤 상수(숫자)에 불과하다는 사실, 잊지 마시기 바랍니다.

$$\overline{BD}^2 = \overline{AB}^2 + \overline{AD}^2 \;\rightarrow\; \overline{BD}^2 = a^2 + b^2 = x^2 \;\rightarrow\; x = \sqrt{a^2 + b^2}\,(x > 0)$$

직사각형의 대각선의 길이공식

가로와 세로의 길이가 각각 a, b인 직사각형의 대각선의 길이는 $\sqrt{a^2 + b^2}$입니다.

어라...? 단순히 피타고라스 정리를 적용해 놓은 것에 불과하군요. 여기서 우리는 직사각형의 가로와 세로의 길이만 알면 손쉽게 대각선의 길이를 구할 수 있다는 사실을 확인할 수 있습니다. 이것이 바로 직사각형의 대각선의 길이공식에 대한 숨은 의미입니다. 그렇다고 무작정 공식을 암기하려고 하지 마십시오. 주어진 그림(직사각형)으로부터 직각삼각형을 찾기만 하면, 즉 피타고라스 정리를 적용하기만 하면, 간단히 공식을 유도할 수 있으니까요. 더불어 피타고라스 정리를 자주 적용하다보면 자연스럽게 공식을 기억할 수 있다는 사실 또한 명심하시기 바랍니다. 하나만 더! 한 변의 길이가 a인 정사각형의 대각선의 길이는 $\sqrt{2}a(=\sqrt{a^2+a^2})$라는 사실도 함께 기억하시기 바랍니다. (직사각형의 대각선의 길이공식에 대한 숨은 의미)

여러분~ 1학기 교과과정에서 무리수를 수직선에 표현했던 거, 기억나시죠? 음... 기억이 잘 나지 않는다고요? 피타고라스 정리를 활용하면 무리수 $\sqrt{2}$, $\sqrt{3}$, ...을 손쉽게 수직선에 표시할 수 있습니다. 물론 작도에 필요한 도구인 자와 컴퍼스가 있어야겠죠? 다음 그림을 참고하여 각자 무리수 $\sqrt{2}$, $\sqrt{3}$, ...을 수직선에 표시해 보시기 바랍니다.

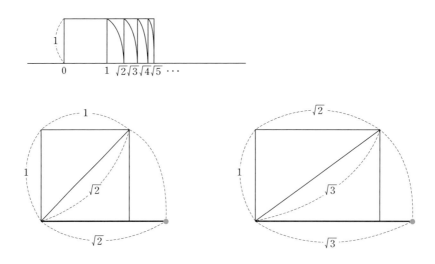

이번엔 정삼각형에 피타고라스 정리를 적용해 보도록 하겠습니다.

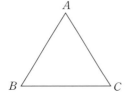

정삼각형에 피타고라스 정리를 적용한다고...?

도무지 무슨 말인지 이해가 되지 않는다고요? 일단 꼭짓점 A에서 밑변 $\overline{BC}$에 수선을 그어

보십시오. 어떠세요? 두 개의 직각삼각형이 만들어지죠? 네, 맞아요. 여기에 피타고라스 정리를 적용하면 손쉽게 정삼각형 $\triangle ABC$의 높이($\overline{AD}$의 길이)를 계산해 낼 수 있습니다. 우리 함께 정삼각형의 높이를 구해볼까요? (단, 정삼각형의 한 변의 길이는 6cm입니다)

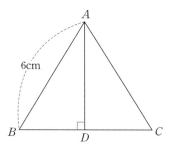

 잠시 질문의 답을 스스로 찾아보는 시간을 가져보세요

조금 어렵나요? 여러분~ 정삼각형도 이등변삼각형의 일종이라는 사실, 다들 아시죠? 다시 말해서, 꼭짓점 A에서 밑변 $\overline{BC}$에 내린 수선의 발(점 D)은 밑변 $\overline{BC}$의 길이를 이등분한다는 뜻입니다. 이는 $\overline{AD}$가 밑변 $\overline{BC}$의 수직이등분선이라는 말과 같지요. 즉, $\overline{BD}$의 길이는 3cm가 됩니다. 여기까지 이해되시죠?

음... 직각삼각형 $\triangle ABD$에 대하여 두 변 $\overline{AB}$와 $\overline{BD}$의 길이를 알고 있으니, 나머지 한 변 $\overline{AD}$의 길이를 구하는 것은 식은 죽 먹기에 불과하겠군요. 물론 피타고라스 정리를 활용해야겠죠?

$$\overline{AB}^2 = \overline{AD}^2 + \overline{BD}^2 \ \rightarrow \ 6^2 = \overline{AD}^2 + 3^2 \ \rightarrow \ \overline{AD} = \sqrt{27} = 3\sqrt{3}$$

따라서 정삼각형 $\triangle ABC$의 높이($\overline{AD}$의 길이)는 $3\sqrt{3}$cm가 됩니다. 내친김에 정삼각형 $\triangle ABC$의 넓이를 구해보면 다음과 같습니다.

$$(\triangle ABC의\ 넓이) = \frac{1}{2} \times \overline{BC} \times \overline{AD} = \frac{1}{2} \times 6 \times 3\sqrt{3} = 9\sqrt{3}$$

어렵지 않죠? 이참에 피타고라스 정리를 활용하여 정삼각형의 높이와 넓이공식을 만들어 보는 건 어떨까요? 즉, 한 변의 길이가 a인 정삼각형의 높이와 넓이를 각각 'a에 대한 식'으로 표현해 보자는 말입니다. 일단 한 변의 길이가 a인 정삼각형 $\triangle ABC$를 상상해 봅니다. 편의상 $\triangle ABC$의 높이를 h, 넓이를 S라고 놓겠습니다. 잠깐! 꼭짓점 A에서 밑변 $\overline{BC}$에 내린 수선의 발은 밑변 $\overline{BC}$의 길이를 이등분한다는 사실, 잊지 않으셨죠? 즉, $\overline{BD}$의 길이는 $\dfrac{a}{2}$입니다.

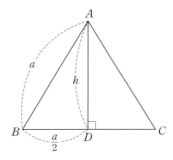

수선($\overline{AD}$)에 의해 나누어진 직각삼각형 $\triangle ABD$에 피타고라스의 정리를 적용하여 높이 h의 길이를 구해보면 다음과 같습니다.

$$직각삼각형\ \triangle ABD : a^2 = h^2 + \left(\frac{a}{2}\right)^2 \rightarrow h = \frac{\sqrt{3}}{2}a$$

오호~ 벌써 정삼각형의 높이공식을 유도했네요. 이제 정삼각형 $\triangle ABC$의 넓이(S)를 a에 관한 식으로 표현해 보겠습니다.

$$S = \frac{1}{2} \times (밑변) \times (높이) = \frac{1}{2}ah = \frac{1}{2}a \times \frac{\sqrt{3}}{2}a = \frac{\sqrt{3}}{4}a^2$$

어렵지 않죠? 정리하면 다음과 같습니다.

정삼각형의 높이와 넓이공식

한 변의 길이가 a인 정삼각형의 높이(h)와 넓이(S)는 다음과 같습니다.

$$h = \frac{\sqrt{3}}{2}a, \quad S = \frac{\sqrt{3}}{4}a^2\left(= \frac{1}{2}ah = \frac{1}{2}a \times \frac{\sqrt{3}}{2}a \right)$$

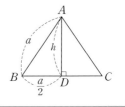

음... 단순히 피타고라스 정리를 적용해 놓은 것에 불과하군요. 여기서 우리는 정삼각형의 한 변의 길이만 알면, 그 높이와 넓이를 손쉽게 계산할 수 있다는 사실을 확인할 수 있습니다. 이 것이 바로 정삼각형의 높이와 넓이공식에 대한 숨은 의미입니다. 그렇다고 무작정 공식을 암 기하려고 하지 마십시오. 주어진 그림으로부터 직각삼각형을 찾아내기만 하면, 즉 피타고라스 정리를 적용하기만 하면, 손쉽게 공식을 유도할 수 있으니까요. 더불어 피타고라스 정리를 자주 적용하다보면 자연스럽게 공식을 기억할 수 있다는 사실 또한 명심하시기 바랍니다. (정삼각형의 넓이공식에 대한 숨은 의미)

다음 한 변의 길이가 4cm인 정육각형의 넓이를 구해보시기 바랍니다.

육각형의 넓이라...?
그런 공식이 있었나?

사실 오각형 이상의 다각형에 대한 넓이공식이 따로 존재하는 것은 아닙니다. 하지만 공식이 없다고 해서 넓이를 계산하지 못하는 것 또한 아닙니다. 과연 육각형의 넓이는 어떻게 구할 수 있을까요?

 잠시 질문의 답을 스스로 찾아보는 시간을 가져보세요.

힌트를 드리겠습니다. 다음과 같이 대각선을 그려보시기 바랍니다.

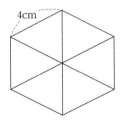

음... 한 변의 길이가 4cm인 정삼각형이 6개 보이는군요. 여러분~ 앞서 도출했던 정삼각형의 넓이공식, 기억하시죠?

$$(\text{한 변의 길이가 4cm인 정삼각형의 넓이}) = \frac{\sqrt{3}}{4} \times 4^2 = 4\sqrt{3}$$

정육각형 속에 정삼각형이 6개 있으니까, 정육각형의 넓이는 다음과 같게 됩니다.

$$(\text{한 변의 길이가 4cm인 정육각형의 넓이}) = 4\sqrt{3} \times 6 = 24\sqrt{3}$$

따라서 한 변의 길이가 4cm인 정육각형의 넓이는 $24\sqrt{3}\text{cm}^2$입니다. 이번엔 **이등변삼각형에 피타고라스 정리를 적용해** 볼까요? 다음 이등변삼각형 $\triangle ABC$의 높이 h와 넓이 S를 구해보시기 바랍니다.

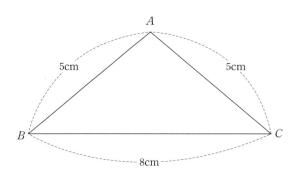

잠시 질문의 답을 스스로 찾아보는 시간을 가져보세요.

어렵지 않죠? 일단 이등변삼각형 $\triangle ABC$의 꼭짓점 A에서 밑변 $\overline{BC}$에 수선을 그어보겠습니다. 여기서 잠깐! 수선 $\overline{AD}$가 밑변의 길이를 이등분한다는 사실, 다들 알고 계시죠?

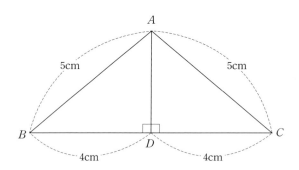

음... 나누어진 두 직각삼각형 중 하나에 피타고라스 정리를 적용하면, 손쉽게 높이 $\overline{AD}$의 길이를 구할 수 있겠네요. 그렇죠? 직각삼각형의 두 변의 길이로부터 나머지 한 변을 구하는 것은 '식은 죽 먹기'에 불과하잖아요. 그럼 높이 $\overline{AD}(=h)$의 길이를 구해볼까요?

$$\text{직각삼각형 } \triangle ABD : 5^2 = h^2 + 4^2 \;\rightarrow\; h = \sqrt{9} = 3$$

이제 이등변삼각형 $\triangle ABC$의 넓이(S)를 계산할 차례입니다.

$$S = \frac{1}{2} \times 8 \times 3 = 12(\text{cm}^2)$$

따라서 주어진 이등변삼각형의 넓이는 12cm²입니다. 이렇게 피타고라스 정리를 활용하면 도형에 관한 여러 문제를 쉽게 풀어낼 수 있답니다.

이번엔 피타고라스 정리를 입체도형에 활용해 보는 시간을 갖도록 하겠습니다. 다음 직육면체의 대각선의 길이($\overline{ED}$)를 구해보시기 바랍니다.

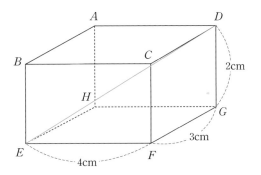

잠시 질문의 답을 스스로 찾아보는 시간을 가져보세요.

음... 어떻게 답을 찾아야 할지 막막하다고요? 힌트를 드리겠습니다. 주어진 대각선을 빗변으로 하는 직각삼각형을 찾아보시기 바랍니다.

대각선을 빗변으로 하는 직각삼각형이라...?

네, 맞아요. △EDG가 바로 직육면체의 대각선을 빗변으로 하는 직각삼각형입니다. 그런데 한 가지 문제가 생겼네요... $\overline{EG}$의 길이가 주어지지 않았잖아요. 하지만 걱정할 필요가 없습니다. 피타고라스 정리를 활용하면 손쉽게 밑면 $EFGH$의 대각선의 길이($\overline{EG}$)를 계산할 수 있거든요. 그렇죠?

$$\overline{EG}^2 = 3^2 + 4^2 \ \rightarrow \ \overline{EG} = 5$$

이제 직각삼각형 △EDG에 피타고라스 정리를 적용하여, 구하고자 하는 직육면체의 대각선의 길이($\overline{ED}$)를 구해보도록 하겠습니다.

$$\overline{ED}^2 = \overline{EG}^2 + \overline{DG}^2 \ \rightarrow \ \overline{ED}^2 = 5^2 + 2^2 = 29 \ \rightarrow \ \overline{ED} = \sqrt{29}$$

따라서 주어진 직육면체의 대각선의 길이($\overline{ED}$)는 $\sqrt{29}$cm입니다. 더 나아가 가로, 세로, 높이가 각각 a, b, c인 직육면체의 대각선의 길이공식을 도출해 보는 건 어떨까요? 즉, 직육면체의 대각선의 길이를 a, b, c에 대한 식으로 표현해 보자는 말입니다.

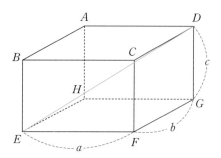

 잠시 질문의 답을 스스로 찾아보는 시간을 가져보세요.

일단 피타고라스 정리를 활용하여 밑면 $EFGH$의 대각선의 길이($\overline{EG}$)를 계산해 보면 다음과 같습니다.

$$\overline{EG}^2 = a^2 + b^2 \quad \rightarrow \quad \overline{EG} = \sqrt{a^2 + b^2}$$

이제 직각삼각형 $\triangle EDG$에 피타고라스 정리를 적용하여, 구하고자 하는 직육면체의 대각선의 길이($\overline{ED}$)를 구해보겠습니다.

$$\overline{ED}^2 = \overline{EG}^2 + \overline{DG}^2 \quad \rightarrow \quad \overline{ED}^2 = (\sqrt{a^2 + b^2})^2 + c^2 = a^2 + b^2 + c^2$$
$$\therefore \overline{ED} = \sqrt{a^2 + b^2 + c^2}$$

직육면체의 대각선의 길이공식

가로와 세로의 길이가 각각 a, b, c인 직사각형의 대각선의 길이는 $\sqrt{a^2 + b^2 + c^2}$입니다.

어떠세요? 단순히 피타고라스 정리를 두 번 연달아 적용한 것에 불과하죠? 여기서 우리는 직육면체의 가로, 세로, 높이의 길이만 알면 대각선의 길이를 손쉽게 계산할 수 있다는 사실을 확인할 수 있습니다. 이것이 바로 직육면체의 대각선 길이공식에 대한 숨은 의미입니다. 그렇다고 무작정 공식을 암기하려고 하지 마십시오. 주어진 그림으로부터 직각삼각형을 찾아 내기만 하면, 즉 피타고라스 정리를 적용하기만 하면, 손쉽게 공식을 유도할 수 있으니까요. 더불어 피타고라스 정리를 자주 적용하다보면 자연스럽게 공식을 기억할 수 있다는 사실, 반드시 명심하시기 바랍니다. 하나만 더! 한 변의 길이가 a인 정육면체의 대각선의 길이는 $\sqrt{3}a=$ $(\sqrt{a^2+a^2+a^2})$이라는 사실도 함께 기억하시기 바랍니다. (직육면체의 대각선의 길이공식에 대한 숨은 의미)

다음 정사각뿔의 부피를 구해보시기 바랍니다.

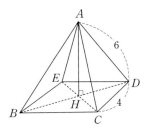

 잠시 질문의 답을 스스로 찾아보는 시간을 가져보세요.

음... 이건 좀 어렵군요. 일단 정사각뿔의 부피공식을 확인해 보면 다음과 같습니다.

$$(\text{정사각뿔의 부피})=\frac{1}{3}\times(\text{밑넓이})\times(\text{높이})$$

여러분~ 정사각뿔의 밑면이 정사각형이라는 사실, 다들 알고 계시죠? 뿔의 명칭은 밑면의 모양에 따라 결정되잖아요. 밑면이 삼각형이면 삼각뿔, 정삼각형이면 정삼각뿔이 되는 것처럼 말이에요. 즉, 정사각뿔 $ABCDE$의 밑면 $\square EBCD$는 정사각형이라는 뜻입니다. 그럼 정사각뿔의 밑넓이를 계산해 볼까요?

$$(\text{밑넓이})=(\text{정사각형 } \square EBCD\text{의 넓이})=4\times 4=16$$

이제 높이($\overline{AH}$의 길이)만 찾아내면 되겠네요.

 잠시 질문의 답을 스스로 찾아보는 시간을 가져보세요.

그림에서 보는 바와 같이 정사각뿔의 꼭짓점 A에서 밑면 $\square EBCD$에 내린 수선은 $\square EBCD$의 대각선의 교점(H)을 지납니다. 그렇죠? 더불어 $\triangle AHD$는 직각삼각형입니다. 네, 맞아요. 직각삼각형 $\triangle AHD$에 피타고라스 정리를 적용하면 손쉽게 높이($\overline{AH}$의 길이)를 구할 수 있습니다.

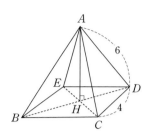 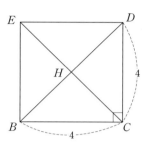

음... 보아하니, $\overline{DH}$의 길이를 먼저 구해야겠군요. 잠깐! 정사각형의 두 대각선의 길이는 서로를 이등분한다는 사실, 다들 알고 계시죠? 즉, $\overline{DH} = \frac{1}{2}\overline{DB}$라는 말입니다. 보는 바와 같이 직각삼각형 $\triangle DBC$에 피타고라스 정리를 적용하면 손쉽게 $\overline{DB}$의 길이를 구할 수 있습니다. 더불어 등식 $\overline{DH} = \frac{1}{2}\overline{DB}$로부터 $\overline{DH}$의 길이까지 구해보도록 하겠습니다.

$$\overline{DB}^2 = 4^2 + 4^2 = 32 \;\rightarrow\; \overline{DB} = 4\sqrt{2} \;\rightarrow\; \overline{DH} = \frac{1}{2}\overline{DB} = 2\sqrt{2}$$

이제 직각삼각형 $\triangle AHD$에 피타고라스의 정리를 적용하면 '게임 끝'이군요. 피타고라스 정리를 활용하여, 정사각뿔의 높이 $\overline{AH}$의 길이를 구해보겠습니다.

$$\overline{AD}^2 = \overline{AH}^2 + \overline{DH}^2 \;\rightarrow\; 6^2 = \overline{AH}^2 + (2\sqrt{2})^2 \;\rightarrow\; \overline{AH} = 2\sqrt{7}$$

마지막으로 정사각뿔의 부피를 계산하면 다음과 같습니다.

$$(\text{정사각뿔의 부피}) = \frac{1}{3} \times (\text{밑넓이}) \times (\text{높이}) = \frac{1}{3} \times 16 \times 2\sqrt{7} = \frac{32\sqrt{7}}{3}$$

이렇게 피타고라스 정리를 활용하면 입체도형의 여러 값(길이, 넓이, 부피 등)을 손쉽게 계산해 낼 수 있답니다. 여기서 중요한 것은, 각종 공식을 암기하는 것이 아니라 주어진 도형 내에서 직각삼각형을 찾아내는 일입니다. 이 점 절대 잊지 마시기 바랍니다. 앞서도 언급했듯이 직각삼각형만 잘 찾아내면, 피타고라스 정리로부터 도출된 각종 공식을 손쉽게 유도할 수 있다는 사실, 반드시 기억하시기 바랍니다.

다양한 도형 문제... 직각삼각형을 찾아라~
그리고 피타고라스 정리를 적용하라~

다음 원뿔의 부피를 구해보시기 바랍니다.

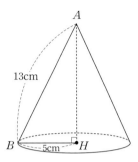

어렵지 않죠? 일단 원뿔의 부피공식을 확인해 보면 다음과 같습니다.

$$(\text{원뿔의 부피})=\frac{1}{3}\times(\text{밑넓이})\times(\text{높이})$$

먼저 원뿔의 밑넓이를 구해볼까요? 잠깐! 지름이 r인 원의 넓이가 πr^2이라는 사실, 다들 아시죠?

$$(\text{밑넓이})=\pi\times5^2=25\pi$$

이제 높이($\overline{AH}$의 길이)만 찾으면 되겠네요. 그림에서 보는 바와 같이 직각삼각형 $\triangle ABH$에 피타고라스 정리를 적용하면, 손쉽게 높이($\overline{AH}$의 길이)를 구할 수 있습니다. 그렇죠? 편의상 $\overline{AH}$의 길이를 h로 놓겠습니다.

$$\overline{AB}^2=\overline{BH}^2+\overline{AH}^2 \;\rightarrow\; 13^2=5^2+h^2 \;\rightarrow\; h^2=144 \;\rightarrow\; h=12$$

즉, 원뿔의 높이($\overline{AH}$의 길이)는 12cm입니다. 이제 원뿔의 부피를 구해볼까요? 가끔 원뿔의 부피를 계산할 때, $\frac{1}{3}$을 빼먹어서 틀리는 학생들이 있는데, 꼭 주의하시기 바랍니다.

$$(\text{원뿔의 부피})=\frac{1}{3}\times(\text{밑넓이})\times(\text{높이})=\frac{1}{3}\times(25\pi)\times(12)=100\pi$$

따라서 원뿔의 부피는 100πcm^{3}입니다. 어떠세요? 할 만하죠? 거 봐요~ 직각삼각형만 찾으면 쉽다고 했잖아요.

정사면체의 부피도 구해볼까요? 다들 아시겠지만, 정사면체란 각 면이 서로 합동인 정삼각형으로 이루어진 도형으로서, 각 꼭짓점에 모이는 면의 수가 모두 3개인 다면체를 말합니다. 다음 정사면체의 한 변의 길이가 a일 때, 그 부피를 a에 대한 식으로 표현해 보시기 바랍니다. 참고로 정사면체는 삼각뿔의 일종입니다.

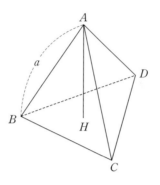

잠시 질문의 답을 스스로 찾아보는 시간을 가져보세요.

너무 어렵나요? 아마도 그것은 점 H(수선의 발)가 밑면 어디에 위치하는지 감이 오지 않아서일 것입니다. 힌트를 드리겠습니다.

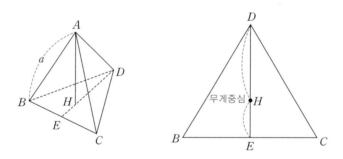

이제 좀 할 만하죠? 그럼 시작해 볼까요? 일단 삼각뿔의 부피공식을 확인해 보면 다음과 같습니다.

$$(삼각뿔의 \ 부피) = \frac{1}{3} \times (밑넓이) \times (높이)$$

잠깐! 앞서 정사면체가 각 면이 서로 합동인 정삼각형으로 이루어진 도형이라고 말했던 거, 기억하시죠? 즉, 밑면의 모양이 정삼각형이라는 뜻입니다. 여기서 우리는 정삼각형의 넓이공식을 활용할 수 있습니다.

$$\text{한 변의 길이가 } a \text{인 정삼각형의 넓이}(S) : S = \frac{\sqrt{3}}{4}a^2$$

이제 높이($\overline{AH}$의 길이)만 찾으면 되겠네요. 정사면체의 높이 $\overline{AH}$를 포함하는 직각삼각형은 다음과 같습니다.

$$\text{직각삼각형 } \triangle AHD \text{와 } \triangle AHE$$

네, 맞아요. 두 직각삼각형 중 아무거나 골라 피타고라스 정리를 적용하면, 손쉽게 정사면체의 높이 $\overline{AH}$의 길이를 구할 수 있습니다. 그럼 $\triangle AHD$에 피타고라스 정리를 적용해 보겠습니다. 어라...? $\overline{DH}$의 길이를 알아야겠군요. 그래야 $\overline{AH}$의 길이를 구할 수 있잖아요. 먼저 $\overline{DH}$의 길이를 구해봅시다. 여러분~ 삼각형의 무게중심이 중선을 2:1로 내분한다는 사실, 다들 알고 계시죠? 참고로 한 변의 길이가 a인 정삼각형의 높이는 $\frac{\sqrt{3}}{2}a(=\overline{DE})$입니다.

점 H는 선분 $\overline{DE}$를 2:1로 내분한다. → $\overline{DH}$의 길이는 $\overline{DE}$의 길이의 $\frac{2}{3}$이다.

$$\therefore \overline{DH} = \frac{2}{3} \times \overline{DE} = \frac{2}{3} \times \frac{\sqrt{3}}{2}a = \frac{\sqrt{3}}{3}a$$

그럼 직각삼각형 $\triangle AHD$에 피타고라스 정리를 적용하여 정사면체의 높이 $\overline{AH}$의 길이를 구해보겠습니다.

$$\overline{AD}^2 = \overline{AH}^2 + \overline{DH}^2 \ \rightarrow \ a^2 = \overline{AH}^2 + \left(\frac{\sqrt{3}}{3}a\right)^2 = \overline{AH}^2 + \frac{a^2}{3}$$

$$\rightarrow \ \overline{AH}^2 = a^2 - \frac{a^2}{3} = \frac{2}{3}a^2 \ \rightarrow \ \overline{AH} = \sqrt{\frac{2}{3}}a$$

무리수 $\sqrt{\frac{2}{3}}$의 분자와 분모에 $\sqrt{3}$을 곱하여 분모를 유리화하면 다음과 같습니다.

$$\overline{AH} = \sqrt{\frac{2}{3}}a = \frac{\sqrt{2}a}{\sqrt{3}} \times \frac{\sqrt{3}}{\sqrt{3}} = \frac{\sqrt{6}a}{3}$$

즉, 한 변이 길이가 a인 정사면체의 높이는 $\frac{\sqrt{6}}{3}a$입니다. 음... 여기에 밑넓이의 값을 곱하여 $\frac{1}{3}$배하면, 우리가 구하고자 하는 정사면체(한 모서리의 길이가 a)의 부피를 계산할 수 있겠네요. 그렇죠?

$$(정사면체의 \ 부피) = \frac{1}{3} \times (밑넓이) \times (높이) = \frac{1}{3} \times \frac{\sqrt{3}}{4}a^2 \times \frac{\sqrt{6}}{3}a = \frac{\sqrt{18}}{36}a^3 = \frac{\sqrt{2}}{12}a^3$$

어떠세요? 할 만한가요? 별도로 외워야 하는 공식이라고 생각하지 마시고, 문제가 나올 때마다 직접 유도해 보시기 바랍니다. 그래야 자연스럽게 기억할 수 있을 것입니다.

★ 개념을 정확히 이해했는지 확인하고 싶다면, 학교 교과서에 나오는 개념확인 문제를 풀어 보거나 스스로 개념 확인문제를 출제하여 풀어보면 큰 도움이 될 것입니다.

심화학습

★ 개념의 이해도가 충분하지 않다면, 일단 PASS하시기 바랍니다. 그리고 개념정리가 마무리 되었을 때 심화학습 내용을 따로 읽어보는 것을 권장합니다.

【구고현의 정리】

여러분~ 우리나라 유적에는 유독 탑이나 절, 궁궐 등과 같은 거대한 구조물이 많습니다.

그 옛날 우리 선조들께서는 이처럼 거대한 구조물을 어떻게 만들었을까요?

분명 구조물을 만들기 위해 지면과 수직으로 높은 벽을 쌓아야 했을 터인데... 음... 아마 선조들께서도 직각삼각형을 구상했을 것입니다. 그렇다면 과연 우리 선조들도 피타고라스 정리를 알고 있었을까요?

신라시대 문헌에 따르면, '구(勾)를 3, 고(股)를 4라고 할 때, 현(絃)은 5가 된다'라는 구고현의 정리가 등장합니다.

구고현의 정리?

구고현의 정리는 중국에서 전해온 '주비산경'이라는 책에 나오는 것으로서, '구'는 직각삼각형에서 직각을 낀 두 변 가운데 짧은 변을 의미하며, '고'는 긴 변을, '현'은 빗변을 의미한다고 하네요. 참고로 구고현을 한자로 풀어 쓰면 다음과 같습니다.

구 : 올가미 구(勾)   고 : 넓적다리 고(股)   현 : 줄 현(絃)

중국의 진자가 '구고현의 정리'를 발견한 것이 약 3000년 전이고, 그리스의 피타고라스가 그의 정리를 발견하고 증명해낸 것이 약 2500년 전이므로(기원전 500년경), 피타고라스 정리는 동양 쪽에서 약 500년이 앞섰다고 볼 수 있습니다. 그렇죠? 참고로 신라시대 문헌에 따르면 불국사의 청운교, 백운교가 구고현의 정리를 활용한 건축물의 예시라고 합니다.

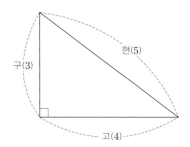 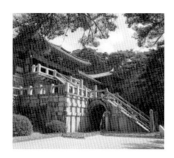

더불어 신라시대 천문학을 대표하는 건축물인 첨성대에도 구고현의 정리가 이용되었다고 합니다. 첨성대의 '천장석의 대각선 길이, 기단석의 대각선의 길이, 첨성대 높이'는 정확히 3:4:5를 이루고 있거든요.

【유클리드의 증명 : 피타고라스 정리】

기원전 300년경에 활약한 그리스의 수학자 유클리드를 아십니까? 소위 기하학의 대가라고 불리며, 유클리드 기하학을 창시한 사람으로 유명합니다. 유클리드 또한 피타고라스 정리를 증명해 냈다고 하는데요, 그럼 그의 증명법에 대해 자세히 알아볼까요?

일단 다음 그림과 같이 직각삼각형 $\triangle ABC(\angle A = 90°)$의 각 변으로부터 정사각형을 만들어 봅니다.

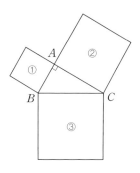

피타고라스 정리
$$\overline{BC}^2 = \overline{AB}^2 + \overline{AC}^2$$

음... 그림을 보아하니, 직각삼각형의 두 변(직각을 낀 두 변)으로부터 도출된 두 정사각형(①과 ②)의 넓이의 합이, 빗변으로부터 도출된 정사각형(③)의 넓이와 같다는 것을 증명해야겠군요. 정사각형 ①, ②, ③의 넓이는 각각 $\overline{AB}^2$, $\overline{AC}^2$, $\overline{BC}^2$이잖아요.

$$(정사각형 ③의 넓이)=(정사각형 ①의 넓이)+(정사각형 ②의 넓이)$$
$$\overline{BC}^2=\overline{AB}^2+\overline{AC}^2$$

보조선을 그어 그림을 다시 그려보도록 하겠습니다.

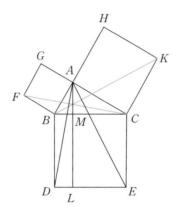

와우~ 엄청 복잡해졌네요. 먼저 우리는 □ABFG와 □BDLM의 넓이가 같다는 사실을 증명하려고 합니다. (내용이 복잡하니 차근차근 천천히 읽어내려 가시기 바랍니다)

① △FBA와 △FBC의 넓이는 같다.
　(← 두 삼각형의 밑변($\overline{FB}$)과 높이($\overline{AB}$)가 같다)

② △BDM과 △BDA의 넓이는 같다.
　(← 두 삼각형의 밑변($\overline{BD}$)과 높이($\overline{DL}$)가 같다)

③ △FBC와 △ABD는 서로 합동이다. (SAS합동)

☞ △FBA와 △BDM의 넓이가 같으므로, □ABFG와 □BDLM의 넓이는 같다.

마찬가지로 □ACKH과 □MLEC의 넓이가 같음을 증명하도록 하겠습니다.

① △CKA와 △CKB의 넓이는 같다.
　(← 두 삼각형의 밑변($\overline{CK}$)과 높이($\overline{CA}$)가 같다)

② △CEM과 △CEA의 넓이는 같다.
　(← 두 삼각형의 밑변($\overline{CE}$)과 높이($\overline{CM}$)가 같다)

③ △CKB와 △CAE는 서로 합동이다. (SAS합동)

☞ △CKA와 △CEM의 넓이가 같으므로, □ACKH와 □MLEC의 넓이는 같다.

즉, 직각삼각형의 두 변(직각을 낀 두 변)으로부터 도출된 정사각형의 넓이의 합(□ABFG+□ACKH)은, 빗변으로부터 도출된 정사각형의 넓이(□BDEC)와 같습니다. 따라서 직각삼각형 △ABC의 세 변 $\overline{BC}$, $\overline{AC}$, $\overline{AB}$에 대하여 $\overline{BC}^2 = \overline{AB}^2 + \overline{AC}^2$(피타고라스 정리)이 성립합니다.

많은 수학자들이 본인들만의 방식으로 피타고라스 정리를 증명하는 것에 흥미를 느꼈다고 합니다. 이것 외에도 바스카라의 증명법, 페리갈의 증명법, 캄파의 증명법 등 다양한 피타고라스 정리의 증명법이 존재한다고 합니다. 시간날 때, 인터넷을 통해 그 내용을 찾아보시기 바랍니다.

【파푸스의 중선정리】

다음 △ABC에 피타고라스 정리를 적용하여, 중선 $\overline{AD}$와 △ABC의 세 변에 대한 관계식을 도출해 보시기 바랍니다.

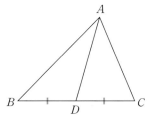

 잠시 질문의 답을 스스로 찾아보는 시간을 가져보세요

직각삼각형이 잘 보이지 않는다고요? 다음과 같이 꼭짓점 A에서 $\overline{BC}$에 수선을 그어보시기 바랍니다. 그리고 수선의 발을 H라고 해 봅시다. 어떠세요? 세 개의 직각삼각형이 도출되었죠?

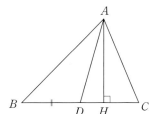

- 직각삼각형 ABH
- 직각삼각형 ACH
- 직각삼각형 ADH

이제 세 직각삼각형 △ABH와 △ACH, △ADH에 피타고라스의 정리를 적용해 보겠습니다.

$$\triangle ABH : \overline{AB}^2 = \overline{AH}^2 + \overline{BH}^2 \cdots\cdots ①$$
$$\triangle ACH : \overline{AC}^2 = \overline{AH}^2 + \overline{CH}^2 \cdots\cdots ②$$
$$\triangle ADH : \overline{AD}^2 = \overline{AH}^2 + \overline{DH}^2 \cdots\cdots ③$$

$\overline{BH}$와 $\overline{CH}$를 점 D를 기준으로 다시 수식으로 작성해 보면 다음과 같습니다.

$$\overline{BH} = \overline{BD} + \overline{DH} \qquad \overline{CH} = \overline{CD} - \overline{DH}$$

$\overline{BD} = \overline{CD}$이므로, $\overline{CH} = \overline{CD} - \overline{DH} = \overline{BD} - \overline{DH}$가 됩니다. 식 ①, ②를 변변 서로 더한 후, $\overline{BH}$에 $(\overline{BD} + \overline{DH})$를 대입하고, $\overline{CH}$에 $(\overline{BD} - \overline{DH})$를 대입하여 식을 정리해 보겠습니다. 잠깐! $\overline{BH}^2 = (\overline{BD} + \overline{DH})^2$이고 $\overline{CH}^2 = (\overline{BD} - \overline{DH})^2$임을 명심하십시오.

$$\overline{AB}^2 = \overline{AH}^2 + \overline{BH}^2 \cdots\cdots ①$$
$$\overline{AC}^2 = \overline{AH}^2 + \overline{CH}^2 \cdots\cdots ②$$

$$\overline{AB}^2 + \overline{AC}^2 = \overline{AH}^2 + \overline{BH}^2 + \overline{AH}^2 + \overline{CH}^2$$

$$\overline{BH} = \overline{BD} + \overline{DH} \qquad \overline{CH} = \overline{BD} - \overline{DH}$$

$$\rightarrow \overline{AB}^2 + \overline{AC}^2 = 2\overline{AH}^2 + 2\overline{BD}^2 + 2\overline{DH}^2$$

여기에 ③ $\overline{AD}^2 = \overline{AH}^2 + \overline{DH}^2$을 대입하여 정리하면, 다음과 같이 $\triangle ABC$의 각 변과 중선 $\overline{AD}$와의 관계식을 도출할 수 있습니다.

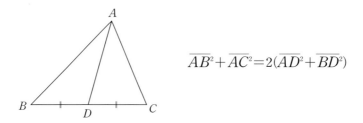

$$\overline{AB}^2 + \overline{AC}^2 = 2(\overline{AD}^2 + \overline{BD}^2)$$

이것을 '파푸스의 중선정리'라고 부릅니다.

2 개념정리하기

■ 학습 방식

개념에 대한 예시를 스스로 찾아보면서, 개념을 정리하시기 바랍니다.

1 피타고라스 정리

직각삼각형에서 직각을 낀 두 변의 길이의 제곱의 합은 빗변의 길이의 제곱과 같다는 것을 피타고라스 정리라고 부릅니다. (숨은 의미 : 직각삼각형의 어느 두 변의 길이를 알고 있으면, 피타고라스 정리를 활용하여 나머지 한 변의 길이를 구할 수 있습니다)

2 예각, 직각, 둔각삼각형의 조건

$\triangle ABC$의 세 변의 길이가 a, b, $c(a>b>c,\ a<b+c)$일 때,

① $a^2=b^2+c^2$을 만족하면 $\triangle ABC$는 직각삼각형이 됩니다.

② $a^2<b^2+c^2$을 만족하면 $\triangle ABC$는 예각삼각형이 됩니다.

③ $a^2>b^2+c^2$을 만족하면 $\triangle ABC$는 둔각삼각형이 됩니다.

(숨은 의미 : 세 변의 길이로부터 손쉽게 삼각형의 구분해 낼 수 있습니다)

3 피타고라스 정리 변형공식

피타고라스 정리를 변형하면 다음과 같습니다.

① 빗변이 아닌 나머지 두 변의 길이가 각각 $\sqrt{a}$와 $\sqrt{b}$일 때, 직각삼각형의 빗변의 길이는 $\sqrt{a+b}$입니다.

② 빗변이 아닌 나머지 두 변의 길이가 각각 $a(=\sqrt{a^2})$와 $b(=\sqrt{b^2})$일 때, 직각삼각형의 빗변의 길이는 $\sqrt{a^2+b^2}$입니다.

(숨은 의미 : 피타고라스 정리를 좀 더 편하게 활용할 수 있게 도와줍니다)

4 직사각형(정사각형)의 대각선의 길이공식

가로와 세로의 길이가 각각 a, b인 직사각형의 대각선의 길이는 $\sqrt{a^2+b^2}$입니다. 더불어 한 변의 길이가 a인 정사각형의 대각선의 길이는 $\sqrt{2}a(=\sqrt{a^2+a^2})$입니다. (숨은 의미 : 직사각형 및 정사각형의 가로와 세로의 길이만 알면 손쉽게 대각선의 길이를 구할 수 있습니다)

5 정삼각형의 높이와 넓이공식

한 변의 길이가 a인 정삼각형의 높이(h)와 넓이(S)는 다음과 같습니다.

$$h=\frac{\sqrt{3}}{2}a, \ \ S=\frac{\sqrt{3}}{4}a^2\left(=\frac{1}{2}ah=\frac{1}{2}a\times\frac{\sqrt{3}}{2}a\right)$$

(숨은 의미 : 정삼각형의 한 변의 길이만 알면, 그 높이와 넓이를 손쉽게 계산할 수 있습니다)

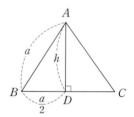

6 직육면체의 대각선의 길이공식

가로, 세로, 높이가 각각 a, b, c인 직육면체의 대각선의 길이는 $\sqrt{a^2+b^2+c^2}$입니다. 더불어 한 변의 길이가 a인 정육면체의 대각선의 길이는 $\sqrt{3}a(=\sqrt{a^2+a^2+a^2})$입니다. (숨은 의미 : 직육면체 및 정육면체의 가로, 세로, 높이의 길이만 알면 손쉽게 대각선의 길이를 구할 수 있습니다)

3 문제해결하기

■ 개념도출형 학습방식

개념도출형 학습방식이란 단순히 수학문제를 계산하여 푸는 것이 아니라, 문제로부터 필요한 개념을 도출한 후 그 개념을 떠올리면서 문제의 출제의도 및 문제해결방법을 찾는 학습방식을 말합니다. 문제를 통해 스스로 개념을 도출할 수 있으므로, 한 문제를 풀더라도 유사한 많은 문제를 풀 수 있는 능력을 기를 수 있으며, 더 나아가 스스로 개념을 변형하여 새로운 문제를 만들어 낼 수 있어, 좀 더 수학을 쉽고 재미있게 공부할 수 있도록 도와줍니다.

시간에 쫓기듯 답을 찾으려 하지 말고, 어떤 개념을 어떻게 적용해야 문제를 풀 수 있는지 천천히 생각한 후에 계산하시기 바랍니다. 문제를 해결하는 방법을 찾는다면 정답을 구하는 것은 단순한 계산과정일 뿐이라는 사실을 명심하시기 바랍니다. (생각을 많이 하면 할수록, 생각의 속도는 빨라집니다)

문제해결과정

① 이 문제를 풀기 위해 어떤 개념을 알아야 하는가?
② 그 개념을 간단히 설명해 보아라.
③ 문제의 출제의도를 말하고 어떻게 풀지 간단히 설명해 보아라.
④ 그럼 문제의 답을 찾아라.

※ 책 속에 있는 붉은색 카드를 사용하여 힌트 및 정답을 가린 후, ①~④까지 순서대로 질문의 답을 찾아보시기 바랍니다.

Q1. 다음 그림에서 x의 값을 구하여라.

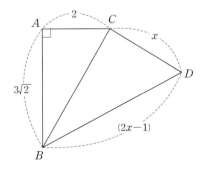

① 이 문제를 풀기 위해 어떤 개념을 알아야 하는가?

② 그 개념을 머릿속에 떠올려 보아라.

③ 문제의 출제의도를 말하고 어떻게 풀지 간단히 설명해 보아라. (잘 모를 경우, 아래 Hint를 보면서 질문의 답을 찾아본다)

> **Hint(1)** $\triangle ABC$에 피타고라스 정리를 적용하여 빗변 $\overline{BC}$의 길이를 구해본다.
> ☞ $\overline{BC^2} = \overline{AB^2} + \overline{AC^2} = (3\sqrt{2})^2 + 2^2 = 18 + 4 = 22 \rightarrow \overline{BC} = \sqrt{22}$

> **Hint(2)** $\triangle CBD$에 피타고라스 정리를 적용하여 x에 대한 방정식을 도출해 본다.
> ☞ $\overline{BD^2} = \overline{BC^2} + \overline{CD^2} = (\sqrt{22})^2 + x^2 = (2x-1)^2$

④ 그럼 문제의 답을 찾아라.

A1.

> ① 피타고라스 정리
> ② 개념정리하기 참조
> ③ 이 문제는 주어진 도형에 피타고라스 정리를 적용하여 미지수 x의 값을 찾을 수 있는지 묻는 문제이다. 일단 $\triangle ABC$에 피타고라스 정리를 적용하여 빗변 $\overline{BC}$의 길이를 구해본다. $\overline{BC}$의 길이를 토대로 $\triangle CBD$에 피타고라스 정리를 적용하여 x에 대한 방정식을 도출하면 쉽게 답을 찾을 수 있을 것이다.
> ④ $x = \dfrac{2+\sqrt{67}}{3} \ (x>0)$

[정답풀이]

$\triangle ABC$에 피타고라스 정리를 적용하여 빗변 $\overline{BC}$의 길이를 구해보면 다음과 같다.

$\overline{BC^2} = \overline{AB^2} + \overline{AC^2} = (3\sqrt{2})^2 + 2^2 = 18 + 4 = 22 \rightarrow \overline{BC} = \sqrt{22}$

$\triangle CBD$에 피타고라스 정리를 적용하여 x에 대한 방정식을 도출해 보면 다음과 같다.

$\overline{BD^2} = \overline{BC^2} + \overline{CD^2} = (\sqrt{22})^2 + x^2 = (2x-1)^2$

이제 방정식을 풀어 x값을 구해보자.

$22 + x^2 = (2x-1)^2 \rightarrow 22 + x^2 = 4x^2 - 4x + 1 \rightarrow 3x^2 - 4x - 21 = 0$

(근의 공식) $ax^2 + bx + c = 0 : x = \dfrac{-b \pm \sqrt{b^2 - 4ac}}{2a}$

$3x^2 - 4x - 21 = 0$

$\rightarrow x = \dfrac{-(-4) \pm \sqrt{(-4)^2 - 4 \times 3 \times (-21)}}{2 \times 3} = \dfrac{4 \pm \sqrt{268}}{6} = \dfrac{4 \pm 2\sqrt{67}}{6} = \dfrac{2 \pm \sqrt{67}}{3}$

x는 길이이므로 양수이다. 즉, $x = \dfrac{2+\sqrt{67}}{3}$이 된다.

 스스로 유사한 문제를 여러 개 만들어(출제하여) 답을 찾아보시기 바랍니다.

Q2. 다음 그림에서 □$EFGH$의 넓이를 구하여라. (단, $\angle DAE = \angle ABF = \angle BCG = \angle CDH$ 이다)

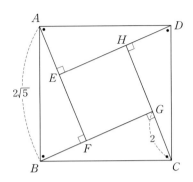

① 이 문제를 풀기 위해 어떤 개념을 알아야 하는가?

② 그 개념을 머릿속에 떠올려 보아라.

③ 문제의 출제의도를 말하고 어떻게 풀지 간단히 설명해 보아라. (잘 모를 경우, 아래 Hint를 보면서 질문의 답을 찾아본다)

> **Hint(1)** 합동인 네 개의 직각삼각형을 찾아본다.
> ☞ $\triangle ABF \equiv \triangle BCG \equiv \triangle CDH \equiv \triangle DAE$ (RHA합동)

> **Hint(2)** 합동인 네 개의 직각삼각형으로부터 □$EFGH$가 정사각형임을 알 수 있다.

> **Hint(3)** 직각삼각형에 피타고라스 정리를 적용하여 높이의 길이를 구해본다.
> (직각삼각형의 높이 : $\overline{AF} = \overline{BG} = \overline{CH} = \overline{DE}$)

> **Hint(4)** 정사각형 □$EFGH$의 한 변의 길이를 구해본다.
> ☞ 정사각형 □$EFGH$의 한 변의 길이는 직각삼각형의 높이에서 밑변의 길이를 뺀 값과 같다. ($\overline{EF} = \overline{AF} - \overline{AE}$)

④ 그럼 문제의 답을 찾아라.

A2.

① 피타고라스 정리

② 개념정리하기 참조

③ 이 문제는 피타고라스 정리를 활용하여 구하고자 하는 값(□$EFGH$의 넓이)을 계산해 낼 수 있는지 묻는 문제이다. 일단 합동인 네 개의 직각삼각형을 찾아보면 다음과 같다.

$\triangle ABF \equiv \triangle BCG \equiv \triangle CDH \equiv \triangle DAE$: RHA합동

합동인 네 개의 직각삼각형으로부터 □$EFGH$가 정사각형임을 알 수 있다. 직각삼각형에 피타고라스 정리를 적용하여 높이의 길이를 계산한 후, 정사각형 □$EFGH$의 한 변의 길이를 구하면 어렵지 않게 구하고자 하는 값을 찾을 수 있을 것이다.

[정답풀이]

합동인 네 개의 직각삼각형을 찾아보면 다음과 같다.

$\triangle ABF \equiv \triangle BCG \equiv \triangle CDH \equiv \triangle DAE$ (RHA합동)

합동인 네 개의 직각삼각형으로부터 $\square EFGH$가 정사각형임을 알 수 있다. 그럼 정사각형 $\square EFGH$의 한 변의 길이를 구해보자.

($\square EFGH$의 한 변의 길이)$=\overline{EF}=\overline{AF}-\overline{AE}$

직각삼각형 $\triangle ABF$에 피타고라스 정리를 이용하여 $\overline{AF}$의 길이를 구하면 다음과 같다. (직각삼각형 $\triangle ABF$와 $\triangle BCG$가 합동이므로 $\overline{BF}=\overline{CG}$이다)

$\overline{AB}^2=\overline{AF}^2+\overline{BF}^2 \rightarrow (2\sqrt{5})^2=\overline{AF}^2+\overline{CG}^2=\overline{AF}^2+2^2 \rightarrow \overline{AF}^2=20-4=16$

$\therefore \overline{AF}=4$

네 개의 직각삼각형이 합동이므로 $\overline{CG}=\overline{BF}=\overline{DH}=\overline{AE}=2$이다. 즉, $\square EFGH$의 한 변의 길이는 다음과 같다.

($\square EFGH$의 한 변의 길이)$=\overline{EF}=\overline{AF}-\overline{AE}=4-2=2$

따라서 $\square EFGH$의 넓이는 4이다.

 스스로 유사한 문제를 여러 개 만들어(출제하여) 답을 찾아보시기 바랍니다.

Q3. $\triangle ABC$와 $\triangle ADE$가 정삼각형일 때, $\triangle ADE$의 넓이를 구하여라. (단, $\overline{BD}=\overline{DC}$이다)

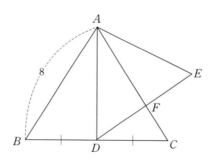

① 이 문제를 풀기 위해 어떤 개념을 알아야 하는가?

② 그 개념을 머릿속에 떠올려 보아라.

③ 문제의 출제의도를 말하고 어떻게 풀지 간단히 설명해 보아라. (잘 모를 경우, 아래 Hint를 보면서 질문의 답을 찾아본다)

Hint(1) $\triangle ABC$는 정삼각형이면서 동시에 이등변삼각형이다.

☞ 이등변삼각형의 꼭짓점 A에서 밑변 $\overline{BC}$를 이등분하는 선분 $\overline{AD}$는 밑변 $\overline{BC}$와 직교한

다. 더불어 $\overline{AD}$는 꼭지각($\angle BAC = 60°$)을 이등분한다.
($\overline{AD} \perp \overline{BC}$, $\angle BAD = \angle CAD = 30°$)

Hint(2) $\triangle ABC$의 높이 $\overline{AD}$의 길이를 구해본다.
☞ $\triangle ABD$에 피타고라스 정리를 적용한다. ($\overline{BD} = 4$)

Hint(3) $\triangle ADE$가 정삼각형이고 $\angle CAD = 30°$이므로, $\overline{AF}$는 꼭지각($\angle DAE = 60°$)을 이등분한다. ($\triangle ADE$는 정삼각형이면서 동시에 이등변삼각형이다)
☞ $\triangle ADE$의 꼭지각 $\angle DAE$의 이등분선 $\overline{AF}$는 밑변 $\overline{DE}$를 수직이등분한다. ($\overline{AF} \perp \overline{DE}$, $\overline{DF} = \overline{FE}$)

Hint(4) $\triangle ADE$의 높이 $\overline{AF}$의 길이를 구해본다.
☞ $\triangle ADF$에 피타고라스 정리를 적용한다.

④ 그럼 문제의 답을 찾아라.

A3.

① 피타고라스 정리, 이등변삼각형의 성질, 정삼각형의 높이 및 넓이공식

② 개념정리하기 참조

③ 이 문제는 피타고라스 정리를 활용하여 구하고자 하는 값을 찾을 수 있는지 묻는 문제이다. 먼저 $\triangle ABC$의 높이 $\overline{AD}$의 길이를 구해본다. 여기서 $\triangle ABC$가 정삼각형이면서 동시에 이등변삼각형이라는 사실을 활용할 수 있다. 즉, 이등변삼각형의 성질로부터 어렵지 않게 $\triangle ABC$의 높이가 $\overline{AD}$가 됨을 알 수 있다. $\overline{AD}$의 길이로부터 $\triangle ADE$의 높이 $\overline{AF}$의 길이를 구한다. 마찬가지로 여기서 $\triangle ADE$가 정삼각형이면서 동시에 이등변삼각형이라는 사실을 활용할 수 있다. 즉, 이등변삼각형의 성질로부터 어렵지 않게 $\triangle ADE$의 높이가 $\overline{AF}$임을 알 수 있다. $\triangle ADE$의 높이 $\overline{AF}$의 길이를 구하면 손쉽게 $\triangle ADE$의 넓이를 계산할 수 있을 것이다. 참고로 정삼각형의 높이와 넓이공식을 이용하면 좀 더 간단히 답을 찾을 수 있다.

④ $12\sqrt{3}$

[정답풀이]
$\triangle ABC$는 정삼각형이면서 동시에 이등변삼각형이다. 이등변삼각형의 꼭짓점 A에서 밑변 $\overline{BC}$를 이등분하는 선분 $\overline{AD}$는 밑변 $\overline{BC}$와 직교한다. 더불어 $\overline{AD}$는 꼭지각($\angle BAC = 60°$)을 이등분한다.
   $\overline{AD} \perp \overline{BC}$, $\angle BAD = \angle CAD = 30°$
$\triangle ABD$에 피타고라스 정리를 적용하여 $\triangle ABC$의 높이 $\overline{AD}$의 길이를 구하면 다음과 같다. ($\overline{BD} = 4$)
   $\overline{AB}^2 = \overline{AD}^2 + \overline{BD}^2 = \overline{AD}^2 + 4^2 = 8^2 \rightarrow \overline{AD}^2 = 64 - 16 = 48 \rightarrow \overline{AD} = \sqrt{48} = 4\sqrt{3}$
$\triangle ADE$가 정삼각형이고 $\angle CAD = 30°$이므로, $\overline{AF}$는 꼭지각($\angle DAE = 60°$)을 이등분한다. ($\triangle ADE$는 정삼각형이면서 동시에 이등변삼각형이다)
   $\triangle ADE$의 꼭지각 $\angle DAE$의 이등분선 $\overline{AF}$는 밑변 $\overline{DE}$를 수직이등분한다.
   $\rightarrow$ $\overline{AF} \perp \overline{DE}$, $\overline{DF} = \overline{FE}$ $\rightarrow$ $\triangle ADE$의 높이는 $\overline{AF}$이다.
그럼 $\triangle ADF$에 피타고라스 정리를 적용하여 $\triangle ADE$의 높이 $\overline{AF}$의 길이를 구해보자. $\left(\overline{DF} = \dfrac{1}{2}\overline{AD} \right)$

$$\overline{AD}^2 = \overline{AF}^2 + \overline{DF}^2 = \overline{AF}^2 + (2\sqrt{3})^2 = (4\sqrt{3})^2 \;\rightarrow\; \overline{AF}^2 = 48 - 12 = 36 \;\rightarrow\; \overline{AF} = 6$$

$\triangle ADE$의 넓이는 다음과 같다.

$$(\triangle ADE\text{의 넓이}) = \frac{1}{2} \times \overline{DE} \times \overline{AF} = \frac{1}{2} \times 4\sqrt{3} \times 6 = 12\sqrt{3}$$

 스스로 유사한 문제를 여러 개 만들어(출제하여) 답을 찾아보시기 바랍니다.

Q4. 다음 직육면체에서 $\triangle EDC$의 둘레의 길이와 넓이를 구하여라.

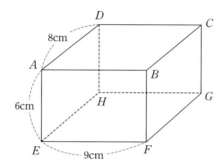

① 이 문제를 풀기 위해 어떤 개념을 알아야 하는가?

② 그 개념을 머릿속에 떠올려 보아라.

③ 문제의 출제의도를 말하고 어떻게 풀지 간단히 설명해 보아라. (잘 모를 경우, 아래 Hint를 보면서 질문의 답을 찾아본다)

  Hint(1) $\triangle EDC$를 찾아 세 변이 어떤 선분인지 확인해 본다.
    ☞ $\overline{DC}$(직육면체의 가로), $\overline{ED}$(□$AEHD$의 대각선), $\overline{EC}$(직육면체의 대각선)

  Hint(2) $\triangle EDC$의 세 변의 길이를 하나씩 구해본다. (직사각형 및 직육면체의 대각선공식을 적용하거나 피타고라스 정리를 활용한다)
    ☞ $\overline{DC} = $(직육면체의 가로)$= 9$cm
    $\overline{ED} = $(□$AEHD$의 대각선)$= \sqrt{8^2 \times 6^2} = 10$cm
    $\overline{EC} = $(직육면체의 대각선)$= \sqrt{8^2 + 6^2 + 9^2} = \sqrt{181}$cm

  Hint(3) $\triangle EDC$는 밑변이 $\overline{ED}$이고 높이가 $\overline{DC}$인 직각삼각형이다.

④ 그럼 문제의 답을 찾아라.

A4.

① 직사각형 및 직육면체의 대각선공식, 피타고라스 정리

② 개념정리하기 참조

③ 이 문제는 직사각형 및 직육면체의 대각선공식을 알고 있는지 그리고 이를 활용하여 구하고자 하는 값을 찾을 수 있는지 묻는 문제이다. 먼저 $\triangle EDC$를 찾아

> 세 변이 어떤 선분인지 확인한 후, 세 변의 길이를 하나씩 구해본다. 여기서 직사각형 및 직육면체의 대각선공식 또는 피타고라스 정리를 활용할 수 있다. 더불어 $\triangle EDC$는 밑변이 $\overline{ED}$이고 높이가 $\overline{DC}$인 직각삼각형이므로, $\overline{ED}$와 $\overline{DC}$의 값만 알면 쉽게 $\triangle EDC$의 넓이를 계산할 수 있다.
>
> ④ $\triangle EDC$의 둘레의 길이 : $(19+\sqrt{181})$cm, 넓이 : 45cm²

[정답풀이]

$\triangle EDC$를 찾아 세 변이 어떤 선분인지 확인해 보면 다음과 같다.

$\overline{DC}$(직육면체의 가로), $\overline{ED}$($\square AEHD$의 대각선), $\overline{EC}$(직육면체의 대각선)

$\triangle EDC$의 세 변의 길이를 하나씩 구해보자. (여기서 직사각형 및 직육면체의 대각선공식을 적용할 수 있다)

$\overline{DC}$(직육면체의 가로)$=9$cm

$\overline{ED}$($\square AEHD$의 대각선)$=\sqrt{8^2 \times 6^2}=10$cm

$\overline{EC}$(직육면체의 대각선)$=\sqrt{8^2+6^2+9^2}=\sqrt{181}$cm

$\triangle EDC$의 둘레의 길이는 세 변의 길이의 합이므로 $(19+\sqrt{181})$cm가 된다. 더불어 $\triangle EDC$는 밑변이 $\overline{ED}$이고 높이가 $\overline{DC}$인 직각삼각형이므로, $\triangle EDC$의 넓이를 계산하면 다음과 같다.

$$(\triangle EDC\text{의 넓이})=\frac{1}{2}\times\overline{ED}\times\overline{DC}=\frac{1}{2}\times10\times9=45\text{cm}^2$$

따라서 $\triangle EDC$의 둘레의 길이는 $(19+\sqrt{181})$cm이며, 넓이는 45cm²가 된다.

 스스로 유사한 문제를 여러 개 만들어(출제하여) 답을 찾아보시기 바랍니다.

Q5. 다음 정팔면체의 부피를 구하여라.

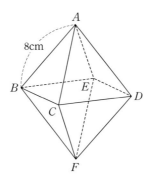

① 이 문제를 풀기 위해 어떤 개념을 알아야 하는가?

② 그 개념을 머릿속에 떠올려 보아라.

③ 문제의 출제의도를 말하고 어떻게 풀지 간단히 설명해 보아라. (잘 모를 경우, 아래 Hint를 보면서 질문의 답을 찾아본다)

Hint(1) 정팔면체는, 각 면이 서로 합동인 정삼각형이고 각 꼭짓점에 모이는 면의 수가 4개인 다면체를 말한다.

Hint(2) 정팔면체는, 합동인 두 개의 정사각뿔 $ABCDE$와 $FBCDE$의 밑면을 맞대어 붙여놓은 것과 같다.
☞ 정사각뿔 $ABCDE$의 부피를 알면 쉽게 정팔면체의 부피를 계산할 수 있다.

Hint(3) 정사각뿔 $ABCDE$의 꼭짓점 A에서 밑면 $\square BCDE$에 내린 수선(높이)은 밑면의 정중앙을 지난다.
☞ 밑면 $\square BCDE$의 정중앙이란 밑면의 대각선의 교점을 말한다. 더불어 정사각형의 대각선은 서로를 이등분한다.

Hint(4) 밑면 $\square BCDE$의 대각선의 교점을 H라고 놓은 후, $\triangle ABH$에 피타고라스 정리를 적용하면 손쉽게 정사각뿔의 높이를 계산할 수 있다.

Hint(5) 사각뿔의 부피는 밑넓이와 높이를 곱한 값의 $\frac{1}{3}$배와 같다.

④ 그림 문제의 답을 찾아라.

A5.
① 피타고라스 정리, 사각뿔의 부피
② 개념정리하기 참조
③ 이 문제는 피타고라스 정리를 활용하여 정팔면체의 부피를 계산할 수 있는지 묻는 문제이다. 정팔면체는 두 개의 정사각뿔로 구성되어 있으므로, 정사각뿔의 부피를 구하면 쉽게 정팔면체의 부피를 계산할 수 있다. 여기서 정사각뿔의 높이를 구할 때, 피타고라스 정리를 활용할 수 있다.
④ $\dfrac{512\sqrt{2}}{3}$ cm³

[정답풀이]

정팔면체는, 각 면이 서로 합동인 정삼각형이고 각 꼭짓점에 모이는 면의 수가 4개인 다면체를 말한다. 그림에서 보는 바와 같이 정팔면체 $ABCDEF$는 합동인 두 개의 정사각뿔 $ABCDE$와 $FBCDE$의 밑면을 맞대어 붙여 놓은 것과 같다. 즉, 정사각뿔 $ABCDE$의 부피를 구하면 쉽게 정팔면체의 부피를 계산해 낼 수 있다. 일단 정사각뿔 $ABCDE$를 그린 후, 그 부피를 구해보자. 편의상 밑면 $\square BCDE$의 대각선의 교점을 H로 놓는다.

정사각뿔 $ABCDE$의 꼭짓점 A에서 밑면 $\square BCDE$에 내린 수선(높이 $\overline{AH}$)은 밑면의 정중앙($\square BCDE$의 대각선의 교점)을 지난다. 더불어 정사각형의 대각선은 서로를 이등분하므로, $\overline{BH}$의 길이는 다음과 같다.

$(\overline{BH}의\ 길이)=\dfrac{1}{2}\times\overline{BD}=\dfrac{1}{2}\times(정사각형\ BCDE의\ 대각선의\ 길이)=\dfrac{\sqrt{8^2+8^2}}{2}=4\sqrt{2}\,cm$

$\triangle ABH$에 피타고라스 정리를 적용하면 손쉽게 정사각뿔의 높이를 계산할 수 있다.

$\overline{AB}^2=\overline{AH}^2+\overline{BH}^2=\overline{AH}^2+(4\sqrt{2})=8^2\ \rightarrow\ \overline{AH}^2=8^2-(4\sqrt{2})^2=64-32=32cm$

$\therefore\ \overline{AH}=\sqrt{32}=4\sqrt{2}\,cm$

정사각뿔 $ABCDE$의 부피를 계산하면 다음과 같다.

$(정사각뿔\ ABCDE의\ 부피)=\dfrac{1}{3}\times(밑넓이)\times(높이)=\dfrac{1}{3}\times(\square BCDE의\ 넓이)\times\overline{AH}$

$\qquad\qquad=\dfrac{1}{3}\times(8\times8)\times4\sqrt{2}=\dfrac{256\sqrt{2}}{3}\,cm^3$

정팔면체의 부피는 정사각뿔 $ABCDE$의 부피의 2배이므로, $\dfrac{512\sqrt{2}}{3}\,cm^3$가 된다.

 스스로 유사한 문제를 여러 개 만들어(출제하여) 답을 찾아보시기 바랍니다.

Q6. 가장 긴 변의 길이가 12cm인 예각삼각형, 둔각삼각형, 직각삼각형을 각각 1개씩 만들어 보아라. (정답을 작성할 때에는 각 삼각형의 세 변의 길이를 표기하도록 한다)

① 이 문제를 풀기 위해 어떤 개념을 알아야 하는가?

② 그 개념을 머릿속에 떠올려 보아라.

③ 문제의 출제의도를 말하고 어떻게 풀지 간단히 설명해 보아라. (잘 모를 경우, 아래 Hint를 보면서 질문의 답을 찾아본다)

　　Hint(1) 예각, 둔각, 직각삼각형이 되는 조건을 확인해 본다.

　　Hint(2) 각 조건에 맞는 삼각형의 세 변의 길이를 임의로 찾아본다.

④ 그럼 문제의 답을 찾아라.

A6.

> ① 예각, 둔각, 직각삼각형의 조건
>
> ② 개념정리하기 참조
>
> ③ 이 문제는 예각, 둔각, 직각삼각형이 되는 조건을 알고 있는지 묻는 문제이다. 각 조건에 맞는 삼각형의 세 변의 길이를 임의로 찾아 표기하면 쉽게 답을 구할 수 있다.
>
> ④ 예각삼각형 (8cm, 9cm, 12cm), 직각삼각형 ($2\sqrt{11}$cm, 10cm, 12cm) 둔각삼각형 (7cm, 8cm, 12cm)

[정답풀이]

$\triangle ABC$의 세 변의 길이가 $a,\ b,\ c(a>b>c,\ a<b+c)$일 때, $\triangle ABC$가 예각, 둔각, 직각삼각형이 되는 조건은 다음과 같다.

　• 예각삼각형 : $a^2<b^2+c^2$ 　• 직각삼각형 : $a^2=b^2+c^2$ 　• 둔각삼각형 : $a^2>b^2+c^2$

각 조건에 맞는 삼각형의 세 변의 길이를 임의로 찾으면 다음과 같다. ($a=12$)

- 예각삼각형 : $12^2 < 9^2 + 8^2$ → 예각삼각형의 세 변의 길이 : 8cm, 9cm, 12cm
- 직각삼각형 : $12^2 = 10^2 + (\sqrt{44})^2$ → 직각삼각형의 세 변의 길이 : $2\sqrt{11}$cm, 10cm, 12cm
- 둔각삼각형 : $12^2 > 7^2 + 8^2$ → 둔각삼각형의 세 변의 길이 : 7cm, 8cm, 12cm

 스스로 유사한 문제를 여러 개 만들어(출제하여) 답을 찾아보시기 바랍니다.

Q7. 다음 그림에서 사각형 $ABCD$의 넓이를 구하여라.

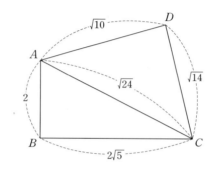

① 이 문제를 풀기 위해 어떤 개념을 알아야 하는가?

② 그 개념을 머릿속에 떠올려 보아라.

③ 문제의 출제의도를 말하고 어떻게 풀지 간단히 설명해 보아라. (잘 모를 경우, 아래 Hint를 보면서 질문의 답을 찾아본다)

    Hint(1) △ABC와 △ADC가 어떤 삼각형인지 확인해본다.

        ☞ 두 삼각형의 세 변에 피타고라스 정리를 적용해 본다.

    Hint(2) 두 삼각형의 밑변과 높이를 찾아 넓이를 구해본다.

④ 그럼 문제의 답을 찾아라.

A7.

① 직각삼각형의 조건

② 개념정리하기 참조

③ 이 문제는 피타고라스 정리를 활용하여 주어진 삼각형이 직각삼각형인지 판별할 수 있는지 묻는 문제이다. △ABC와 △ADC의 세 변에 피타고라스 정리를 적용하면 손쉽게 두 삼각형이 직각삼각형임을 알 수 있다. 두 삼각형의 밑변과 높이를 찾아 넓이를 구한 후, 더하면 어렵지 않게 사각형 $ABCD$의 넓이를 구할 수 있다.

④ $2\sqrt{5} + \sqrt{35}$

[정답풀이]

$\triangle ABC$와 $\triangle ADC$의 세 변에 피타고라스 정리를 적용하면 다음과 같다.

$\triangle ABC : \overline{AC}^2 = \overline{AB}^2 + \overline{BC}^2 \rightarrow (\sqrt{24})^2 = 2^2 + (2\sqrt{5})^2 = 4 + 20 = 24$

$\therefore \triangle ABC$는 직각삼각형이다.

$\triangle ADC : \overline{AC}^2 = \overline{AD}^2 + \overline{DC}^2 \rightarrow (\sqrt{24})^2 = (\sqrt{10})^2 + (\sqrt{14})^2 = 10 + 14 = 24$

$\therefore \triangle ADC$는 직각삼각형이다.

이제 두 삼각형의 밑변과 높이를 찾아, 사각형 $ABCD$의 넓이를 구하면 다음과 같다.

$(\triangle ABC$의 넓이$) = \dfrac{1}{2} \times 2 \times 2\sqrt{5} = 2\sqrt{5}$

$(\triangle ADC$의 넓이$) = \dfrac{1}{2} \times \sqrt{10} \times \sqrt{14} = \sqrt{35}$

$($사각형 $ABCD$의 넓이$) = 2\sqrt{5} + \sqrt{35}$

 스스로 유사한 문제를 여러 개 만들어(출제하여) 답을 찾아보시기 바랍니다.

Q8. 가로의 길이가 세로의 길이보다 **4cm** 긴 직사각형이 있다. 이 직사각형의 대각선의 길이가 20cm일 때, 직사각형의 둘레의 길이는 얼마인가?

① 이 문제를 풀기 위해 어떤 개념을 알아야 하는가?

② 그 개념을 머릿속에 떠올려 보아라.

③ 문제의 출제의도를 말하고 어떻게 풀지 간단히 설명해 보아라. (잘 모를 경우, 아래 Hint를 보면서 질문의 답을 찾아본다)

   Hint(1) 세로의 길이를 x라고 놓으면, 가로의 길이는 $(x+4)$가 된다.

   Hint(2) 직사각형의 대각선의 길이공식을 활용하여 x에 대한 방정식을 도출해 본다.
   ☞ (직사각형의 대각선의 길이)$= \sqrt{(x+4)^2 + x^2} = 20$

④ 그럼 문제의 답을 찾아라.

A8.

① 직사각형의 대각선 길이공식

② 개념정리하기 참조

③ 이 문제는 직사각형의 대각선 길이공식을 알고 있는지 묻는 문제이다. 세로의 길이를 x라고 놓으면, 가로의 길이는 $(x+4)$가 된다. 직사각형의 대각선 길이공식을 활용하여 x에 대한 방정식을 도출하면 쉽게 답을 구할 수 있을 것이다.

④ 56cm

[정답풀이]

세로의 길이를 $x$cm라고 놓으면, 가로의 길이는 $(x+4)$cm가 된다. 직사각형의 대각선 길이공식을 활용하여 x에 대한 방정식을 도출해 보면 다음과 같다.

(직사각형의 대각선의 길이)$=\sqrt{(x+4)^2+x^2}=20$

그럼 방정식을 풀어보자.

$\sqrt{(x+4)^2+x^2}=20 \;\rightarrow\; (x+4)^2+x^2=400 \;\rightarrow\; x^2+8x+16+x^2=400$

$\rightarrow\; 2x^2+8x-384=0 \;\rightarrow\; x^2+4x-192=0 \;\rightarrow\; x=12,\; -16$

x는 길이($x>0$)이므로, $x=12$가 된다. 앞서 세로의 길이를 $x$cm로, 가로의 길이를 $(x+4)$cm로 놓았으므로, 가로와 세로의 길이는 다음과 같다.

(가로의 길이)$=12+4=16$ (세로의 길이)$=12$

이제 직사각형의 둘레의 길이를 구하면 다음과 같다.

(직사각형의 둘레의 길이)

$=2\times$(가로와 세로의 길이의 합)$=2\times(12+16)=56$

 스스로 유사한 문제를 여러 개 만들어(출제하여) 답을 찾아보시기 바랍니다.

Q9. 다음 평행사변형 $ABCD$의 넓이를 구하여라.

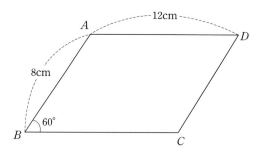

① 이 문제를 풀기 위해 어떤 개념을 알아야 하는가?

② 그 개념을 머릿속에 떠올려 보아라.

③ 문제의 출제의도를 말하고 어떻게 풀지 간단히 설명해 보아라. (잘 모를 경우, 아래 Hint를 보면서 질문의 답을 찾아본다)

Hint(1) 점 A에서 밑변 $\overline{BC}$에 수선을 그어 수선의 발을 H로 놓아본다.

Hint(2) 점 D에서 밑변 $\overline{BC}$의 연장선에 수선을 그어 수선의 발을 H'로 놓아본다.

Hint(3) $\triangle ABH$의 넓이는 $\triangle DCH'$의 넓이와 같다.
 ☞ 평행사변형 $ABCD$의 넓이는 직사각형 $AHH'D$의 넓이와 같다.

Hint(4) 한 꼭짓점이 $\overline{BC}$의 연장선 위에 있고, $\overline{AB}$를 한 변으로 하는 정삼각형을 그려본다.
 이 정삼각형의 높이는 $\overline{AH}$가 된다.
 ☞ $\overline{AH}$의 길이는 $4\sqrt{3}$cm이다. (정삼각형의 높이공식 활용)

④ 그럼 문제의 답을 찾아라.

A9.

① 피타고라스 정리, 정삼각형의 높이공식

② 개념정리하기 참조

③ 이 문제는 피타고라스 정리 및 정삼각형의 높이공식을 가지고 평행사변형의 넓이를 구할 수 있는지 묻는 문제이다. 점 A에서 밑변 $\overline{BC}$에 수선을 그어 수선의 발을 H로 놓아본다. 그리고 점 D에서 밑변 $\overline{BC}$의 연장선에 수선을 그어 수선의 발을 H'로 놓아본다. $\triangle ABH$의 넓이는 $\triangle DCH'$의 넓이와 같으므로, 평행사변형 $ABCD$의 넓이는 직사각형 $AHH'D$의 넓이와 같을 것이다. 한 꼭짓점이 $\overline{BC}$의 연장선 위에 있고, $\overline{AB}$를 한 변으로 하는 정삼각형을 그린 후, 여기에 정삼각형의 높이공식을 적용하면 어렵지 않게 $\overline{AH}$의 길이를 찾을 수 있다. 이로부터 직사각형 $AHH'D$의 넓이를 구하면 손쉽게 평행사변형 $ABCD$의 넓이를 계산할 수 있다.

④ $48\sqrt{3}\text{cm}^2$

[정답풀이]

점 A에서 밑변 $\overline{BC}$에 수선을 그어 수선의 발을 H로 놓아본다. 그리고 점 D에서 밑변 $\overline{BC}$의 연장선에 수선을 그어 수선의 발을 H'로 놓아본다.

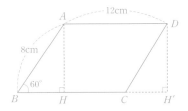

그림에서 보는 바와 같이 $\triangle ABH$의 넓이는 $\triangle DCH'$의 넓이와 같다. 즉, 평행사변형 $ABCD$의 넓이는 직사각형 $AHH'D$의 넓이와 같다. 한 꼭짓점이 $\overline{BC}$의 연장선 위에 있고, $\overline{AB}$를 한 변으로 하는 정삼각형을 그리면 그 높이는 $\overline{AH}$가 된다. 여기에 정삼각형의 높이공식을 적용하면 쉽게 $\overline{AH}$의 길이를 구할 수 있다.

$(\overline{AH}$의 길이$)=4\sqrt{3}\text{cm}$

직사각형 $AHH'D$의 넓이를 구하면 다음과 같다.

(직사각형 $AHH'D$의 넓이)$=12\times4\sqrt{3}=48\sqrt{3}\text{cm}^2$

따라서 평행사변형 $ABCD$의 넓이는 $48\sqrt{3}\text{cm}^2$이다.

 스스로 유사한 문제를 여러 개 만들어(출제하여) 답을 찾아보시기 바랍니다.

Q10. 다음은 어떤 원뿔의 전개도이다. 이 원뿔의 부피를 구하여라.

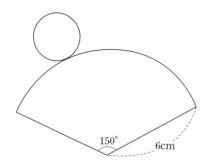

① 이 문제를 풀기 위해 어떤 개념을 알아야 하는가?

② 그 개념을 머릿속에 떠올려 보아라.

③ 문제의 출제의도를 말하고 어떻게 풀지 간단히 설명해 보아라. (잘 모를 경우, 아래 Hint를 보면서 질문의 답을 찾아본다)

　Hint(1) 원뿔의 겨냥도를 그린 후, 높이를 표시해 본다.

　Hint(2) 전개도상에서 밑면의 원주의 길이는 부채꼴의 호의 길이와 같다. 이로부터 밑면의 반지름을 구해본다.
　　　☞ (밑면의 원주의 길이)＝(부채꼴의 호의 길이)

　Hint(2) 원뿔의 높이, 반지름, 모선을 세 변으로 하는 직각삼각형에 피타고라스 정리를 적용하여 높이의 길이를 구해본다.

④ 그럼 문제의 답을 찾아라.

A10.

> ① 피타고라스 정리, 원뿔의 부피공식, 원주의 길이와 부채꼴의 호의 길이공식
>
> ② 개념정리하기 참조
>
> ③ 이 문제는 피타고라스 정리를 활용하여 구하고자 하는 값을 찾을 수 있는지 묻는 문제이다. 일단 원뿔의 겨냥도를 그린 후, 높이를 표시해 본다. 전개도상에서 밑면의 원주의 길이가 부채꼴의 호의 길이와 같다는 사실로부터 밑면의 반지름을 구할 수 있을 것이다. 원뿔의 높이, 반지름, 모선을 세 변으로 하는 직각삼각형에 피타고라스 정리를 적용하면 손쉽게 높이의 길이를 구할 수 있다. 더불어 밑면의 반지름과 원뿔의 높이를 알고 있으면 어렵지 않게 원뿔의 부피를 계산할 수 있다.
>
> $$(원뿔의 부피)＝\frac{1}{3} \times (밑넓이) \times (높이)$$
>
> ④ $\dfrac{25\sqrt{119}}{24}\pi \mathrm{cm}^2$

[정답풀이]

원뿔의 겨냥도를 그린 후, 높이를 표시해 보면 다음과 같다.

밑면의 원주의 길이가 부채꼴의 호의 길이와 같다는 사실로부터 밑면의 반지름을 구하면 다음과 같다. 편의상 반지름을 r로, 원주율을 π로 놓는다.

(밑면의 원주의 길이)$=2\pi r$

(부채꼴의 호의 길이)$=2\times\pi\times6\times\dfrac{150}{360}=5\pi$

(밑면의 원주의 길이)$=$(부채꼴의 호의 길이) $\rightarrow$ $2\pi r=5\pi$ $\rightarrow$ $r=\dfrac{5}{2}$

원뿔의 높이, 반지름, 모선을 세 변으로 하는 직각삼각형 $\triangle ABC$에 피타고라스 정리를 적용하여 높이($\overline{AC}$)의 길이를 구해보자. ($\overline{AB}^2=\overline{AC}^2+\overline{BC}^2$)

$$\overline{AC}^2=\overline{AB}^2-\overline{BC}^2 \rightarrow \overline{AC}^2=6^2-\left(\dfrac{5}{2}\right)^2=36-\dfrac{25}{4}=\dfrac{144-25}{4}=\dfrac{119}{4} \rightarrow \overline{AC}=\dfrac{\sqrt{119}}{2}$$

이제 원뿔의 부피를 계산하면 다음과 같다.

$$(\text{원뿔의 부피})=\dfrac{1}{3}\times(\text{원뿔의 밑넓이})\times(\text{높이})=\dfrac{1}{3}\times\pi\times\left(\dfrac{5}{2}\right)^2\times\dfrac{\sqrt{119}}{2}=\dfrac{25\sqrt{119}}{24}\pi\,\text{cm}^3$$

 스스로 유사한 문제를 여러 개 만들어(출제하여) 답을 찾아보시기 바랍니다.

Q11. 다음 한 변의 길이가 4cm인 정육면체에서 $\overline{PQ}$의 길이를 구하여라. (단, 점 P는 $\overline{AD}$의 중점이며, 점 Q는 $\overline{CG}$의 중점이다)

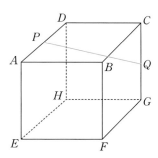

① 이 문제를 풀기 위해 어떤 개념을 알아야 하는가?

② 그 개념을 머릿속에 떠올려 보아라.

③ 문제의 출제의도를 말하고 어떻게 풀지 간단히 설명해 보아라. (잘 모를 경우, 아래 Hint를 보면서 질문의 답을 찾아본다)

Hint(1) $\overline{PQ}$를 빗변으로 하는 직각삼각형을 찾아본다.

☞ $\triangle PCQ$는 직각삼각형이다.

Hint(2) $\overline{PC}$를 빗변으로 하는 직각삼각형을 찾아본다.

　　　　☞ $\triangle PDC$는 직각삼각형이다.

Hint(3) 직각삼각형 $\triangle PDC$에 피타고라스 정리를 적용하여 $\overline{PC}$의 길이를 구해본다.

Hint(4) 직각삼각형 $\triangle PDQ$에 피타고라스 정리를 적용하여 $\overline{PQ}$의 길이를 구해본다.

④ 그럼 문제의 답을 찾아라.

A11.

① 피타고라스 정리

② 개념정리하기 참조

③ 이 문제는 피타고라스 정리를 활용하여 구하고자 하는 값을 찾을 수 있는지 묻는 문제이다. $\overline{PC}$를 빗변으로 하는 직각삼각형 $\triangle PDC$와 $\overline{PQ}$를 빗변으로 하는 직각삼각형 $\triangle PDQ$에 피타고라스 정리를 적용하면 어렵지 않게 $\overline{PQ}$의 길이를 구할 수 있을 것이다.

④ $\overline{PQ} = 4\sqrt{6}\,\text{cm}$

[정답풀이]

$\overline{PC}$를 빗변으로 하는 직각삼각형 $\triangle PDC$와 $\overline{PQ}$를 빗변으로 하는 직각삼각형 $\triangle PCQ$에 피타고라스 정리를 적용하여 $\overline{PC}$와 $\overline{PQ}$의 길이를 구하면 다음과 같다.

$\triangle PDC : \overline{PC}^2 = \overline{PD}^2 + \overline{DC}^2 = 4^2 + 8^2 = 16 + 64 = 80 \;\rightarrow\; \overline{PC} = 4\sqrt{5}\,\text{cm}$

$\triangle PCQ : \overline{PQ}^2 = \overline{PC}^2 + \overline{CQ}^2 = (4\sqrt{5})^2 + 4^2 = 80 + 16 = 96 \;\rightarrow\; \overline{PQ} = 4\sqrt{6}\,\text{cm}$

 스스로 유사한 문제를 여러 개 만들어(출제하여) 답을 찾아보시기 바랍니다.

Q12. 직사각형 모양의 색종이 $ABCD$의 꼭짓점 A가 $\overline{BC}$의 위에 오도록(교점이 F가 되도록) 다음과 같이 접었다고 한다. $\overline{EF}$의 길이를 구하여라.

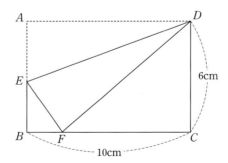

① 이 문제를 풀기 위해 어떤 개념을 알아야 하는가?

② 그 개념을 머릿속에 떠올려 보아라.

③ 문제의 출제의도를 말하고 어떻게 풀지 간단히 설명해 보아라. (잘 모를 경우, 아래 Hint를 보면서 질문의 답을 찾아본다)

    Hint(1) 구하고자 하는 선분 $\overline{EF}$의 길이를 x로 놓아본다.

    Hint(2) 두 직각삼각형 $\triangle DAE$와 $\triangle DFE$는 합동이다.
       ☞ $\overline{AD}=\overline{FD}=10$cm, $\overline{FE}=\overline{AE}=x$

    Hint(3) $\overline{AE}=x$이므로 $\overline{EB}=6-x$가 된다.

    Hint(4) 직각삼각형 $\triangle DFC$에 피타고라스 정리를 적용하여 $\overline{FC}$의 길이를 구해본다.
       ☞ $\overline{DF}^2=\overline{FC}^2+\overline{DC}^2 \rightarrow 10^2=\overline{FC}^2+6^2 \rightarrow \overline{FC}^2=100-36=64 \rightarrow \overline{FC}=8$

    Hint(5) $\overline{FC}=8$이므로 $\overline{BF}=2$이다.

    Hint(6) $\triangle EFB$에 피타고라스 정리를 적용하여 x에 대한 방정식을 도출해 본다.
       ☞ $\overline{EF}^2=\overline{EB}^2+\overline{BF}^2 \rightarrow x^2=(6-x)^2+2^2$

④ 그럼 문제의 답을 찾아라.

A12.

① 피타고라스 정리

② 개념정리하기 참조

③ 이 문제는 피타고라스 정리를 활용하여 구하고자 하는 값을 찾을 수 있는지 묻는 문제이다. 구하고자 하는 선분 $\overline{EF}$의 길이를 x로 놓은 후, $\triangle EFB$에 피타고라스 정리를 적용하여 x에 대한 방정식을 도출하면 쉽게 답을 구할 수 있다.

④ $\dfrac{10}{3}$ cm

[정답풀이]

일단 구하고자 하는 선분 $\overline{EF}$의 길이를 x로 놓아보자. 두 직각삼각형 $\triangle DAE$와 $\triangle DFE$는 합동이므로 다음이 성립한다.

    $\overline{AD}=\overline{FD}=10$cm, $\overline{FE}=\overline{AE}=x$

$\overline{AE}=x$이므로 $\overline{EB}=6-x$가 된다. 직각삼각형 $\triangle DFC$에 피타고라스 정리를 적용하여 $\overline{FC}$의 길이를 구하면 다음과 같다.

    $\overline{DF}^2=\overline{FC}^2+\overline{DC}^2 \rightarrow 10^2=\overline{FC}^2+6^2 \rightarrow \overline{FC}^2=100-36=64 \rightarrow \overline{FC}=8$

$\overline{FC}=8$이므로 $\overline{BF}=2$이다. $\triangle EFB$에 피타고라스 정리를 적용하여 x에 대한 방정식을 도출하여 x의 값을 구하면 다음과 같다.

    $\overline{EF}^2=\overline{EB}^2+\overline{BF}^2 \rightarrow x^2=(6-x)^2+2^2 \rightarrow x^2=36-12x+x^2+4 \rightarrow 12x=40$

    $\therefore x=\dfrac{10}{3}$

따라서 $\overline{EF}$의 길이는 $\dfrac{10}{3}$cm이다.

 스스로 유사한 문제를 여러 개 만들어(출제하여) 답을 찾아보시기 바랍니다.

★ 개념의 이해도가 충분하지 않다면, 일단 PASS하시기 바랍니다. 그리고 개념정리가 마무리 되었을 때 심화학습 내용을 따로 읽어보는 것을 권장합니다.

Q1. 다음 $\square ABCD$에 대하여 대변의 제곱의 합이 서로 같음($\overline{AB}^2+\overline{CD}^2=\overline{BC}^2+\overline{DA}^2$)을 증명하여라.

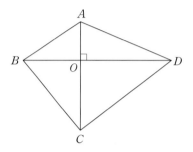

① 이 문제를 풀기 위해 어떤 개념을 알아야 하는가?

② 그 개념을 머릿속에 떠올려 보아라.

③ 문제의 출제의도를 말하고 어떻게 풀지 간단히 설명해 보아라. (잘 모를 경우, 아래 Hint를 보면서 질문의 답을 찾아본다)

　　Hint(1) 사각형 속에 들어있는 네 직각삼각형에 피타고라스의 정리를 적용해 본다.
　　　　☞ $\triangle ABO : \overline{AB}^2=\overline{AO}^2+\overline{BO}^2$ …㉮　　　$\triangle BCO : \overline{BC}^2=\overline{BO}^2+\overline{CO}^2$ …㉯
　　　　　　$\triangle CDO : \overline{CD}^2=\overline{CO}^2+\overline{DO}^2$ …㉰　　　$\triangle DAO : \overline{DA}^2=\overline{DO}^2+\overline{AO}^2$ …㉱

　　Hint(2) ㉮식과 ㉰식을 더하고, ㉯식과 ㉱식을 더해 본다.

④ 그럼 문제의 답을 찾아라.

A1.
> ① 피타고라스 정리
> ② 개념정리하기 참조
> ③ 이 문제는 피타고라스 정리를 활용하여 주어진 증명문제를 해결할 수 있는지 묻는 문제이다. 일단 대변의 제곱의 합이 서로 같다는 말은 등식 $\overline{AB}^2+\overline{CD}^2=\overline{BC}^2+\overline{DA}^2$을 의미한다. 사각형 속에 들어있는 네 직각삼각형에 피타고라스 정리를 적용하여, 적당히 가감하면 어렵지 않게 주어진 사항을 증명할 수 있다.
> ④ [정답풀이] 참조

[정답풀이]

일단 대변의 제곱의 합이 서로 같다는 말은 다음과 같다.

$$\overline{AB}^2+\overline{CD}^2=\overline{BC}^2+\overline{DA}^2$$

사각형 속에 들어있는 네 직각삼각형에 피타고라스 정리를 적용해 보면 다음과 같다.

$\triangle ABO : \overline{AB}^2=\overline{AO}^2+\overline{BO}^2 \cdots$ ㉮　　　$\triangle BCO : \overline{BC}^2=\overline{BO}^2+\overline{CO}^2 \cdots$ ㉯

$\triangle CDO : \overline{CD}^2=\overline{CO}^2+\overline{DO}^2 \cdots$ ㉰　　　$\triangle DAO : \overline{DA}^2=\overline{DO}^2+\overline{AO}^2 \cdots$ ㉱

다음으로 ㉮식과 ㉰식을 더하고, ㉯식과 ㉱식을 더해 본다.

$$\overline{AB}^2+\overline{CD}^2=\underline{\overline{AO}^2+\overline{BO}^2+\overline{CO}^2+\overline{DO}^2}　　　\overline{BC}^2+\overline{DA}^2=\underline{\overline{BO}^2+\overline{CO}^2+\overline{DO}^2+\overline{AO}^2}$$

우변이 서로 같으므로 $\overline{AB}^2+\overline{CD}^2=\overline{BC}^2+\overline{DA}^2$이 성립한다. 즉, 대각선이 서로 직교하는 사각형에 대하여 대변의 제곱의 합은 서로 같다.

 스스로 유사한 문제를 여러 개 만들어(출제하여) 답을 찾아보시기 바랍니다.

Q2. 다음 그림에서 반원의 넓이 S_1, S_2, S_3의 관계를 말하여라.

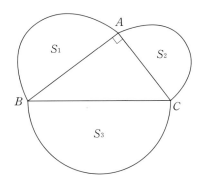

① 이 문제를 풀기 위해 어떤 개념을 알아야 하는가?

② 그 개념을 머릿속에 떠올려 보아라.

③ 문제의 출제의도를 말하고 어떻게 풀지 간단히 설명해 보아라. (잘 모를 경우, 아래 Hint를 보면서 질문의 답을 찾아본다)

　　Hint(1) 직각삼각형 $\triangle ABC$의 세 변 $\overline{BC}$, $\overline{AC}$, $\overline{AB}$를 각각 a, b, c라고 놓고, 피타고라스 정리를 적용해 본다.

　　　☞ $a^2=b^2+c^2$

　　Hint(2) 세 반원의 넓이를 구해본다. (반원의 반지름은 $\dfrac{a}{2}$, $\dfrac{b}{2}$, $\dfrac{c}{2}$라는 사실에 주의한다)

　　　☞ $S_1=\dfrac{1}{2}\pi\left(\dfrac{c}{2}\right)^2=\dfrac{\pi}{8}c^2$, $S_2=\dfrac{1}{2}\pi\left(\dfrac{b}{2}\right)^2=\dfrac{\pi}{8}b^2$, $S_3=\dfrac{1}{2}\pi\left(\dfrac{a}{2}\right)^2=\dfrac{\pi}{8}a^2$

　　Hint(3) 반원의 넓이에 대한 식을 $a^2=(\ \ )$꼴, $b^2=(\ \ )$꼴, $c^2=(\ \ )$꼴로 변형한 후, 등식 $a^2=b^2+c^2$에 대입해 본다.

④ 그럼 문제의 답을 찾아라.

A2.

① 피타고라스 정리

② 개념정리하기 참조

③ 이 문제는 피타고라스 정리를 활용하여 구하고자 하는 개념을 도출할 수 있는지 묻는 문제이다. 일단 $\triangle ABC$의 세 변 $\overline{BC}$, $\overline{AC}$, $\overline{AB}$를 각각 a, b, c라고 놓고, 피타고라스 정리를 적용해 본다. 다음으로 세 반원의 넓이를 각각 구하여 $a^2=(\ \ )$꼴, $b^2=(\ \ )$꼴, $c^2=(\ \ )$꼴로 변형한 다음, 도출된 a, b, c에 관한 식(피타고라스 정리)에 대입하면 어렵지 않게 답을 구할 수 있을 것이다.

④ $S_3=S_1+S_2$

[정답풀이]

직각삼각형 $\triangle ABC$의 세 변 $\overline{BC}$, $\overline{AC}$, $\overline{AB}$를 각각 a, b, c라고 놓고, 피타고라스 정리를 적용해 보면 다음과 같다.

$$a^2=b^2+c^2$$

세 반원의 넓이를 구하면 다음과 같다. $\left(\text{반원의 반지름은 } \dfrac{a}{2},\ \dfrac{b}{2},\ \dfrac{c}{2} \text{ 라는 사실에 주의한다}\right)$

$$S_1=\frac{1}{2}\pi\left(\frac{c}{2}\right)^2=\frac{\pi}{8}c^2, \quad S_2=\frac{1}{2}\pi\left(\frac{b}{2}\right)^2=\frac{\pi}{8}b^2, \quad S_3=\frac{1}{2}\pi\left(\frac{a}{2}\right)^2=\frac{\pi}{8}a^2$$

반원의 넓이에 대한 식을 $a^2=(\ \ )$꼴, $b^2=(\ \ )$꼴, $c^2=(\ \ )$꼴로 변형한 후, 등식 $a^2=b^2+c^2$에 대입하면 다음과 같다.

$$S_1=\frac{\pi}{8}c^2, \quad S_2=\frac{\pi}{8}b^2, \quad S_3=\frac{\pi}{8}a^2 \ \rightarrow \ \frac{8}{\pi}S_1=c^2, \quad \frac{8}{\pi}S_2=b^2, \quad \frac{8}{\pi}S_3=a^2$$

$$a^2 \ = \ c^2 \ + \ b^2 \ \rightarrow \ \frac{8}{\pi}S_3=\frac{8}{\pi}S_1+\frac{8}{\pi}S_2 \ \rightarrow \ S_3=S_1+S_2$$

따라서 반원의 넓이 S_1, S_2, S_3의 관계는 $S_3=S_1+S_2$이 된다.

 스스로 유사한 문제를 여러 개 만들어(출제하여) 답을 찾아보시기 바랍니다.

Q3. 다음 색칠한 부분의 넓이가 $\triangle ABC$의 넓이와 같다는 사실을 증명하여라.

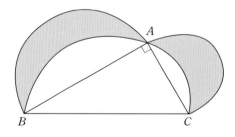

① 이 문제를 풀기 위해 어떤 개념을 알아야 하는가?

② 그 개념을 머릿속에 떠올려 보아라.

③ 문제의 출제의도를 말하고 어떻게 풀지 간단히 설명해 보아라. (잘 모를 경우, 아래 Hint를 보면서 질문의 답을 찾아본다)

Hint(1) $\overline{AB}$를 지름으로 하는 반원의 넓이를 S_1, $\overline{AC}$를 지름으로 하는 반원의 넓이를 S_2, $\overline{BC}$를 지름으로 하는 반원의 넓이를 S_3으로 놓아본다.

Hint(2) 색칠한 부분의 넓이는 도형 전체 넓이에서 $\overline{BC}$를 지름으로 하는 반원의 넓이를 뺀 값과 같다.

☞ (색칠한 부분의 넓이)＝(도형 전체 넓이)－($\overline{BC}$를 지름으로 하는 반원의 넓이)

Hint(3) 도형 전체의 넓이는 $(S_1+S_2+\triangle ABC)$와 같다.

Hint(4) $S_1+S_2=S_3$이 성립한다. [Q2에서 증명]

④ 그럼 문제의 답을 찾아라.

A3.

① 피타고라스 정리

② 개념정리하기 참조

③ 이 문제는 피타고라스 정리를 활용하여 구하고자 하는 개념을 도출할 수 있는지 묻는 문제이다. 일단 $\overline{AB}$를 지름으로 하는 반원의 넓이를 S_1, $\overline{AC}$를 지름으로 하는 반원의 넓이를 S_2, $\overline{BC}$를 지름으로 하는 반원의 넓이를 S_3으로 놓아본다. 색칠한 부분의 넓이가, 도형 전체에서 $\overline{BC}$를 지름으로 하는 반원의 넓이를 뺀 값과 같다는 사실을 등식으로 작성한 후, 앞서 Q2에서 증명한 $S_3=S_1+S_2$를 적용하면 쉽게 답을 찾을 수 있다.

④ [정답풀이] 참조

[정답풀이]

$\overline{AB}$를 지름으로 하는 반원의 넓이 S_1, $\overline{AC}$를 지름으로 하는 반원의 넓이 S_2, $\overline{BC}$를 지름으로 하는 반원의 넓이 S_3으로 놓아본다. 색칠한 부분의 넓이는 도형 전체 넓이에서 $\overline{BC}$를 지름으로 하는 반원의 넓이를 뺀 값과 같다.

(색칠한 부분의 넓이)＝(도형 전체 넓이)－($\overline{BC}$를 지름으로 하는 반원의 넓이)

도형 전체의 넓이는 $(S_1+S_2+\triangle ABC)$와 같으며, $\overline{BC}$를 지름으로 하는 반원의 넓이는 S_3과 같으므로 식을 정리하면 다음과 같다. 참고로 Q2에서 증명했듯이, $S_1+S_2=S_3$이 성립한다.

(색칠한 부분의 넓이)

＝(도형 전체 넓이)－($\overline{BC}$를 지름으로 하는 반원의 넓이)

＝$(S_1+S_2+\triangle ABC)-S_3$

＝$S_3+\triangle ABC-S_3=\triangle ABC$

따라서 색칠한 부분의 넓이는 $\triangle ABC$의 넓이와 같다. 참고로 이와 같은 형태의 도형을 히포크라테스의 달꼴이라고 부른다.

 스스로 유사한 문제를 여러 개 만들어(출제하여) 답을 찾아보시기 바랍니다.

VII

삼각비

1 삼각비

1 삼각비의 뜻

속초시청에서는 다음과 같이 설악산 대청봉(해발 1706m)을 잇는 케이블카를 설치한다고 합니다. 과연 케이블카의 체인길이를 얼마로 해야 할까요?

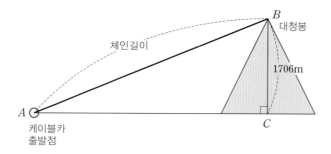

 잠시 질문의 답을 스스로 찾아보는 시간을 가져보세요.

케이블카의 체인길이($\overline{AB}$)를 구하는 방법은 다양합니다. 첫째, 케이블카의 출발점(A), 대청봉(B) 그리고 대청봉에서 지면에 내린 수선의 발(C)을 꼭짓점으로 하는 $\triangle ABC$에 피타고라스 정리를 적용하여 케이블카의 체인길이($\overline{AB}$)를 구하는 것입니다. 물론 $\overline{AC}$의 거리를 알아야겠죠?

$$\overline{AB}^2 = \overline{AC}^2 + \overline{BC}^2$$
$$\rightarrow \overline{AB} = \sqrt{\overline{AC}^2 + \overline{BC}^2}$$

둘째, $\triangle ABC$의 두 변의 길이의 비($\overline{BC}:\overline{AB}$)로부터 케이블카의 체인길이($\overline{AB}$)를 구하는 것입니다. 즉, 비례식을 활용한다는 말이지요. 만약 두 변의 길이의 비($\overline{BC}:\overline{AB}$)가 1:3이라면, 케이블카의 체인길이($\overline{AB}$)는 5118($=1706\times3$)m가 될 것이며, 2:5라면 $4265\left(=1706\times\dfrac{5}{2}\right)$m 가 될 것입니다. 잠깐! 비례식 $a:b=c:d$에서 내항의 곱(bc)과 외항의 곱(ad)이 서로 같다는 사실, 다들 알고 계시죠?

- $\overline{BC}:\overline{AB}=1:3=1706:\overline{AB}$ → $\overline{AB}=3\times1706=5118$
- $\overline{BC}:\overline{AB}=2:5=1706:\overline{AB}$ → $2\overline{AB}=5\times1706$ → $\overline{AB}=1706\times\dfrac{5}{2}=4265$

다음은 30°, 45°, 60°를 한 내각으로 하는 직각삼각형에 대한 세 변의 길이의 비입니다. 피타고라스 정리를 되새기면서 차근차근 살펴보시기 바랍니다.

직각삼각형의 세 변의 길이의 비 → (밑변):(높이):(빗변)

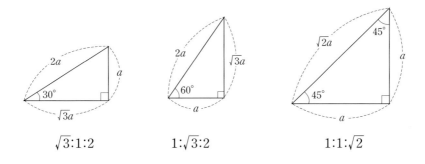

$\sqrt{3}:1:2$　　　　$1:\sqrt{3}:2$　　　　$1:1:\sqrt{2}$

여러분~ 삼각형의 세 변의 길이의 비를 알고 있다는 것이 무엇을 의미하는지 아십니까? 그렇습니다. 세 변의 길이의 비를 알고 있으면, 한 변의 길이로부터 나머지 두 변의 길이를 손쉽게 구할 수 있습니다. 다음 예시를 살펴보시기 바랍니다.

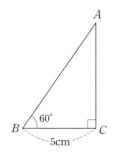

한 내각이 60°인 직각삼각형의 세 변의 길이의 비
→ (밑변):(높이):(빗변)$=1:\sqrt{3}:2$

밑변이 5cm이고, 높이와 빗변을 각각 $x$cm, $y$cm로 놓으면, 다음 비례식이 성립한다.
$5:x:y=1:\sqrt{3}:2$ → $5:x=1:\sqrt{3}$, $5:y=1:2$
∴ $x=5\sqrt{3}$, $y=10$

여기서 퀴즈입니다. 다음 그림에서 x, y, z의 값은 얼마일까요?

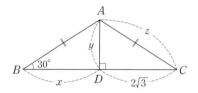

잠시 질문의 답을 스스로 찾아보는 시간을 가져보세요.

음... 일단 이등변삼각형의 성질에 대해 알고 있어야겠군요. 이등변삼각형의 성질을 정리해보면 다음과 같습니다.

① 이등변삼각형의 두 밑각의 크기는 같다.
② 꼭지각의 이등분선은 밑변을 수직이등분한다.

그럼 이등변삼각형의 성질을 적용하여 다시 그림을 그려보도록 하겠습니다.

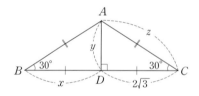

어라...? 벌써 x값을 구했네요. 꼭지각의 이등분선이 바로 밑변의 수직이등분선이잖아요. 즉, $\overline{BD} = \overline{DC}$가 되어 $x = 2\sqrt{3}$입니다. 그렇죠? 이제 y, z의 값을 찾아볼까요? 보아하니, $\triangle ADC$는 한 내각이 30°인 직각삼각형입니다. 이미 우리는 한 내각이 30°인 직각삼각형의 세 변의 길이의 비가 '(밑변):(높이):(빗변)$=\sqrt{3}$:1:2'라는 사실을 알고 있습니다. 말인즉슨, $\triangle ADC$에 비례식 $\sqrt{3}$:1:2를 적용하면, 두 변의 길이(y, z)를 손쉽게 구할 수 있다는 뜻입니다.

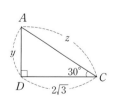

한 내각이 30°인 직각삼각형의 세 변의 길이의 비
→ (밑변):(높이):(빗변)$=\sqrt{3}$:1:2

밑변이 $2\sqrt{3}$이고, 높이와 빗변을 각각 y, z이므로,
다음 비례식이 성립한다.
$2\sqrt{3}:y:z=\sqrt{3}:1:2$ → $2\sqrt{3}:y=\sqrt{3}:1$, $2\sqrt{3}:z=\sqrt{3}:2$
∴ $y=2$, $z=4$

정답은 $x=2\sqrt{3}$, $y=2$, $z=4$입니다. 다시 설악산 대청봉으로 올라가 봅시다. 속초시청에서는 설악산 대청봉(해발 1706m)을 잇는 케이블카를 설치하려고 합니다. 과연 케이블카의 체인길이를 얼마로 해야 할까요?

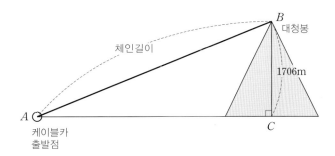

앞서 우리는 체인길이를 구하는 방법으로 다음 두 가지를 확인했었습니다.

① 피타고라스 정리 활용

    $\triangle ABC$에 피타고라스 정리를 적용하여 케이블카의 체인길이($\overline{AB}$)를 구한다.

② 삼각형의 두 변의 길이의 비 활용

    $\triangle ABC$의 두 변의 길이의 비($\overline{BC}:\overline{AB}$)로부터 케이블카의 체인길이($\overline{AB}$)를 구한다.

과연 두 방법 중 어떤 것이 더 쉬울까요?

 잠시 질문의 답을 스스로 찾아보는 시간을 가져보세요.

일단 첫 번째 방법을 적용하기 위해서는 $\overline{AC}$의 거리를 알아야 합니다. 그리고 두 번째 방법을 적용하기 위해서는 $\triangle ABC$의 두 변의 길이의 비($\overline{BC}:\overline{AB}$)를 알아야 합니다. 그렇죠?

음... 둘 다 만만치가 않네요. 만약 삼각형의 모든 내각에 대한 두 변의 길이의 비를 미리 찾아놓은 표가 있다면 어떨까요?

삼각형의 두 변의 길이의 비를 찾아 놓은 표...?

즉, 다음과 같이 $\triangle ABC$의 내각 $\angle A(0°\sim90°)$에 대하여 두 변의 길이의 비 $\overline{BC}:\overline{AB}$를 모두 계산해 놓은 표가 있다면 말입니다.

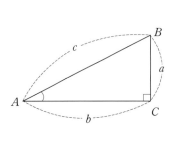

$\angle A$의 크기	$a:c$	$\dfrac{a}{c}$
0°	0:1	0.0000
1°	0.0174:1	0.0174
2°	0.0349:1	0.0349
⋮	⋮	⋮
25°	0.4226:1	0.4226
⋮	⋮	⋮
88°	0.9994:1	0.9994
89°	0.9998:1	0.9998
90°	1:1	1.0000

여기서 잠깐! 두 변의 길이의 비 $\overline{BC}:\overline{AB}$를 숫자로 표현한 것이 $\dfrac{\overline{BC}}{\overline{AB}}$라는 사실, 다들 알고 계시죠? 이는 어떤 지도의 축척이 $1:40000$일 때, 지도상의 거리가 실제 지형의 $\dfrac{1}{40000}$배가 된다는 것과 동일한 원리입니다.

$$\text{비례관계 } \overline{BC}:\overline{AB}\text{를 숫자로 표시한 것 } \rightarrow \dfrac{\overline{BC}}{\overline{AB}}$$

주어진 표를 활용하면 $\triangle ABC$에서 $\angle A$의 크기로부터, 즉 $\overline{AC}$의 거리를 몰라도 그리고 $\triangle ABC$의 두 변의 길이의 비 $\overline{BC}:\overline{AB}$의 값$\left(\text{또는 } \dfrac{\overline{BC}}{\overline{AB}}\text{의 값}\right)$을 직접 측정하지 않아도 케이블카의 체인길이($\overline{AC}$)를 구할 수 있습니다. 그렇죠?

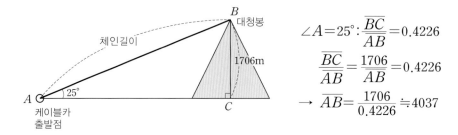

$\angle A = 25° : \dfrac{\overline{BC}}{\overline{AB}} = 0.4226$

$\dfrac{\overline{BC}}{\overline{AB}} = \dfrac{1706}{\overline{AB}} = 0.4226$

$\rightarrow \overline{AB} = \dfrac{1706}{0.4226} \fallingdotseq 4037$

실제로 이러한 표가 존재할까요? 네, 그렇습니다. 더 나아가 또 다른 두 변의 길이의 비 $\overline{AC}:\overline{AB}$ 의 값$\left(\text{또는 } \dfrac{\overline{AC}}{\overline{AB}}\text{의 값}\right)$과 $\overline{BC}:\overline{AC}$의 값$\left(\text{또는 } \dfrac{\overline{BC}}{\overline{AC}}\text{의 값}\right)$까지 찾아놓은 표가 이미 존재합니다.

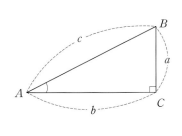

∠A의 크기	$\dfrac{a}{c}$	$\dfrac{b}{c}$	$\dfrac{a}{b}$
0°	0.0000	1.0000	0.0000
1°	0.0174	0.9998	0.0175
2°	0.0349	0.9994	0.0349
⋮	⋮	⋮	⋮
88°	0.9994	0.0349	28.6363
89°	0.9998	0.0175	52.2900
90°	1.0000	0.0000	–

그렇다면 수학자들은 왜 이런 괴상한(?) 표를 만들어 놓았을까요? 네, 맞습니다. 삼각형의 각의 크기로부터 손쉽게 변의 길이를 구하고 싶어서입니다. 실제 지형에서는 어떤 지점과 지점의 거리를 측정하는 것보다 두 지점의 벌어진 각을 재는 것이 훨씬 더 쉽기 때문입니다. 이것이 바로 이번 단원에서 배울 삼각비라는 것입니다. 그럼 본격적으로 삼각비에 대해 살펴볼까요?

삼각비는 말 그대로 삼각형의 비를 의미합니다.

삼각형의 비...?

여기서 말하는 '삼각형의 비'는 '삼각형의 변의 길이에 대한 비율'을 뜻합니다. 앞서도 언급했지만 비율을 표현하는 방법에는 두 가지가 있습니다.

비율을 표현하는 방법 → ① $a:b$(비례관계) ② $\dfrac{a}{b}$(분수)

비율을 분수로 표현하게 되면, 수식에 바로 적용(대입)할 수 있기 때문에 상당히 편리합니다. 그래서 많은 수학자들이 두 수의 비율을 '분수꼴'로 표기하는 것입니다. 단, 세 수의 비례관계에서는 분수가 적용될 수 없다는 사실, 참고하시기 바랍니다.

다음 그림에서 $\angle C = 90°$인 직각삼각형 $\triangle ABC$에서 $\angle A$, $\angle B$, $\angle C$의 대변의 길이를 각각 a, b, c라고 할 때, $\angle A$에 대하여 빗변과 높이, 빗변과 밑변, 밑변과 높이의 비율을 분수형태로 정의한 것을 삼각비라고 부릅니다.

$$\sin A = \frac{(높이)}{(빗변)} = \frac{a}{c}$$

$$\cos A = \frac{(밑변)}{(빗변)} = \frac{b}{c}$$

$$\tan A = \frac{(높이)}{(밑변)} = \frac{a}{b}$$

어라...? 새로운 기호가 보이네요... '이건 도대체 뭐지?'라고 황당해 하는 학생들도 있을 것입니다. 물론 처음에는 어색할 것입니다. 하지만 자주 접하다보면 금방 적응될 터이니 너무 걱정하지는 마십시오. 그럼 새로운 기호의 호칭부터 알아볼까요? 직각삼각형 $\triangle ABC$의 그림을 잘 살펴보면서 다음 내용을 천천히 읽어보시기 바랍니다.

빗변과 높이의 비 $\frac{(높이)}{(빗변)}$ 를 '$\angle A$의 사인'이라고 정의하며, $\sin A$로 씁니다.

$$\angle A의 \ 사인 : \sin A = \frac{(높이)}{(빗변)}$$

편의상 $\sin A$는 '사인 에이'라고 읽습니다. 가끔 '신 에이'가 아니냐고 묻는 학생들이 있는데 여기서 $\sin$은 sine의 약자입니다.

빗변과 밑변의 비 $\frac{(밑변)}{(빗변)}$ 을 '$\angle A$의 코사인'이라고 정의하며, $\cos A$라고 씁니다.

$$\angle A의 \ 코사인 : \cos A = \frac{(밑변)}{(빗변)}$$

마찬가지로 $\cos A$는 '코사인 에이'라고 읽습니다. 여러분~ $\cos A$를 '코스 에이'라고 읽으면 안되는 거, 다들 아시죠? $\cos$은 cosine의 약자입니다.

밑변과 높이의 비 $\frac{(높이)}{(밑변)}$ 를 '$\angle A$의 탄젠트'라고 정의하며, $\tan A$라고 씁니다.

$$\angle A의 \ 탄젠트 : \tan A = \frac{(높이)}{(밑변)}$$

네, 맞아요. '탄 에이'가 아닌 '탄젠트 에이'라고 읽습니다. 여기서 $\tan$는 tangent의 약자입니다. 한꺼번에 정리하면 다음과 같습니다. 잠깐! 삼각비는 $\angle A$의 위치(삼각형의 어느 한 내각의 위치)를 기준으로 정의되었기 때문에, 삼각형의 밑변과 높이를 잘 구분해야 한다는 사실, 절대 잊지 마시기 바랍니다.

삼각비

오른쪽 그림과 같이 $\angle C = 90°$인 직각삼각형 $\triangle ABC$의 한 예각 $\angle A$에 대하여 빗변과 높이, 빗변과 밑변, 밑변과 높이의 비율을 분수 형태로 정의한 것을 삼각비라고 부릅니다.

$$\sin A = \frac{(높이)}{(빗변)} = \frac{a}{c}$$

$$\cos A = \frac{(밑변)}{(빗변)} = \frac{b}{c}$$

$$\tan A = \frac{(높이)}{(밑변)} = \frac{a}{b}$$

아무리 읽어봐도 사인, 코사인, 탄젠트라는 말이 너무 어색하다고요?

음... 그렇다면 다음에 그려진 삼각형에 대한 삼각비를 직접 구해봄으로써, 삼각비(사인, 코사인, 탄젠트)와 친해지는 시간을 갖도록 하겠습니다. 앞서도 언급했지만, 삼각비는 $\angle A$의 위치(삼각형의 어느 한 내각의 위치)를 기준으로 정의되었기 때문에, 삼각형의 밑변과 높이를 잘 구분해야 한다는 사실, 절대 잊지 마시기 바랍니다. 그럼 삼각비의 정의로부터 다음 직각삼각형 $\triangle ABC$의 $\sin A$, $\cos A$, $\tan A$의 값을 찾아보시기 바랍니다.

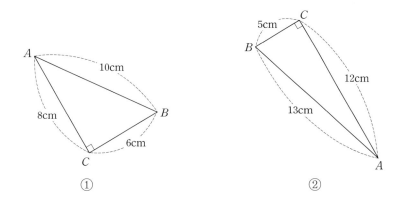

① ②

일단 $\angle A$를 기준으로 주어진 삼각형을 회전시켜 보겠습니다. 즉, 앞서 삼각비를 정의한 것과 같은 모양으로 만들어 보자는 말입니다.

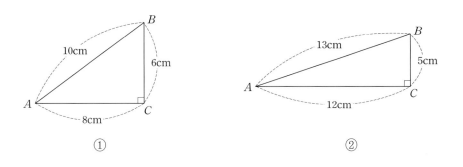

① ②

어떠세요? 한결 편해 보이죠? 이제 삼각비의 정의에 맞춰 $\sin A$, $\cos A$, $\tan A$의 값을 하나씩 구해보면 다음과 같습니다.

$$\sin A = \frac{(높이)}{(빗변)} = \frac{a}{c}$$

$$\cos A = \frac{(밑변)}{(빗변)} = \frac{b}{c}$$

$$\tan A = \frac{(높이)}{(밑변)} = \frac{a}{b}$$

① $\sin A = \dfrac{6}{10} = \dfrac{3}{5}$, $\cos A = \dfrac{8}{10} = \dfrac{4}{5}$, $\tan A = \dfrac{6}{8} = \dfrac{3}{4}$

② $\sin A = \dfrac{5}{13}$, $\cos A = \dfrac{12}{13}$, $\tan A = \dfrac{5}{12}$

별로 어렵지 않죠? $\sin B$, $\cos B$, $\tan B$를 찾을 때도 마찬가지입니다. $\angle B$를 기준으로 삼각형을 적당히 회전시켜 $\sin B$, $\cos B$, $\tan B$의 값을 구하면 쉽습니다.

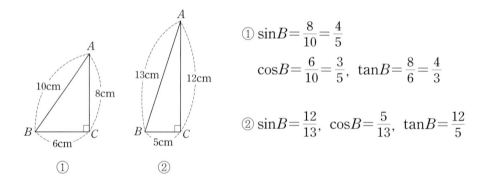

① $\sin B = \dfrac{8}{10} = \dfrac{4}{5}$

$\cos B = \dfrac{6}{10} = \dfrac{3}{5}$, $\tan B = \dfrac{8}{6} = \dfrac{4}{3}$

② $\sin B = \dfrac{12}{13}$, $\cos B = \dfrac{5}{13}$, $\tan B = \dfrac{12}{5}$

참고로 sin, cos, tan의 영문 첫 글자(필기체)를 이용하면 삼각비의 정의를 좀 더 쉽게 기억할 수 있습니다. (sin → s, cos → c, tan → t)

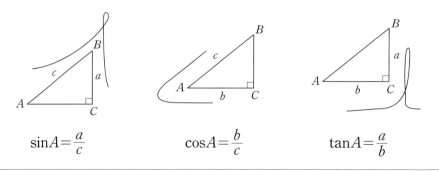

$$\sin A = \frac{a}{c} \qquad \cos A = \frac{b}{c} \qquad \tan A = \frac{a}{b}$$

다시 한 번 말하지만, 우리가 구하고자 하는 각을 기준으로 삼각형의 모양을 적당히 조정한 후 삼각비를 구해야 한다는 사실, 절대 잊지 마시기 바랍니다.

$$\sin A = \frac{(\text{높이})}{(\text{빗변})} = \frac{a}{c}$$

$$\cos A = \frac{(\text{밑변})}{(\text{빗변})} = \frac{b}{c}$$

$$\tan A = \frac{(\text{높이})}{(\text{밑변})} = \frac{a}{b}$$

$$\sin B = \frac{(\text{높이})}{(\text{빗변})} = \frac{b}{c}$$

$$\cos B = \frac{(\text{밑변})}{(\text{빗변})} = \frac{a}{c}$$

$$\tan B = \frac{(\text{높이})}{(\text{밑변})} = \frac{b}{a}$$

센스 있는 학생의 경우, $\sin A$와 $\cos B$의 값 그리고 $\sin B$와 $\cos A$의 값이 서로 같다는 사실을 눈치챘을 것입니다. 이는 사인과 코사인의 정의 때문인데요. 다음 삼각비의 명칭에 대한 유래를 살펴보면 좀 더 쉽게 이해할 수 있을 것입니다.

$\sin A$, $\cos A$, $\tan A$, ... 이런 기호는 도대체 누가 제일 먼저 사용했을까요? 사인을 나타내는 기호인 sin은 1624년 영국의 수학자 건터가 처음으로 사용했다고 합니다. sine의 어원은 길의 커브, 땅의 움푹 들어간 곳, 꼬불꼬불한 길 등을 뜻하는 라틴어 sinus라고 합니다. 다음 그림과 같이 삼각형의 빗변에서 높이로 가는 길의 커브를 머릿속으로 상상하면서 이 기호를 만들었나 봅니다.

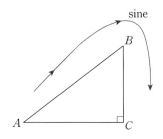

cosine이란 말은 complementary sine을 줄인 것으로 우리말로 해석하면 '여각의 사인'이란 뜻입니다. 여러분~ 혹시 여각이 어떤 각인지 아십니까?

 잠시 질문의 답을 스스로 찾아보는 시간을 가져보세요.

잘 모르겠다고요? 음... 일단 complementary가 무슨 뜻인지 알아야겠죠? 그리고 여각의 '여' 자가 어떤 의미를 가진 한자인지도 확인해 봐야할 것입니다.

• complementary : 상호 보완적인　　• 여각의 '여' : 남을 여(餘)

　더 혼란스럽다고요? 네, 맞아요. 영어와 한자어의 뜻이 많이 다릅니다. 영어에서 말하는 상호 보완적인(complementary) 각이 왜 '남을 여(餘)'자를 쓰는 여각이 되는지 도통 이해가 되질 않습니다.

　이렇게 생각해 보면 어떨까요? $\triangle ABC$에서 $\angle C = 90°$일 때, 나머지 두 각 $\angle A$와 $\angle B$의 합은 직각입니다. 그렇죠? 즉, $\angle A$만으로는 직각을 이룰 수 없으며 $\angle B$만으로도 직각을 이룰 수 없습니다. 다시 말해서, 직각을 이루기 위해서는 두 각 $\angle A$와 $\angle B$가 서로 합쳐져야 하며, 이는 서로를 보완해 주어야 한다는 말과도 일맥상통합니다. 그래서 두 각 $\angle A$와 $\angle B$의 관계를 상호 보완적인 관계라고 부르는 것이지요. '직각'을 만들기 위해서 말입니다. 대충 이해가 되시죠?

직각이 되려면
우리 둘이 힘을 합쳐야 해...

맞아! 맞아!
우리는 상호 보완적인 관계잖아...

$\angle A \dashleftarrow\dashrightarrow \angle B$

　더불어 두 각 $\angle A$와 $\angle B$의 합이 직각일 때, 직각에서 $\angle A$를 빼면 $\angle B$가 될 것이며, 직각에서 $\angle B$를 빼면 $\angle A$가 될 것입니다. 즉, $\angle A$의 여각이란 직각에서 $\angle A$를 빼고 남은 각 $\angle B$를 뜻하게 됩니다.

$$\angle A + \angle B \;\rightarrow\; 90° - \angle A = \boxed{\angle B} \qquad 90° - \angle B = \boxed{\angle A}$$

빼고 남은 각　　　　　　　빼고 남은 각
($\angle A$의 여각)　　　　　　($\angle B$의 여각)

　이는 영어를 한자어로 번역하는 과정에서 우리가 이해하기 편한 방식으로 의역하면서 벌어진 해석의 차이라고 볼 수 있습니다. 여러분은 어떤가요? 영어보다 한자어가 더 쉽게 느껴지나요? 앞서 $\sin A$를 $\dfrac{(높이)}{(빗변)}$로 정의했던 거, 기억나시죠? 더불어 $\cos A$를 '($\angle A$의 여각)의 사인(cosine)'이라고 말했습니다. 이제 그 의미를 하나씩 풀어보면서, $\sin A$와 대비하여 $\cos A$의 수학적인 의미를 추론해 보는 시간을 갖도록 하겠습니다. 잠깐! 여기서 우리가 잊지 말아야 할 것이 뭐라고 했죠? 그렇습니다. 삼각비가 정의된 삼각형의 모양입니다. 즉, 구하고자 하는 각을 기준으로 빗변, 높이, 밑변의 위치를 다음과 같이 맞추어야 한다는 뜻입니다.

$$\sin A = \frac{(\text{높이})}{(\text{빗변})} = \frac{a}{c}$$

$$\cos A = \frac{(\text{밑변})}{(\text{빗변})} = \frac{b}{c}$$

$$\tan A = \frac{(\text{높이})}{(\text{밑변})} = \frac{a}{b}$$

$$\sin B = \frac{(\text{높이})}{(\text{빗변})} = \frac{b}{c}$$

$$\cos B = \frac{(\text{밑변})}{(\text{빗변})} = \frac{a}{c}$$

$$\tan B = \frac{(\text{높이})}{(\text{밑변})} = \frac{b}{a}$$

일단 $\cos A$를 '($\angle A$의 여각)의 사인'이라고 정의했습니다. 여기서 $\angle A$의 여각은 어떤 각일까요? 네, 맞아요. 바로 $\angle B$입니다. $\angle A$와 $\angle B$의 크기를 합하면 '직각'이 되거든요. 그럼 $\cos A$를 '$\angle B$의 사인'이라고 말할 수 있겠네요. '$\angle B$의 사인'이라... 어라...? $\sin B$이잖아요. 즉, $\cos A = \sin B$와 같다는 뜻입니다. 잘 이해가 되지 않으면 그냥 넘어가도 상관없습니다.

$$\cos A : \text{'}\angle A\text{의 여각'의 사인} \;\rightarrow\; \text{'}\angle B\text{'의 사인} [\angle B = (\angle A \text{의 여각})] \;\rightarrow\; \frac{\overline{BC}}{\overline{AB}} = \frac{b}{c}$$

$$\cos A = \frac{(\text{밑변})}{(\text{빗변})} = \frac{\overline{AC}}{\overline{AB}}$$

$$\cos B = \frac{(\text{높이})}{(\text{빗변})} = \frac{\overline{AC}}{\overline{AB}}$$

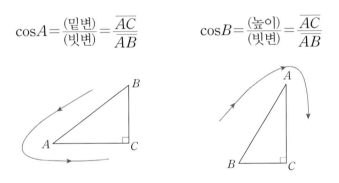

tangent라는 단어는 '접촉하고 있다'를 뜻하는 라틴어 tangens에서 유래한 것입니다. 이러한 이유 때문에 tangent를 '접선'으로 번역하기도 한답니다. 갑자기 tangent를 접선이라고 해석하니까, 좀 혼란스럽다고요? 충분히 그럴 수 있습니다. 삼각비의 심화과정인 삼각함수(고등학교 수학교과 과정)를 배워야 이해할 수 있는 내용이거든요. 일단 오늘은 여기까지 하겠습니다. 여하튼 중요한 것은 $\angle C = 90°$인 직각삼각형 $\triangle ABC$에 대하여 $\sin A$($\angle A$의 사인)는 $\frac{(\text{높이})}{(\text{빗변})}$로 정의되고, $\cos A$는 $\sin A$와 상호 보완적인 관계로서 '($\angle A$의 여각)의 사인'이라고 불리며 $\sin B$와 같다는 사실($\cos A = \sin B$) 정도만 기억하고 넘어가시기 바랍니다. 잠깐! 사인과 코사인은 자세히 설명하면서, 왜 탄젠트에 대한 부연 설명은 별로 없냐고요? 사실 탄젠트의 경우, 사인과 코사인이 정의된 이후 한참이 지나서야 사용된 개념입니다. 더불어 사인과 코사인처럼 상호 보완적인 관계도 아닙니다. 물론 고등학교 가서 직선의 기울기, 접선 등을 다룰 때 유용하게 사용되니, 너무 소홀히 대하지는 마십시오. 삼각비의 개념을 다시 한 번 정리하면 다음과 같습니다.

삼각비

오른쪽 그림과 같이 $\angle C=90°$인 직각삼각형 $\triangle ABC$의 한 예각 $\angle A$에 대하여 빗변과 높이, 빗변과 밑변, 밑변과 높이의 비율을 분수 형태로 정의한 것을 삼각비라고 부릅니다.

$$\sin A=\frac{(높이)}{(빗변)}=\frac{a}{c}$$

$$\cos A=\frac{(밑변)}{(빗변)}=\frac{b}{c}$$

$$\tan A=\frac{(높이)}{(밑변)}=\frac{a}{b}$$

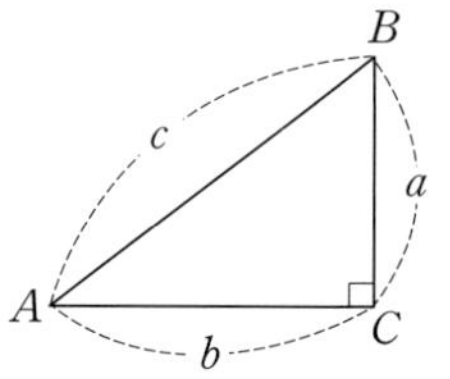

여러분~ 여기서 우리가 잊지 말아야 할 것이 뭐라고 했죠? 그렇습니다. 삼각비가 정의된 삼각형의 모양입니다. 즉, 구하고자 하는 각을 기준으로 빗변, 높이, 밑변의 위치를 다음과 같이 맞추어야 한다는 뜻입니다.

$$\sin A=\frac{(높이)}{(빗변)}=\frac{a}{c}$$
$$\cos A=\frac{(밑변)}{(빗변)}=\frac{b}{c}$$
$$\tan A=\frac{(높이)}{(밑변)}=\frac{a}{b}$$

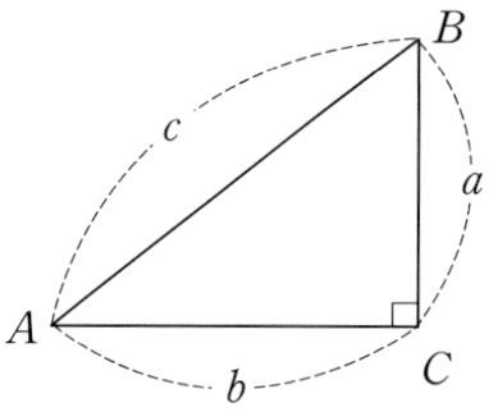

$$\sin B=\frac{(높이)}{(빗변)}=\frac{b}{c}$$
$$\cos B=\frac{(밑변)}{(빗변)}=\frac{a}{c}$$
$$\tan B=\frac{(높이)}{(밑변)}=\frac{b}{a}$$

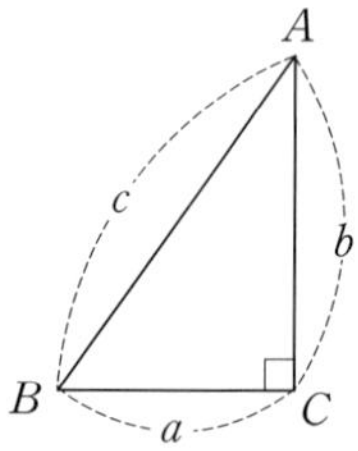

이것이 익숙해지면 나중에 예각의 위치가 어디에 있던지 간에 손쉽게 사인, 코사인, 탄젠트의 값을 찾아낼 수 있을 것입니다. 하나 더! 삼각비($\sin A$, $\cos A$, $\tan A$의 값)는 직각삼각형에 대한 길이의 비율이면서 동시에 독립변수 $0°$~$90°$(각)에 대한 함숫값으로도 볼 수 있습니다. 그래서 고등학교에서는 다음과 같이 삼각비(종속변수)를 모든 각(독립변수)에 대한 함숫값으로 정의하여, 하나의 함수로 간주합니다. 즉, 다음과 같이 '삼각함수'로 정의한다는 뜻이지요.

독립변수(x)	종속변수(y)	삼각함수
	삼각비 $\sin x$의 값	$y=\sin x$
각 x의 크기	삼각비 $\cos x$의 값	$y=\cos x$
	삼각비 $\tan x$의 값	$y=\tan x$

어라...? 각의 크기가 $90°$ 이상인 각, 예를 들어 $150°$, $270°$ 등에 대한 삼각비를 어떻게 구할 수 있냐고요? 그 부분은 지금 설명해도 잘 모를 겁니다. 고등학교 가서 자세히 배우시기 바랍니다. 여기서는 삼각비에 대한 확장 개념인 삼각함수(모든 각에 대한 삼각비)라는 용어도 있다

는 사실만 알고 넘어가시기 바랍니다.

다음 그림을 보면서 삼각비 sin30°, cos30°, tan30°의 값을 구해보시기 바랍니다.

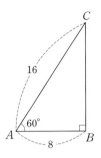

 잠시 질문의 답을 스스로 찾아보는 시간을 가져보세요.

잠깐! 30°가 없는데 어떻게 sin30°, cos30°, tan30°의 값을 구하냐고요? 여러분~ △ABC가 어떤 삼각형입니까? 네, 맞아요. 직각삼각형입니다. 더불어 한 예각의 크기는 60°입니다. 다시 말해서, 직각이 아닌 나머지 한 예각의 크기는 당연히 60°의 여각(＝90°－60°)인 30°가 된다는 뜻입니다. 그렇죠? 즉, ∠C의 크기가 30°라는 말입니다. 그런데 또 하나 문제가 생겼습니다. 삼각형의 세 변의 길이를 알아야 sin, cos, tan의 값을 구할 수 있는데, 주어진 그림에서는 $\overline{BC}$의 길이가 주어지지 않았습니다. 과연 이 부분은 어떻게 해결할 수 있을까요? 네, 맞아요. 피타고라스 정리를 활용하면 됩니다. 즉, △ABC에 피타고라스 정리를 적용하면 손쉽게 $\overline{BC}$의 길이를 구할 수 있다는 얘기입니다. 그럼 피타고라스 정리를 활용하여 $\overline{BC}$의 길이부터 구해볼까요?

$$\overline{AC}^2 = \overline{AB}^2 + \overline{BC}^2 \rightarrow 16^2 = 8^2 + \overline{BC}^2 \rightarrow \overline{BC}^2 = 192 \rightarrow \overline{BC} = \sqrt{192} = 8\sqrt{3}$$

이제 삼각형의 위치를 조정하여 sin30°, cos30°, tan30°의 값을 구해보겠습니다. 우리가 구하고자 하는 값이 30°에 대한 삼각비이므로, 30°를 기준으로 다음과 같이 삼각형을 회전하면 편하게 sin30°, cos30°, tan30°의 값을 구할 수 있을 것입니다.

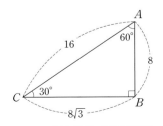

어렵지 않죠? 그런데 여기서 하나 의문이 생기는군요. 과연 30°에 대한 삼각비의 값은 어느 삼각형이든지 상관없이 일정할까요? 한 내각의 크기가 30°인 직각삼각형은 무수히 많잖아요.

 잠시 질문의 답을 스스로 찾아보는 시간을 가져보세요.

네, 그렇습니다. 한 내각의 크기가 30°인 직각삼각형은 무수히 많습니다. 하지만 그 모든 삼각형들이 서로 닮음이기 때문에, 닮음비 즉 세 변의 길이에 대한 비 또한 모두 같습니다. 다시 말해서, 임의의 직각삼각형의 한 내각(직각이 아닌)에 대한 삼각비는 모두 같다는 뜻이지요.

$$\sin 30° = \frac{1}{2} = \frac{2}{4}$$

$$\cos 30° = \frac{\sqrt{3}}{2} = \frac{2\sqrt{3}}{4}$$

$$\tan 30° = \frac{1}{\sqrt{3}} = \frac{2}{2\sqrt{3}}$$

$$\triangle ABC \backsim \triangle DEF$$

다음 문제는 연습 삼아 풀어보시기 바랍니다. 여러 문제를 자주 접하다 보면 삼각비를 다루는 게 좀 더 자연스러워질 것입니다.

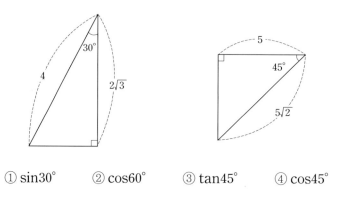

① $\sin 30°$ ② $\cos 60°$ ③ $\tan 45°$ ④ $\cos 45°$

 잠시 질문의 답을 스스로 찾아보는 시간을 가져보세요

어렵지 않죠? 정답은 다음과 같습니다.

① $\sin 30° = \frac{1}{2}$ ② $\cos 60° = \frac{1}{2}$ ③ $\tan 45° = 1$ ④ $\cos 45° = \frac{1}{\sqrt{2}}$

이번엔 삼각비의 값을 이용하여 직각삼각형의 변의 길이를 구해볼까요? 잠깐! 여태까지 우리는 직각삼각형의 변의 길이를 구할 때, 피타고라스 정리를 활용했습니다. 즉, 직각삼각형의 두 변의 길이로부터 나머지 한 변의 길이를 구해왔다는 뜻입니다. 그런데 지금은 직각삼각형의 두 변의 길이가 아닌, 어떤 한 각(직각이 아닌)의 크기와 한 변의 길이, 좀 더 정확히 말해서 어떤 한 각에 대한 삼각비와 한 변의 길이를 알고 있으면, 나머지 두 변의 길이를 손쉽게 구할 수 있게 되었습니다.

삼각비의 값과 한 변의 길이로부터 직각삼각형의 나머지 두 변의 길이를 구할 수 있다고...?

 잠시 질문의 답을 스스로 찾아보는 시간을 가져보세요.

왜 그러세요~ 앞서 설악산 대청봉을 잇는 케이블카의 체인길이를 구할 때 벌써 다 확인했잖아요. 이해가 잘 가지 않는 학생은 설악산 대청봉 부분을 다시 한 번 읽어보시기 바랍니다.

그럼 문제를 풀어보면서 직접 확인해 보도록 하겠습니다. $\sin 40° ≒ 0.64$, $\cos 75° ≒ 0.26$일 때, 다음에 그려진 삼각형 ①과 ②의 변 a, b의 길이의 근삿값을 구해보시기 바랍니다.

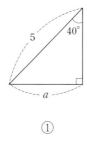

①

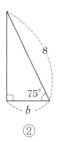

②

먼저 삼각비의 정의를 떠올려 볼까요?

삼각비

오른쪽 그림과 같이 ∠C＝90°인 직각삼각형 △ABC의 한 예각 ∠A에 대하여 빗변과 높이, 빗변과 밑변, 밑변과 높이의 비율을 분수 형태로 정의한 것을 삼각비라고 부릅니다.

$$\sin A = \frac{(높이)}{(빗변)} = \frac{a}{c}$$

$$\cos A = \frac{(밑변)}{(빗변)} = \frac{b}{c}$$

$$\tan A = \frac{(높이)}{(밑변)} = \frac{a}{b}$$

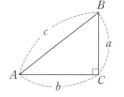

잠깐! 삼각비의 개념을 정확히 적용하기 위해서는, 그 정의에 맞게 높이와 밑변의 위치를 잘 맞춰 삼각형을 그려야 한다는 사실, 다들 알고 계시죠? 주어진 삼각형을 적당히 회전시켜 보면 다음과 같습니다.

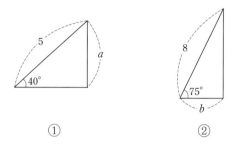

① ②

먼저 sin40°를 삼각형 ①에 적용해 보겠습니다. (sin40°≒0.64)

$$\sin 40° ≒ 0.64 = \frac{(높이)}{(빗변)} = \frac{a}{5} \rightarrow 0.64 = \frac{a}{5} \rightarrow a = 5 \times 0.64 = 3.2$$

이번엔 삼각형 ②에 cos75°≒0.26을 적용해 볼까요?

$$\cos 75° ≒ 0.26 = \frac{(밑변)}{(빗변)} = \frac{b}{8} \rightarrow 0.26 = \frac{b}{8} \rightarrow b = 0.26 \times 8 = 2.08$$

따라서 삼각형 ①과 ②의 변 a, b의 길이는 각각 3.2와 2.08입니다. 이제 삼각비를 왜 배우는지 잘 아셨죠? 네, 맞아요. 각의 크기로부터 삼각형의 변의 길이를 손쉽게 찾아내기 위해서입니다. 이 점 반드시 기억하고 넘어가시기 바랍니다.

★ 개념을 정확히 이해했는지 확인하고 싶다면, 학교 교과서에 나오는 개념확인 문제를 풀어 보거나 스스로 개념 확인문제를 출제하여 풀어보면 큰 도움이 될 것입니다.

2 삼각비의 값

앞서 우리는 직각삼각형의 한 변의 길이와 삼각비만 알고 있으면, 나머지 두 변의 길이를 모조리 구할 수 있다고 했습니다. 그 중 어떤 각의 경우 간단한 숫자로 삼각비의 값이 표현되는데요, 이러한 각을 특수각이라고 부릅니다. 네, 맞아요. $30°$, $45°$, $60°$가 바로 직각삼각형의 특수각입니다. 먼저 $30°$, $60°$에 대한 삼각비를 찾아볼까요?

 잠시 질문의 답을 스스로 찾아보는 시간을 가져보세요.

음... 너무 막막하다고요? 일단 한 변의 길이가 a인 정삼각형 $\triangle ABC$를 떠올려 보시기 바랍니다.

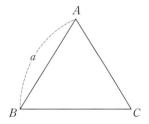

그렇습니다. 정삼각형 $\triangle ABC$의 한 내각의 크기는 $60°$입니다. 꼭짓점 A에서 대변 $\overline{BC}$에 내린 수선의 발을 D로 놓으면, $\overline{AD}$는 $\overline{BC}$의 수직이등분선이 됩니다. 여기서 우리는 한 내각이 $30°$ 또는 $60°$인 직각삼각형을 만들어 낼 수 있습니다. 잠깐! 앞서 피타고라스 정리를 활용하여 정삼각형의 높이를 구했던 사실, 기억하시죠? 공식으로 말하자면, 한 변의 길이가 a인 정삼각형의 높이는 $\frac{\sqrt{3}}{2}a$입니다.

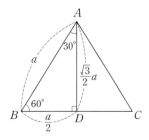

이제 직각삼각형 $\triangle ABD$로부터 특수각 $30°$와 $60°$에 대한 삼각비를 모두 구해보도록 하겠습니다. 삼각비의 정의를 기억하면서 $\sin 30°$, $\cos 30°$, $\tan 30°$, $\sin 60°$, $\cos 60°$, $\tan 60°$의 값을 찾아보면 다음과 같습니다.

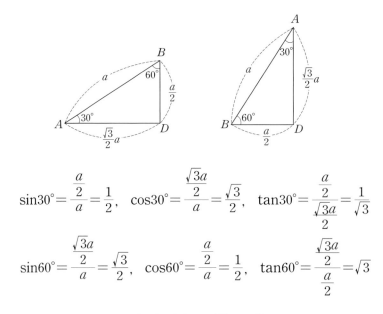

$$\sin 30° = \frac{\frac{a}{2}}{a} = \frac{1}{2}, \quad \cos 30° = \frac{\frac{\sqrt{3}a}{2}}{a} = \frac{\sqrt{3}}{2}, \quad \tan 30° = \frac{\frac{a}{2}}{\frac{\sqrt{3}a}{2}} = \frac{1}{\sqrt{3}}$$

$$\sin 60° = \frac{\frac{\sqrt{3}a}{2}}{a} = \frac{\sqrt{3}}{2}, \quad \cos 60° = \frac{\frac{a}{2}}{a} = \frac{1}{2}, \quad \tan 60° = \frac{\frac{\sqrt{3}a}{2}}{\frac{a}{2}} = \sqrt{3}$$

어렵지 않죠? 여러분 혹시 30°와 60°가 서로 어떤 각인지 아십니까?

 잠시 질문의 답을 스스로 찾아보는 시간을 가져보세요.

네, 맞아요. 바로 여각입니다. 앞서 여각의 여를 한자로 '남을 여(餘)'라고 말했던 거, 기억하시죠? 더불어 두 각 $\angle A + \angle B = 90°$일 때, 직각에서 $\angle A$를 빼면 $\angle B$가 되며, $\angle B$를 빼면 $\angle A$가 된다고 언급하면서, $\angle A$의 여각을 직각에서 $\angle A$를 빼고 남은 각인 $\angle B$로 정의했잖아요.

$$\angle A + \angle B = 90° \rightarrow 90° - \angle A = \angle B \qquad 90° - \angle B = \angle A$$

빼고 남은 각 (∠A의 여각)   빼고 남은 각 (∠B의 여각)

영어로는 여각을 상호 보완적인(complementary) 각이라고 표현했는데, 그 이유는 바로 직각을 이루기 위해서 두 각 $\angle A$와 $\angle B$가 서로 합쳐져야 하기 때문입니다. 다시 말해, 직각이 되기 위해서는 두 각 $\angle A$와 $\angle B$가 상호 보완적이어야 한다는 뜻이지요.

마찬가지로 30°와 60° 또한 서로 여각 관계입니다. 갑자기 왜 이렇게 여각에 대해 장황히 설명하냐고요? 여기서 퀴즈입니다. 다음은 두 각 30°와 60°의 sin, cos, tan값을 비교한 것입니다. 여각의 삼각비에 대한 규칙을 찾아보시기 바랍니다.

$$\sin 30° = \frac{\frac{a}{2}}{a} = \frac{1}{2}, \quad \cos 30° = \frac{\frac{\sqrt{3}a}{2}}{a} = \frac{\sqrt{3}}{2}, \quad \tan 30° = \frac{\frac{a}{2}}{\frac{\sqrt{3}a}{2}} = \frac{1}{\sqrt{3}}$$

$$\sin 60° = \frac{\frac{\sqrt{3}a}{2}}{a} = \frac{\sqrt{3}}{2}, \quad \cos 60° = \frac{\frac{a}{2}}{a} = \frac{1}{2}, \quad \tan 60° = \frac{\frac{\sqrt{3}a}{2}}{\frac{a}{2}} = \sqrt{3}$$

 잠시 질문의 답을 스스로 찾아보는 시간을 가져보세요.

그렇습니다. sin30°와 cos60° 그리고 cos30°와 sin60°의 값은 각각 같습니다. 그리고 tan30°와 tan60°의 값은 서로 역수 관계입니다.

$$\sin 30° = \cos 60° \qquad \cos 30° = \sin 60° \qquad \tan 30° = \frac{1}{\tan 60°}$$

즉, 어떤 각의 삼각비를 알고 있으면, 그 각에 대한 여각의 삼각비 또한 손쉽게 구할 수 있다는 뜻입니다.

다음에 주어진 정보를 활용하여 빈 칸을 채워보시기 바랍니다. 계산기를 사용하되 소수점 아래 다섯째 자리에서 반올림하십시오.

$$\sin 18° = 0.2588, \quad \cos 56° = 0.5592, \quad \tan 78° = 4.7046$$
$$\sin 34° = (\qquad), \quad \cos 72° = (\qquad), \quad \tan 12° = (\qquad)$$

네, 맞아요. sin34°는 cos56°와 같은 0.5592이며, cos72°는 sin18°와 같은 0.2588입니다. 더불어 tan12°는 $\frac{1}{\tan 78°}$ 이므로 0.2126이 됩니다.

대충 이해가 되시는지요? 뒤쪽에서 증명과 함께 다시 한 번 자세히 다루도록 하겠습니다. 여기서는 그냥 여각의 의미를 되새겨 보는 정도로만 정리하고 넘어가시기 바랍니다.

이번엔 45°에 대한 삼각비를 구해볼까요? 일단 한 변의 길이가 a인 정사각형 $ABCD$를 떠올려 보시기 바랍니다.

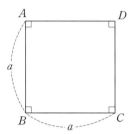

그렇습니다. 정사각형의 한 내각은 90°입니다. 더불어 정사각형의 한 대각선은 꼭지각을 이 등분합니다. 맞죠? 잠깐! 앞서 피타고라스 정리를 활용하여 정사각형의 대각선의 길이를 구했던 적이 있었는데, 혹시 기억나시는지요? 공식으로 말하자면, 한 변의 길이가 a인 정사각형의 대각선의 길이는 $\sqrt{2}a$입니다.

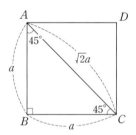

이제 직각삼각형 $\triangle ABC$로부터 45°에 대한 삼각비를 구해보도록 하겠습니다. 삼각비의 정의를 기억하면서 $\sin45°$, $\cos45°$, $\tan45°$의 값을 찾으면 다음과 같습니다.

$$\sin45° = \frac{a}{\sqrt{2}a} = \frac{1}{\sqrt{2}}, \quad \cos45° = \frac{a}{\sqrt{2}a} = \frac{1}{\sqrt{2}}, \quad \tan45° = \frac{a}{a} = 1$$

사실 삼각형의 내각은 될 수 없지만, 0°와 90° 또한 삼각비의 **특수각**이라고 부릅니다. 그 이유는 바로 30°, 60°, 45°와 마찬가지로 0°와 90°의 삼각비 또한 간단한 숫자로 표현되기 때문입니다.

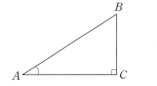

$\angle A = 0°$? $\angle A = 90°$?

 잠시 질문의 답을 스스로 찾아보는 시간을 가져보세요.

0°와 90°에 대한 삼각비라...? 음... 많이 당황스럽나보군요. 네, 충분히 그럴 수 있습니다. 왜 냐하면 직각삼각형에서 직각을 제외한 내각의 크기는 반드시 0° 보다 크며 90° 보다 작아야 하기 때문입니다. 즉, 0°와 90°을 가지고는 직각삼각형을 만들어 낼 수가 없다는 뜻이지요. 그렇다고 여기서 포기하면 안 되겠죠? 이렇게 생각해 봅시다. 직각을 제외한 한 내각의 크기가 0° 또는 90°와 비슷한 삼각형을 상상하면서, 그에 대한 삼각비를 유추해보는 것이지요. 즉, 삼각형의 한 내각의 크기를 0° 또는 90°에 점점 가깝게 그리면서 삼각비의 값이 어떻게 변화되는지 따져 보자는 말입니다. 일단 0°부터 시작해 볼까요?

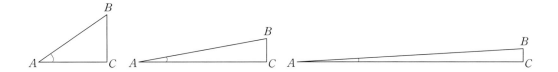

여러분~ $\sin A$값이 어떻게 변하고 있나요? 즉, $\dfrac{\overline{BC}}{\overline{AB}}$의 값이 어떤 값에 가까워지고 있는지 묻는 것입니다. 음... 조금 어렵나요? 힌트를 드리겠습니다. 그림과 함께 다음 내용을 천천히 읽어보시기 바랍니다.

∠A가 0°에 가까워질수록 $\overline{BC}$의 길이는 0에 가까워진다.

네, 맞아요. ∠A가 0°에 가까워질수록 $\sin A$의 값$\left(\dfrac{\overline{BC}}{\overline{AB}}\right)$ 또한 0에 가까워집니다. 즉, $\sin 0°$ $=0$이라고 추론할 수 있다는 뜻입니다. 이번엔 $\cos A$의 값이 어떻게 변하는지 살펴볼까요? 마찬가지로 힌트를 드리겠습니다. 그림과 함께 다음 내용을 천천히 읽어보시기 바랍니다.

∠A가 0°에 가까워질수록 두 선분 $\overline{AB}$와 $\overline{AC}$의 길이는 서로 같아지고 있다.

네, 맞아요. ∠A가 0°에 가까워질수록 $\cos A$의 값$\left(\dfrac{\overline{AC}}{\overline{AB}}\right)$은 1에 가까워집니다. 즉, $\cos 0°=1$ 이라고 추론할 수 있습니다. 더불어 $\tan 0°$의 값$\left(\dfrac{\overline{BC}}{\overline{AC}}\right)$의 경우, ∠$A$가 0°에 가까워질수록 $\overline{BC}$ 의 길이가 0에 근접하므로, $\tan A$의 값$\left(\dfrac{\overline{BC}}{\overline{AC}}\right)$ 또한 0에 가까워질 것입니다. 즉, $\tan 0°=0$이 라는 말이지요. 정리하면 다음과 같습니다.

$$\sin 0°=0, \quad \cos 0°=1, \quad \tan 0°=0$$

이번엔 한 내각(직각이 아닌)의 크기가 90°에 점점 가까워지는 삼각형을 그려봅시다.

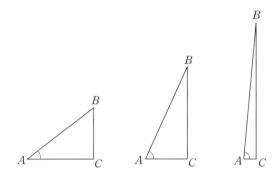

어떠세요? $\sin A$값이 어떻게 변하고 있습니까? 다시 말해서 $\dfrac{\overline{AC}}{\overline{AB}}$의 값이 어떤 값에 가까워지고 있는지 묻는 것입니다. 그렇습니다. ∠A가 90°로 가까워질수록 두 $\overline{AB}$와 $\overline{BC}$의 길이는 서로 같아지고 있습니다. 따라서 $\sin 90°$의 값 $\left(\dfrac{\overline{BC}}{\overline{AB}}\right)$은 1이라고 추론할 수 있습니다. 더불어 ∠$A$가 90°에 가까워질수록 $\overline{AC}$의 길이는 0에 근접하므로, $\cos 90°$의 값 $\left(\dfrac{\overline{AC}}{\overline{AB}}\right)$은 0에 가까워질 것입니다.

$$\sin 90°=1, \quad \cos 90°=0$$

마지막으로 $\tan A$의 경우를 살펴볼까요? 어라...? 좀 이상하군요. $\tan A$의 값은 $\dfrac{\overline{BC}}{\overline{AC}}$인데, ∠$A$가 90°에 가까워질수록 분모 $\overline{AC}$의 길이는 0에 근접합니다. 음... 수학에서는 분모가 0이 될 수는 없는데... 이건 도대체 무엇을 의미하는 걸까요? 네, 맞아요. $\tan A$의 값이 무한히 커진다는 뜻입니다. 즉, $\tan 90°$의 값은 존재하지 않습니다. 이제 정리해 볼까요?

$$\sin 90°=1, \cos 90°=0\text{이며},\ \tan 90°\text{는 존재하지 않는다.}$$

참고로 $\tan 90°$의 값을 ∞(무한대)로 쓰는 수학자도 있습니다. 그 이유는 ∠A가 90°에 가까워질수록 $\dfrac{\overline{BC}}{\overline{AC}}$의 값이 무한히 커지기 때문이죠.

이렇게 특정한 도형으로부터 쉽게 구할 수 있는 삼각비의 각 0°, 30°, 45°, 60°, 90°를 특수각이라고 부릅니다. 특수각에 대한 삼각비를 한꺼번에 정리하면 다음과 같습니다.

특수각의 삼각비

특수각에 대한 삼각비는 다음과 같습니다.

구분	$0°$	$30°$	$45°$	$60°$	$90°$
sin	0	$\dfrac{1}{2}$	$\dfrac{1}{\sqrt{2}}$	$\dfrac{\sqrt{3}}{2}$	1
cos	1	$\dfrac{\sqrt{3}}{2}$	$\dfrac{1}{\sqrt{2}}$	$\dfrac{1}{2}$	0
tan	0	$\dfrac{1}{\sqrt{3}}$	1	$\sqrt{3}$	존재하지 않는다.

이 많은 값을 어떻게 다 외우냐고요? 절~ 대 억지로 외우려 하지 마십시오. 교과서나 인터넷 등을 찾아보면 언제든지 쉽게 알아낼 수 있거든요. 필요할 때마다 자주 찾다보면 자연스럽게 기억할 수 있으니, 처음부터 암기하려는 습관은 버리시기 바랍니다. 이는 수포자로 가는 지름 길이기도 합니다. 참고로 다음과 같이 특수각 30°, 45°, 60°를 한 내각으로 하는 삼각형을 머릿 속에 저장해 놓으면 손쉽게 sin, cos, tan의 값을 기억해 낼 수 있을 것입니다.

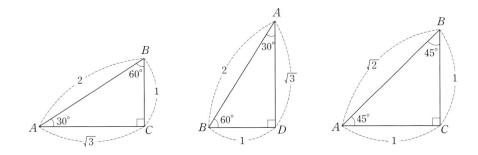

더불어 0°, 90°의 삼각비의 경우, 앞서 했던 방식처럼 내각의 크기를 줄여가면서(혹은 늘려가 면서) sin, cos, tan의 값을 유추하면 쉽게 그 값을 찾아볼 수 있을 것입니다.

여러분~ 특수각에 대한 삼각비의 숨은 의미는 무엇일까요? 네, 맞아요. 특수각의 삼각비를 기억하고 있으면, 특수각을 내각으로 하는 직각삼각형의 한 변의 길이로부터 나머지 두 변의 길이를 손쉽게 찾아낼 수 있습니다. 이 점 반드시 명심하시기 바랍니다. (특수각의 삼각비의 숨은 의미)

그럼 특수각의 삼각비와 관련된 문제를 풀어볼까요? 다음 그림에서 x, y, a, b의 값을 구해보시 기 바랍니다.

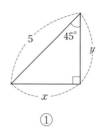

①

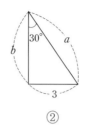

②

 잠시 질문의 답을 스스로 찾아보는 시간을 가져보세요.

여러분~ 삼각비의 숨은 의미가 뭐라고 했죠? 네, 맞습니다. 삼각비를 활용하면, 직각삼각형의 한 변의 길이로부터 나머지 두 변의 길이를 쉽게 구할 수 있다고 했습니다. 문제를 보아하니, 각각 삼각형의 한 변의 길이와 한 내각(예각)의 크기가 주어졌군요. 즉, 45°와 30°(특수각)에 대한 삼각비를 활용하면 손쉽게 직각삼각형의 모든 변의 길이를 구할 수 있다는 뜻입니다. 그럼 함께 풀어볼까요? 일단 삼각비의 정의를 다시 한 번 되새겨 보겠습니다.

삼각비

오른쪽 그림과 같이 $\angle C = 90°$인 직각삼각형 $\triangle ABC$의 한 예각 $\angle A$에 대하여 빗변과 높이, 빗변과 밑변, 밑변과 높이의 비율을 분수 형태로 정의한 것을 삼각비라고 부릅니다.

$$\sin A = \frac{(\text{높이})}{(\text{빗변})} = \frac{a}{c}$$

$$\cos A = \frac{(\text{밑변})}{(\text{빗변})} = \frac{b}{c}$$

$$\tan A = \frac{(\text{높이})}{(\text{밑변})} = \frac{a}{b}$$

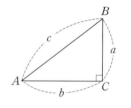

삼각비의 정의에 맞춰 주어진 삼각형을 적당히 회전하면 다음과 같습니다.

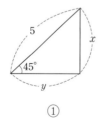

①

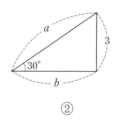

②

이제 특수각 45°, 30°에 대한 삼각비의 값을 떠올려 볼까요?

$$\sin 45° = \frac{1}{\sqrt{2}}, \quad \cos 45° = \frac{1}{\sqrt{2}}, \quad \tan 45° = 1$$

$$\sin 30° = \frac{1}{2}, \quad \cos 30° = \frac{\sqrt{3}}{2}, \quad \tan 30° = \frac{1}{\sqrt{3}}$$

다음으로 적당한 삼각비를 골라 그 값을 변 x, y, a, b로 나타내 보겠습니다.

$$\sin 45° = \frac{x}{5}, \quad \cos 45° = \frac{y}{5}, \quad \sin 30° = \frac{3}{a}, \quad \tan 30° = \frac{3}{b}$$

음... 특수각의 삼각비를 식의 값과 비교하면, 손쉽게 미지수 x, y, a, b의 값을 구할 수 있겠네요.

$$\sin 45° = \frac{x}{5} = \frac{1}{\sqrt{2}} \;\rightarrow\; x = \frac{5}{\sqrt{2}} \qquad \cos 45° = \frac{y}{5} = \frac{1}{\sqrt{2}} \;\rightarrow\; y = \frac{5}{\sqrt{2}}$$

$$\sin 30° = \frac{3}{a} = \frac{1}{2} \;\rightarrow\; a = 6 \qquad \tan 30° = \frac{3}{b} = \frac{1}{\sqrt{2}} \;\rightarrow\; b = 3\sqrt{2}$$

이렇게 삼각비를 이용하면, 직각삼각형의 변의 길이를 아주 쉽게 구할 수 있다는 사실, 꼭 명심하시기 바랍니다. 잠깐! 특수각이 아닐 경우에는 어떡하죠? 네~ 그때는 삼각함수표나 공학용 계산기를 사용하면 되니, 크게 걱정하지 않으셔도 됩니다. 참고로 공학용 계산기의 경우, 스마트폰 앱을 다운 받거나 인터넷 검색 등을 통해 쉽게 도구화할 수 있습니다.

[인터넷 계산기]

한 문제 더 풀어볼까요? 다음 식에서 x, y, z의 값은 얼마일까요? 단, 주어진 삼각비의 값은 모두 특수각에 대한 삼각비라고 가정합시다.

$$① \sin(2x)° = \frac{\sqrt{3}}{2} \qquad ② \cos 0° = (4y - 7) \qquad ③ \tan\left(\frac{180}{z-1}\right)° = \frac{1}{\sqrt{3}}$$

조금 어렵나요? 여러분~ 문제를 다시 한 번 잘 살펴보시기 바랍니다. 모두 하나의 등식 안에 미지수가 1개씩 들어있습니다. 그렇죠? 즉, 미지수가 1개인 방정식이라는 뜻입니다. 이러한 방정식을 삼각방정식이라고 부르는데... 삼각방정식...? 음... 너무 깊이 들어갔네요. 우선 특수각에 대한 삼각비를 확인해 보면 다음과 같습니다.

특수각의 삼각비

특수각에 대한 삼각비는 다음과 같습니다.

구분	$0°$	$30°$	$45°$	$60°$	$90°$
sin	0	$\dfrac{1}{2}$	$\dfrac{1}{\sqrt{2}}$	$\dfrac{\sqrt{3}}{2}$	1
cos	1	$\dfrac{\sqrt{3}}{2}$	$\dfrac{1}{\sqrt{2}}$	$\dfrac{1}{2}$	0
tan	0	$\dfrac{1}{\sqrt{3}}$	1	$\sqrt{3}$	존재하지 않는다.

특수각에 대한 삼각비의 값을 적용하여 미지수 x, y, z에 대한 방정식을 작성해 보도록 하겠습니다. 어렵지 않게 답을 찾을 수 있을 것입니다.

① $\sin(2x)° = \dfrac{\sqrt{3}}{2} \left[\sin60° = \dfrac{\sqrt{3}}{2} \right] \rightarrow 2x = 60 \rightarrow x = 30$

② $\cos0° = (4y - 7) [\cos0° = 1] \rightarrow 4y - 7 = 1 \rightarrow y = 2$

③ $\tan\left(\dfrac{180}{z-1}\right)° = \dfrac{1}{\sqrt{3}} \left[\tan30° = \dfrac{1}{\sqrt{3}} \right] \rightarrow \dfrac{180}{z-1} = 30 \rightarrow z = 7$

$0°$부터 $90°$까지 삼각비의 값을 구하는 방법에 대해 알아보는 시간을 갖도록 하겠습니다. 특수각처럼 딱 떨어지는 값(참값)은 아니더라도, 그 근삿값을 알아낼 수 있는 방법이 있거든요. 일단 임의의 예각 x에 대하여 $\sin x$의 값은 다음과 같이 계산됩니다.

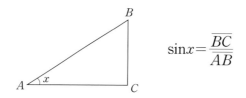

$$\sin x = \frac{\overline{BC}}{\overline{AB}}$$

여기서 $\overline{AB} = 1$이라고 가정해 봅시다. 그러면 $\sin x$의 값은 선분 $\overline{BC}$의 길이와 같게 될 것입니다. 그렇죠? 즉, 다음과 같이 $\overline{AB}=1$로 고정해 놓은 후, 임의의 예각 x에 대한 삼각형을 만들면 어렵지 않게 $\sin x$의 값(근삿값)을 찾을 수 있다는 뜻입니다. 왜냐하면 $\overline{AB}=1$일 때, $\sin x$의 값은 선분 $\overline{BC}$의 길이와 같거든요. 물론 각도기와 눈금자가 필요하겠죠?

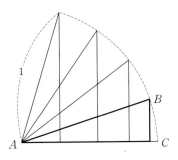

여기서 잠깐! x의 값($\angle A$)이 커질수록 $\sin x$의 값($\overline{BC}$의 길이) 또한 커진다는 사실, 다들 캐치하셨나요? 그렇다면 $x=0°$일 때와 $x=90°$일 때 $\sin x$의 값은 얼마인지도 말해보시기 바랍니다. 네, 맞아요. 바로 0과 1입니다. 한번 상상해 보세요~ $\overline{BC}$의 길이가 각각 0과 1이 되잖아요.

- $x=0°$일 때, $\sin x=\dfrac{\overline{BC}}{\overline{AB}}=\dfrac{\overline{BC}}{1}=\overline{BC}$ → $\sin 0°=\overline{BC}=0$

- $x=90°$일 때, $\sin x=\dfrac{\overline{BC}}{\overline{AB}}=\dfrac{\overline{BC}}{1}=\overline{BC}$ → $\sin 90°=\overline{BC}=1$

마찬가지로 $\triangle ABC$에 대하여 $\cos x$는 $\dfrac{\overline{AC}}{\overline{AB}}$이므로, $\overline{AB}=1$일 때 $\cos x$의 값은 $\overline{AC}$의 길이와 같습니다. 그렇죠? 보아하니, x의 값($\angle A$)이 커질수록 $\cos x$의 값($\overline{AC}$의 길이)은 작아지는군요. 그렇다면 $x=0°$일 때와 $x=90°$일 때 $\cos x$의 값은 얼마일까요? 네, 맞아요. 각각 1, 0입니다. 한번 상상해 보세요~ $\overline{AC}$의 길이가 각각 1과 0이 되잖아요.

- $x=0°$일 때, $\cos x=\dfrac{\overline{AC}}{\overline{AB}}=\dfrac{\overline{AC}}{1}=\overline{AC}$ → $\cos 0°=\overline{AC}=1$

- $x=90°$일 때, $\cos x=\dfrac{\overline{AC}}{\overline{AB}}=\dfrac{\overline{AC}}{1}=\overline{AC}$ → $\cos 90°=\overline{AC}=0$

이해되시죠? $\sin x$와 $\cos x$값의 범위를 정리하면 다음과 같습니다. (단, $0°\le x\le 90°$입니다)

① $\angle x$이 커질수록 $\sin x$값도 커진다. → $\sin 0°=0 \sim \sin 90°=1$ → $0\le \sin x\le 1$
② $\angle x$이 커질수록 $\cos x$값은 작아진다. → $\cos 0°=1 \sim \cos 90°=0$ → $0\le \cos x\le 1$

이번엔 $\tan x$의 값을 구해볼까요?

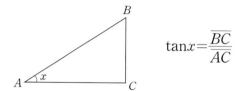

$$\tan x = \frac{\overline{BC}}{\overline{AC}}$$

 잠시 질문의 답을 스스로 찾아보는 시간을 가져보세요.

음... 보아하니, $\overline{AC}=1$로 고정해야겠네요. 그래야 $\tan x$의 값이 $\overline{BC}$의 길이와 같잖아요. 그렇죠?

$$\overline{AC}=1 \; : \; \tan x = \frac{\overline{BC}}{\overline{AC}} = \overline{BC}$$

이제 $\overline{AC}=1$인 $\triangle ABC$를 그려보겠습니다. 즉, 밑변을 1로 고정한 채, 높이를 크게 하면서 삼각형을 그려보자는 말입니다.

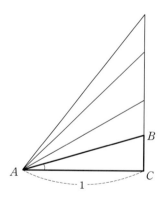

음... x의 값($\angle A$)이 커질수록 $\tan x$의 값($\overline{BC}$의 길이) 또한 커지는군요. 그렇다면 $x=0°$일 때와 $x=90°$일 때 $\tan x$의 값은 얼마일까요? 어렵지 않죠? $\overline{BC}$의 길이를 확인하기만 하면 되잖아요. 어라...? $x=90°$일 경우, $\overline{BC}$의 길이가 무한대로 커지네요. 즉, $\tan 90°$의 값은 존재하지 않습니다. 앞서 우리는 밑변의 길이를 줄이면서 90°에 대한 tan의 값을 구해본 적이 있었습니다. 그때는 밑변을 0에 가깝게 만들어 삼각형을 그렸는데... 여하튼 그때도 지금도 $\tan 90°$의 값이 존재하지 않는 것과 마찬가지입니다. 참고로 분수 $\frac{y}{x}$에 대하여 분모가 0에 가까워질 때($x \to 0$), $\frac{y}{x}$의 값은 무한대가 됩니다.

- $x=0°$일 때, $\tan x = \dfrac{\overline{BC}}{\overline{AC}} = \dfrac{\overline{BC}}{1} = \overline{BC}$ → $\tan 0° = \overline{BC} = 0$

- $x=90°$일 때, $\tan x = \dfrac{\overline{BC}}{\overline{AC}} = \dfrac{\overline{BC}}{1} = \overline{BC}$ → $\tan 90° = \overline{BC} = \infty$

이해되시죠? $\tan x$값의 범위를 정리하면 다음과 같습니다. (단, $0° \le x \le 90°$입니다)

③ $\angle A$이 커질수록 $\tan x$값은 커진다. → $\tan 0° = 0 \sim \tan 90° = \infty$ → $0 \le \tan x$

이러한 방식으로 $0° \sim 90°$까지의 각을 $1°$ 간격으로 나누어 삼각비의 근삿값(소수점 아래 넷째 자리까지)을 찾아 놓은 표를 삼각비표라고 부릅니다. 삼각비표에 대해서는 뒤쪽에서 좀 더 자세히 다루도록 하겠습니다.

각도	sin	cos	tan
0°	0.0000	1.0000	0.0000
1°	0.0175	0.9998	0.0175
34°	0.5592	0.8290	0.6745
35°	0.5736	0.8192	0.7002
36°	0.5878	0.8090	0.7265
37°	0.6018	0.7986	0.7536
38°	0.6157	0.7880	0.7813

삼각비의 경향과 그 범위

삼각비의 경향과 그 범위는 다음과 같습니다.
 ① x가 커질수록 $\sin x$값도 커진다. ($\sin 0° = 0 \sim \sin 90° = 1$) → $0 \le \sin x \le 1$
 ② x가 커질수록 $\cos x$값은 작아진다. ($\cos 0° = 1 \sim \cos 90° = 0$) → $0 \le \cos x \le 1$
 ③ x가 커질수록 $\tan x$값도 커진다. ($\tan 0° = 0 \sim \tan 90° = \infty$) → $0 \le \tan x$

예전에 삼각비 sin, cos, tan를 다음과 같이 한자어로 번역하여 사용한 적이 있었습니다.

sine : 정현(正弦)　　cosine : 여현(餘弦)　　tangent : 정접(正接)

보는 바와 같이, 정현의 정은 '바를 정(正)'자를, 현은 '활시위 현(弦)'자를 씁니다. 여러분~ 원 위의 서로 다른 두 점을 연결한 선분을 현이라고 말하는 거, 다들 아시죠? 다음은 앞서 sin값을 찾기 위해 그린 그림입니다. 점선을 원이라고 생각하면 $\sin A$의 값인 $\overline{BC}$의 길이는 현이 일부분이 되거든요. 사실 고등수학에서는 이렇게 원으로부터 sin값을 정의합니다. 그래서 sin

값을 번역할 때, 현에 대한 개념을 도입하여 정현이라고 부른 것입니다. 그런데 '바를 정(正)' 자는 왜 갖다 썼냐고요? 그것은 아마도 sin값을 정의하는데 활용된 원이 '단위원'이기 때문일 것입니다. 단위원은 또 뭐냐고요? 반지름이 1인 원을 의미하는데... 음... 너무 깊이 들어갔네요. 그냥 이러한 용어가 있다는 것만 알고 넘어가시기 바랍니다.

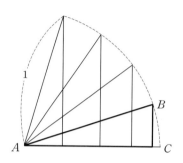

cosine을 '여현(餘弦)'이라고 부르는데, 이는 cosine을 '여각의 sine'이라고 번역한 데에서 유래한 것입니다. 그리고 tangent를 '정접(正接)'이라고 칭하는 이유는, tangent가 원래 영어로 접선을 의미하는 단어이기 때문입니다. 사실 함수에서는 tangent의 값이 직선 또는 접선의 기울기를 의미하거든요. 접선의 기울기에 대해서는 고등학교 가서 좀 더 자세히 배우게 될 것입니다. sine과 유사하게 정접(正接)에서 '바를 정(正)'자를 쓴 이유는 아마 tan의 값이 일반적인 접선에 대한 기준을 제시해 주기 때문이 아닐까 싶네요.

앞서도 잠깐 언급했지만 0°~90°까지의 각을 1° 간격으로 나누어 삼각비의 근삿값을 찾아 놓은 표를 **삼각비표라고 부릅니다. 삼각비표는 도대체 어떻게 읽어야 할까요?**

각도	sin	cos	tan
0°	0.0000	1.0000	0.0000
1°	0.0175	0.9998	0.0175
34°	0.5592	0.8290	0.6745
35°	0.5736	0.8192	0.7002
36°	0.5878	0.8090	0.7265
37°	0.6018	0.7986	0.7536
38°	0.6157	0.7880	0.7813

 잠시 질문의 답을 스스로 찾아보는 시간을 가져보세요.

별로 어려워 보이진 않죠? 다음과 같이 가로와 세로선이 만나는 지점이 바로 해당 삼각비의 근삿값입니다.

각도	sin	cos	tan
0°	0.0000	1.0000	0.0000
⋮	⋮	⋮	⋮
88°	0.9994	0.0349	28.6363
89°	0.9998	0.0175	52.2900
90°	1.0000	0.0000	−

$$\cos 89° = 0.0175$$

보통 근삿값을 표시할 때에는 근삿값 기호(≒)를 사용하지만, 편의상 여기서는 그냥 일반적인 등호(=)를 사용하도록 하겠습니다. 그럼 삼각비표와 관련된 문제를 풀어볼까요? 다음에 주어진 삼각비를 이용하여 x, y의 값을 구해보시기 바랍니다. 단, 삼각비표에 나온 각의 크기와 삼각비의 값은 1:1로 대응한다고 가정하겠습니다.

$$① \cos 33° = x \qquad ② \sin(2y)° = 0.5592$$

각도	sin	cos	tan
31°	0.5150	0.8572	0.6009
32°	0.5299	0.8480	0.6249
33°	0.5446	0.8387	0.6494
34°	0.5592	0.8290	0.6745

잠시 질문의 답을 스스로 찾아보는 시간을 가져보세요.

어렵지 않죠? 우선 삼각비표를 보면서 $\cos 33°$에 해당하는 삼각비를 찾아보면 다음과 같습니다.

각도	sin	cos	tan
31°	0.5150	0.8572	0.6009
32°	0.5299	0.8480	0.6249
33°	0.5446	0.8387	0.6494
34°	0.5592	0.8290	0.6745

$$\cos 33° = 0.8387$$

네, 맞아요. $x=0.8387$입니다. 이번엔 주어진 등식 $\sin(2y)° = 0.5592$로부터 $\sin$값이 0.5592에 해당하는 각의 크기를 찾아보겠습니다.

각도	sin	cos	tan
31°	0.5150	0.8572	0.6009
32°	0.5299	0.8480	0.6249
33°	0.5446	0.8387	0.6494
34°	0.5592	0.8290	0.6745

$$0.5592 = \sin 34°$$

$\sin(2y)° = \sin 34° = 0.5592$이므로 $y=17$입니다. 쉽죠? 참고로 스마트폰 앱(인터넷 계산기) 또는 공학계산기 등을 활용하면 모든 각에 대한 삼각비를 쉽게 구할 수 있답니다.

삼각비표를 활용하여 앞서 살펴보았던 설악산 대청봉의 케이블카 체인길이를 구해보도록 하겠습니다. 속초시청에서는 다음과 같이 설악산 대청봉(해발 1706m)을 잇는 케이블카를 설치하려고 합니다. 과연 케이블카의 체인길이($\overline{AB}$)를 얼마로 해야 할까요? (단, $\angle A = 31°$이며, 교재 맨 뒤쪽에 나와 있는 삼각비표를 활용하시기 바랍니다)

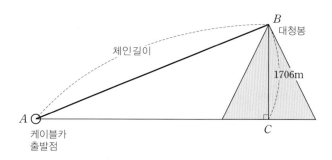

조금 어렵나요? 함께 풀어보도록 하겠습니다. 우선 케이블카의 출발점, 대청봉 그리고 대청봉에서 지면에 내린 수선의 발을 잇는 $\triangle ABC$를 그려보면 다음과 같습니다.

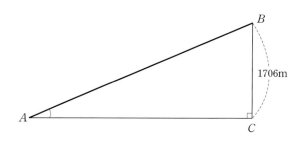

그림에서 보는 바와 같이 $\sin A$는 $\dfrac{\overline{BC}}{\overline{AB}}$입니다. 그렇죠?

$$\sin A = \dfrac{\overline{BC}}{\overline{AB}}$$

문제에서 $\angle A = 31°$라고 했으므로, 이 값을 등식 $\sin A = \dfrac{\overline{BC}}{\overline{AB}}$에 대입한 후 체인길이 $\overline{AB}$에 관하여 풀면 다음과 같습니다.

$$\sin A = \dfrac{\overline{BC}}{\overline{AB}} \ \rightarrow \ \sin 31° = \dfrac{\overline{BC}}{\overline{AB}} \ \rightarrow \ \overline{AB} = \dfrac{\overline{BC}}{\sin 31°}$$

이제 삼각비표에서 $\sin 31°$의 값을 찾아 도출된 식에 대입해 보겠습니다. 참고로 대청봉의 높이는 해발 1706m($\overline{BC} = 1706$)입니다.

$$\overline{AB} = \dfrac{\overline{BC}}{\sin A} = \dfrac{\overline{BC}}{\sin 31°} \ \rightarrow \ \overline{AB} = \dfrac{1706}{0.5150} \fallingdotseq 3313$$

각도	sin	cos	tan
31°	0.5150	0.8572	0.6009
32°	0.5299	0.8480	0.6249
33°	0.5446	0.8387	0.6494
34°	0.5592	0.8290	0.6745

따라서 해발 1706m인 설악산 대청봉을 잇는 케이블카의 체인길이($\overline{AB}$)는 3313m가 됩니다. 이렇듯 삼각비($\sin x$, $\cos x$, $\tan x$)는 측량에 있어서 매우 유용한 계산도구가 될 수 있습니다. 이 사실 반드시 기억하시기 바랍니다.

마지막으로 하나만 더 살펴보고 소단원을 마무리하도록 하겠습니다. 여러분~ $\sin A$의 값만 알면, $\cos A$와 $\tan A$의 값을 쉽게 구할 수 있다는 사실, 알고 계십니까? 예를 들어, $\sin 48°$의 값으로부터 $\cos 48°$와 $\tan 48°$의 값을 계산해낼 수 있다는 뜻이지요.

과연 $\sin A$의 값으로부터 $\cos A$와 $\tan A$의 값을 찾을 수 있을까?

 잠시 질문의 답을 스스로 찾아보는 시간을 가져보세요.

음... 조금 어리둥절하다고요? 특수각을 예로 들어보겠습니다. 여러분~ $\sin 30° = \dfrac{1}{2}$인 거, 다 다들 아시죠? 여기서 $\dfrac{1}{2}$은 $\dfrac{(높이)}{(빗변)}$를 뜻합니다. 그럼 아예 높이가 1, 빗변이 2인 직각삼각형, 즉 한 내각의 크기가 30°인 직각삼각형을 그려보면 어떨까요?

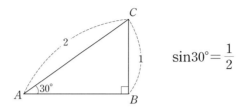

위 그림으로부터 삼각비 $\cos 30°$와 $\tan 30°$의 값을 찾으려면, 우리는 어떤 값을 더 알아야 할까요? 네, 맞아요. 바로 $\overline{AB}$의 길이입니다. 피타고라스 정리를 활용하면 손쉽게 $\overline{AB}$의 길이를 구할 수 있다는 사실, 다들 아시죠?

$$\overline{AC}^2 = \overline{AB}^2 + \overline{BC}^2 \;\rightarrow\; 2^2 = \overline{AB}^2 + 1^2 \;\rightarrow\; \overline{AB}^2 = 4 - 1 = 3 \;\rightarrow\; \overline{AB} = \sqrt{3}$$

다시 직각삼각형을 그린 후, $\cos 30°$와 $\tan 30°$의 값을 구해보면 다음과 같습니다.

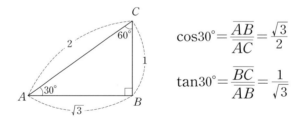

어떠세요? 정말 $\sin 30°$의 값으로부터 $\cos 30°$와 $\tan 30°$의 값을 모두 찾아냈죠? 어라...? 삼각형을 돌려보니 30°의 여각 60°에 대한 삼각비의 값($\sin 60°$, $\cos 60°$, $\tan 60°$)도 모조리 구할 수 있겠네요. 정리하자면 $\sin A$의 값만 알면, $\cos A$와 $\tan A$ 뿐만 아니라 $(90° - A)$에 대한 삼각비 $\sin(90° - A)$, $\cos(90° - A)$, $\tan(90° - A)$도 손쉽게 구할 수 있습니다. 참고로 여각 관계에 대해서는 심화학습에서 좀 더 깊이 있게 다루도록 하겠습니다.

★ 개념을 정확히 이해했는지 확인하고 싶다면, 학교 교과서에 나오는 개념확인 문제를 풀어 보거나 스스로 개념 확인문제를 출제하여 풀어보면 큰 도움이 될 것입니다.

3 삼각비의 활용

두 나라(A와 C)가 합동으로 어느 한 나라(B)를 공격하려고 합니다. 두 나라(A와 C)는 한날 한시에 B나라(왕이 살고 있는 성)를 향해 대포 10발을 쏘기로 약속했습니다. 다음 그림에서 보는 바와 같이 B나라의 성을 파괴하기 위해서는 'A나라와 B나라의 거리($\overline{AB}$)'와 'C나라와 B나라의 거리($\overline{CB}$)'를 알아야 한다고 하네요. 그래야 대포알로 표적을 정확히 명중시킬 수 있으니까요.

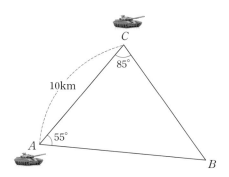

A나라와 C나라는 어떻게 그 거리($\overline{AB}$와 $\overline{CB}$)를 알 수 있을까요? 단, 각 나라의 군대 지휘관은 삼각비표를 가지고 있다고 합니다.

 잠시 질문의 답을 스스로 찾아보는 시간을 가져보세요.

음... 삼각비표를 이용해야할 것 같긴 한데... 도무지 감이 오질 않네요. 직각삼각형이 아니라서 그런가? 그럼 다음과 같이 △ABC의 꼭짓점 C에서 밑변 $\overline{AC}$에 수선을 그어보면 어떨까요?

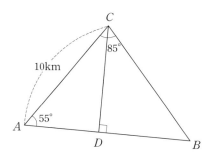

여기서 삼각비의 숨은 의미를 다루지 않을 수가 없네요.

[삼각비의 숨은 의미]

직각삼각형의 한 변의 길이와 한 예각의 크기만 알고 있으면,

삼각비를 활용하여 나머지 두 변의 길이를 쉽게 구할 수 있다.

두 직각삼각형 $\triangle ACD$와 $\triangle CBD$에 대한 삼각비를 활용하면, 어렵지 않게 $\overline{AD}$, $\overline{DB}$, $\overline{CB}$의 길이를 계산해낼 수 있을 듯합니다. 즉, 'A나라와 B나라의 거리'와 'C나라와 B나라의 거리'를 모두 구할 수 있다는 뜻입니다. 여기서 'A나라와 B나라의 거리'는 $\overline{AD}$와 $\overline{DB}$의 길이의 합($\overline{AB}$)과 같으며, 'C나라와 B나라의 거리'는 $\overline{CB}$의 길이와 같잖아요. 이해가 되시나요? 그럼 삼각비를 이용하여 $\overline{AD}$, $\overline{DB}$, $\overline{CB}$의 길이를 구해봅시다.

 잠시 질문의 답을 스스로 찾아보는 시간을 가져보세요.

일단 $\triangle ACD$에 대하여 삼각비 $\cos 55°$에 대한 식을 작성한 후, $\overline{AD}$의 길이를 구하면 다음과 같습니다. $\cos 55°$의 근삿값은 교재 뒤쪽에 있는 삼각비표를 참고하시기 바랍니다.

$$\cos A = \cos 55° = \frac{\overline{AD}}{\overline{AC}} = \frac{\overline{AD}}{10} = 0.5736 \;\rightarrow\; \overline{AD} = 5.736$$

다음으로 $\triangle CBD$의 한 변 $\overline{BD}$의 길이를 구해보도록 하겠습니다. 방금 $\overline{AD}$의 길이를 구했으니 $\overline{BD}$의 길이만 알면 우리가 구하고자 하는 값 $\overline{AB}$의 길이를 도출할 수 있거든요. 그렇죠? 어라...? 그런데... 이를 어쩌죠? $\triangle CBD$의 한 변의 길이와 한 내각의 크기를 알아야 $\overline{BD}$의 길이를 구할 수 있는데... 현재 우리는 $\triangle CBD$의 6요소(세 각과 세 변)에 대해 아는 것이 거의 없습니다. 음... 먼저 삼각형의 내각의 합이 180°라는 사실로부터 $\angle B$의 크기를 구해봐야겠군요.

$$(\triangle ABC의\ 내각의\ 합) = 180° : \angle A = 55°, \quad \angle C = 85° \;\rightarrow\; \angle B = 40°$$

이제 $\triangle CBD$의 어느 한 변의 길이를 구해야 하는데... 도대체 어떻게 해야 할까요?

 잠시 질문의 답을 스스로 찾아보는 시간을 가져보세요.

네, 맞아요. $\triangle ACD$에 $\sin 55°$의 값을 적용하면 어렵지 않게 $\overline{CD}$의 길이를 구할 수 있을 듯합니다. 그렇죠? 마찬가지로 교재 뒤쪽에 있는 삼각비표를 활용하시기 바랍니다. 참고로 교재에 따라 삼각비의 값(소수 넷째 자리)이 다를 수 있습니다. 이는 반올림 여부에 따라 발생하는 차이이므로 크게 신경 쓸 필요는 없습니다.

$$\sin A = \sin 55° = \frac{\overline{CD}}{\overline{AC}} = \frac{\overline{CD}}{10} = 0.8192 \;\rightarrow\; \overline{CD} = 8.192$$

이제 $\angle B = 40°$와 $\overline{CD} = 8.192$로부터 $\overline{DB}$의 길이를 구해보도록 하겠습니다. 잠깐! 우리가 구하고자 하는 값이 $\overline{AB}$의 길이라는 거, 잊지 않으셨죠? 음... $\angle B$와 $\overline{CD}$로부터 $\overline{DB}$의 길이를 구해야 하니까... $\tan 40°$의 값을 적용해야겠네요. 참고로 복잡한 소수의 계산은 계산기를 활용하시기 바랍니다.

$$\tan B = \tan 40° = \frac{\overline{CD}}{\overline{DB}} = \frac{8.192}{\overline{DB}} = 0.8391 \;\rightarrow\; \overline{DB} = 9.7628$$

앞서 $\overline{AD} = 5.736$이라고 했으므로 여기에 $\overline{DB} = 9.7628$의 값을 합하면 우리가 구하고자 하는 값 $\overline{AB}$의 길이를 알 수 있습니다.

$$\overline{AB} = \overline{AD} + \overline{DB} = 5.736 + 9.7628 = 15.4988$$

어렵지 않죠? 이제 $\angle B = 40°$와 $\overline{CD} = 8.192$로부터 $\overline{CB}$의 길이를 구해보겠습니다. 보아하니, 삼각비 $\sin 40°$의 값을 활용하면 되겠네요.

$$\sin B = \sin 40° = \frac{\overline{CD}}{\overline{CB}} = \frac{8.192}{\overline{CB}} = 0.6428 \;\rightarrow\; \overline{CB} = 12.7442$$

따라서 'A나라와 B나라의 거리'와 'C나라와 B나라의 거리'는 다음과 같습니다.

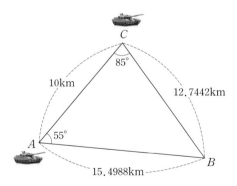

이렇게 삼각비를 이용하면 직접 측량하기 어려운 거리 등을 손쉽게 계산해 낼 수 있답니다. 즉, 실생활 속에서 삼각비의 활용도는 아주 높다는 뜻입니다. 참고로 방금 우리가 수행했던 것처럼 삼각형의 한 변의 길이와 그 양쪽의 각을 측량하여 남은 변의 길이를 모두 계산해 내거나 또 다른 삼각형의 위치를 결정하는 것을 '삼각측량'이라고 부릅니다.

[삼각측량]
삼각형의 한 변의 길이와 그 양쪽의 각을 측량하여 남은 변의 길이를
모두 계산해 내거나 또 다른 삼각형의 위치를 결정하는 것

　삼각비와 관련하여 다양한 문제를 풀어보는 시간을 갖겠습니다. 다음 주어진 그림을 보고 x, y, z 의 값을 구해보시기 바랍니다. 앞서 풀어보았던 대포알 문제보다 훨씬 쉬우니 너무 걱정하지 는 마십시오. 단, $\sin44° = 0.6946$, $\cos68° = 0.3746$, $\tan31° = 0.6008$이며, 변의 길이는 소수 다섯째 자리에서 반올림하시기 바랍니다. (공학계산기가 아닌 일반계산기를 사용하되, 삼각비 표는 보지 않습니다)

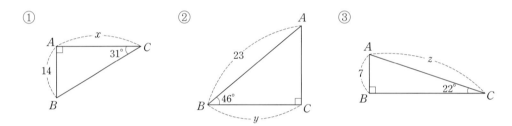

잠시 질문의 답을 스스로 찾아보는 시간을 가져보세요.

어렵지 않죠? 일단 세 삼각형의 모양을 보기 좋게 회전해 볼까요?

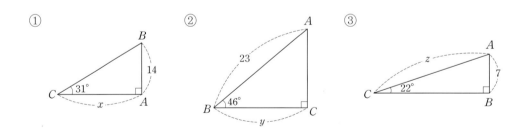

①의 경우, 주어진 $\tan31° = 0.6008$을 이용하면 쉽게 x값을 구할 수 있겠네요.

$$① \triangle ABC : \tan31° = \frac{\overline{BA}}{\overline{CA}} = \frac{14}{x} = 0.6008 \;\to\; x = \frac{14}{0.6008} = 23.3023$$

그런데 ②의 경우, $\cos46°$의 값이 주어졌으면 좋았을 텐데... 조금 아쉽네요. 그래도 삼각형

의 내각의 합이 180°라는 사실로부터 $\angle A = 44°$를 도출할 수 있습니다. 그렇죠? 문제에서 $\overline{AB}$의 길이가 주어졌으므로, △ABC에 sinA의 값을 적용하면 어렵지 않게 y값을 구할 수 있을 듯합니다. 삼각형의 모양을 회전시켜 sin44°에 관한 식을 도출해 보면 다음과 같습니다.

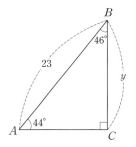

$$② \triangle ABC : \sin44° = \frac{\overline{BC}}{\overline{AB}} = \frac{y}{23} = 0.6946$$
$$\rightarrow y = 23 \times 0.6946 = 15.9758$$

어떠세요? 할 만하죠? ③의 경우에도, sin22°가 주어졌다면 좀 더 쉽게 답을 구할 수 있을 것입니다. 어쩔 수 없죠. 삼각형의 내각의 합이 180°라는 사실로부터 $\angle A = 68°$를 도출한 후, 주어진 cos68°의 값을 △ABC에 적용해 보겠습니다. 어렵지 않게 z값을 구할 수 있을 것입니다. 삼각형의 모양을 회전시켜 cos68°에 관한 식을 도출해 보면 다음과 같습니다.

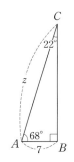

$$③ \triangle ABC : \cos68° = \frac{\overline{AB}}{\overline{CA}} = \frac{7}{z} = 0.3746$$
$$\rightarrow z = \frac{7}{0.3746} = 18.6866$$

어떠세요? 할 만하죠? 혹시 시간이 허락된다면 각자 여러 삼각형에 대한 삼각비 문제를 스스로 출제하여 풀어보시기 바랍니다. 이렇게 직접 문제를 만들어 풀다보면 수학이 점점 쉬워지거든요.

이번엔 직각삼각형이 아닌 일반적인 삼각형에 대한 길이문제를 풀어보도록 하겠습니다.

일반적인 삼각형에 대한 길이문제...?

아니, 어떻게 삼각비를 일반 삼각형에 적용할 수 있냐고요? 여러분~ 앞서 풀어보았던 대포알 문제 기억하시죠? 세 나라를 이은 도형 △ABC가 직각삼각형이었나요? 그렇지 않습니다. 즉, 우리는 이미 일반 삼각형에 삼각비를 적용한 적이 있습니다.

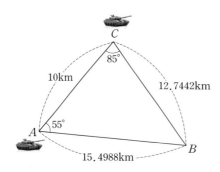

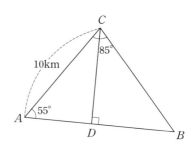

즉, 일반적인 삼각형을 직각삼각형으로 쪼개어 삼각비를 적용한 것이지요. 물론 문제의 난이도는 높아질 수밖에 없겠죠? 본격적으로 문제를 풀기 전에 직각삼각형에 대한 키 포인트를 짚어 넘어가도록 하겠습니다.

직각삼각형의 대한 Key point

① 직각삼각형의 한 예각이 주어졌을 때, 다른 예각의 크기 구하기
→ (삼각형의 내각의 합)$=180°$ 활용

② 직각삼각형의 두 변의 길이가 주어졌을 때, 나머지 한 변의 길이 구하기
→ (피타고라스 정리) 활용

③ 직각삼각형의 한 변의 길이와 한 예각이 주어졌을 때, 나머지 한 변의 길이 구하기
→ (삼각비) 활용

슬슬 문제를 풀어볼까요? 다음 그림에서 x, y, z의 값을 구해보시기 바랍니다. 앞서와 마찬가지로 정답을 작성할 때에는 소수점 아래 다섯째 자리에서 반올림하십시오.
(단, $\sin 23°=0.3907$, $\sin 47°=0.7313$, $\cos 28°=0.8829$, $\sin 41°=0.6560$입니다)

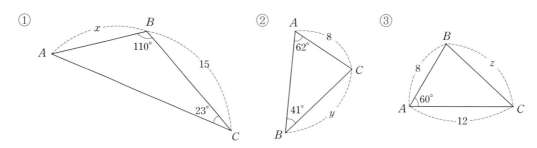

조금 어렵나요? 일단 ①번 그림에 보조선을 그어 직각삼각형을 도출해 보겠습니다. 더불어 도출된 직각삼각형의 내각을 모두 구해보면 다음과 같습니다.

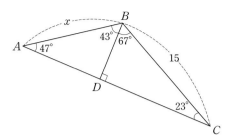

이제 감이 오시죠? 먼저 직각삼각형 $\triangle BDC$의 한 변 $\overline{BD}$의 길이를 구해보겠습니다. 잠깐! 여러분~ 왜 $\overline{BD}$의 길이를 구하는지 아시나요? 네, 맞아요. $\overline{BD}$의 길이를 알아야 직각삼각형 $\triangle ABD$의 한 변 $\overline{AB}(=x)$의 길이를 계산할 수 있거든요.

$$\sin 23° = \frac{\overline{BD}}{\overline{BC}} = \frac{\overline{BD}}{15} = 0.3907 \;\; \rightarrow \;\; \overline{BD} = 15 \times 0.3907 = 5.8605$$

다음으로 직각삼각형 $\triangle ABD$의 한 변 $\overline{AB}(=x)$를 구해볼까요?

$$\sin 47° = \frac{\overline{BD}}{\overline{AB}} = \frac{5.8605}{x} = 0.7313 \;\; \rightarrow \;\; x = \frac{5.8605}{0.7313} = 8.0138$$

어떠세요? 할 만하죠? ②번 그림도 마찬가지로 보조선을 그어 직각삼각형을 도출한 후, 두 직각삼각형의 내각을 모두 찾아보면 다음과 같습니다.

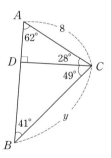

먼저 직각삼각형 $\triangle ADC$의 한 변 $\overline{CD}$를 구해보겠습니다. 여러분~ 왜 $\overline{CD}$의 길이를 구하는지 아십니까? 네, 맞아요. $\overline{CD}$의 길이를 알아야 직각삼각형 $\triangle BDC$의 한 변 $\overline{BC}(=y)$의 길이를 계산할 수 있거든요.

$$\cos 28° = \frac{\overline{CD}}{\overline{AC}} = \frac{\overline{CD}}{8} = 0.8829 \;\; \rightarrow \;\; \overline{CD} = 8 \times 0.8829 = 7.0632$$

이제 직각삼각형 $\triangle BDC$의 한 변인 $\overline{BC}(=y)$를 구해볼까요?

$$\sin41°=\frac{\overline{CD}}{\overline{BC}}=\frac{7.0632}{y}=0.6560 \ \rightarrow \ y=\frac{7.0632}{0.6560}=10.7671$$

할 만하죠? ③번 그림도 마찬가지로 보조선을 그어 직각삼각형을 도출해 보면 다음과 같습니다.

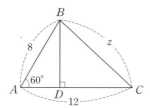

먼저 직각삼각형 $\triangle ABD$에서 $\overline{AD}$와 $\overline{BD}$의 길이를 구해보겠습니다. 그래야 피타고라스 정리를 활용하여 직각삼각형 $\triangle BDC$의 한 변 $\overline{BC}(=z)$의 길이를 구할 수 있거든요. 그럼 $\overline{AD}$와 $\overline{BD}$의 길이를 구해볼까요? 참~ 60°는 특수각이므로 삼각비의 표를 볼 필요가 없겠네요. 그렇죠? $\sin60°=\frac{\sqrt{3}}{2}$, $\cos60°=\frac{1}{2}$이잖아요.

$$\sin60°=\frac{\overline{BD}}{\overline{AB}}=\frac{\overline{BD}}{8}=\frac{\sqrt{3}}{2} \ \rightarrow \ \overline{BD}=4\sqrt{3}$$

$$\cos60°=\frac{\overline{AD}}{\overline{AB}}=\frac{\overline{AD}}{8}=\frac{1}{2} \ \rightarrow \ \overline{AD}=4$$

이제 직각삼각형 $\triangle BDC$의 한 변 $\overline{BC}(=z)$의 길이를 구하면 다음과 같습니다. 다들 아시다시피, $\triangle BDC$에 피타고라스 정리를 적용하면 손쉽게 $\overline{BC}(=z)$의 길이를 구할 수 있습니다. 잠깐! $\overline{AC}=12$이고 $\overline{AD}=4$이므로 $\overline{DC}=8$이라는 거, 잊지 않으셨죠?

$$\overline{BC}^2=\overline{BD}^2+\overline{DC}^2 \ \rightarrow \ \overline{BC}^2=(4\sqrt{3})^2+8^2 \ \rightarrow \ \overline{BC}^2=112 \ \rightarrow \ \overline{BC}=4\sqrt{7}$$

휴~ 드디어 모든 문제를 해결했군요. 정답은 $x=8.0138$, $y=10.7671$, $z=4\sqrt{7}$입니다. 혹여 문제해결과정이 잘 이해가 가지 않는 학생이 있다면, 삼각비의 정의를 떠올리면서 다시 한번 천천히 읽어보시기 바랍니다.

$$x=8.0138, \quad y=10.7671, \quad z=4\sqrt{7}$$

삼각비를 활용하여 삼각형의 넓이도 계산할 수 있습니다. 다음 세 변의 길이가 a, b, c인 예각 삼각형 $\triangle ABC$의 넓이를 삼각비로 표현해 보시기 바랍니다.

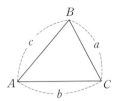

 잠시 질문의 답을 스스로 찾아보는 시간을 가져보세요.

길이를 삼각비로 표현하는 것은 쉬운데, 넓이를 삼각비로 표현하는 것...? 음... 좀처럼 감이 오지 않는다고요? 여러분~ 삼각형의 넓이가 뭐 별 겁니까? 밑변과 높이에 대한 곱셈식일 뿐입니다. 정확히 말하면, 밑변과 높이를 곱한 값에 $\frac{1}{2}$배한 것입니다. 즉, 밑변과 높이를 삼각비로 표현하기만 하면, 손쉽게 삼각형의 넓이를 삼각비로 나타낼 수 있다는 뜻입니다. 그렇죠? 일단 다음 그림과 같이 꼭짓점 B에서 밑변 $\overline{AC}$에 내린 수선의 발을 H라고 놓은 후, $\triangle ABC$의 넓이를 구해보겠습니다.

$$
\begin{aligned}
&(\triangle ABC\text{의 넓이})\\
&= \frac{1}{2} \times (\text{밑변}) \times (\text{높이})\\
&= \frac{1}{2} \times \overline{AC} \times \overline{BH}
\end{aligned}
$$

어라...? 밑변이 b로 정해졌으니까 높이만 삼각비로 표현하면 되겠네요. 그렇죠? 잠깐! 삼각비를 적용하기 위해서는 직각삼각형을 찾아야 하는 거, 다들 아시죠? 높이를 기준으로 두 개의 직각삼각형으로 분리한 후, 삼각비와 함께 높이 $\overline{BH}$를 변 $\overline{AB}$ 또는 $\overline{BC}$로 표현해 보면 다음과 같습니다.

$$\sin A = \frac{\overline{BH}}{\overline{AB}} \;\rightarrow\; \overline{BH} = \overline{AB}\sin A \;\rightarrow\; \overline{BH} = c\sin A$$

$$\sin C = \frac{\overline{BH}}{\overline{BC}} \;\rightarrow\; \overline{BH} = \overline{BC}\sin C \;\rightarrow\; \overline{BH} = a\sin C$$

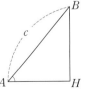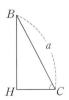

이제 △ABC의 넓이는 삼각비로 나타내면 게임 끝~

(△ABC의 넓이)

$$= \frac{1}{2} \times (밑변) \times (높이) = \frac{1}{2} \times \overline{AC} \times \overline{BH} = \frac{1}{2} bc\sin A = \frac{1}{2} ba\sin C$$

음... 공식을 자세히 살펴보니, 뭔가 공통점이 보이는 것 같군요.

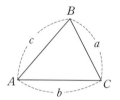

$$(△ABC의 넓이) = \frac{1}{2} bc\sin A = \frac{1}{2} ba\sin C$$

 잠시 질문의 답을 스스로 찾아보는 시간을 가져보세요

찾으셨나요? 잘 모르겠다고요? 힌트를 드리겠습니다. 다음 그림에서 변과 각의 위치를 유심히 살펴보시기 바랍니다.

$$(△ABC의 넓이) = \frac{1}{2} bc\sin A$$

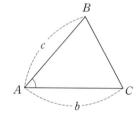

$$(△ABC의 넓이) = \frac{1}{2} ba\sin C$$

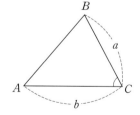

네, 그렇습니다. 예각삼각형에서 두 변과 그 끼인각을 알면 손쉽게 삼각형의 넓이를 구할 수 있습니다. 즉, 높이를 몰라도 삼각형의 넓이를 계산해낼 수 있다는 말입니다.

높이를 몰라도 삼각형의 넓이를 계산해낼 수 있다고...?

네, 맞아요. 역시 삼각비를 배우길 참 잘한 것 같습니다. 내용을 정리하면 다음과 같습니다.

$$(\text{예각삼각형 } \triangle ABC\text{의 넓이}) = \frac{1}{2} \times (\text{두 변의 길이의 곱}) \times (\text{그 끼인각의 } \sin\text{값})$$

이번엔 **둔각삼각형의 넓이를 삼각비로 표현**해 볼까요? 예각삼각형과 마찬가지로 높이를 삼각비로 나타내기만 하면 됩니다. 다음 그림에서 두 개의 직각삼각형을 찾아보시기 바랍니다.

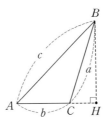

잠시 질문의 답을 스스로 찾아보는 시간을 가져보세요.

찾으셨나요? 음... 직각삼각형 한 개($\triangle CBH$)는 쉽게 찾았지만 나머지 한 개는 찾기가 좀 어렵다고요? 그림을 잘 살펴보세요~ 좀 더 큰 직각삼각형 $\triangle ABH$가 보이지 않나요? 두 직각삼각형 $\triangle CBH$와 $\triangle ABH$에 대하여 높이 $\overline{BH}$를 삼각비로 표현해 보면 다음과 같습니다. 단, $\triangle CBH$에서 $\angle BCH$의 크기는 $(180° - \angle C)$입니다.

$$\sin A = \frac{\overline{BH}}{\overline{AB}} \;\rightarrow\; \overline{BH} = \overline{AB}\sin A \;\rightarrow\; \overline{BH} = c\sin A$$

$$\sin(180° - \angle C) = \frac{\overline{BH}}{\overline{BC}} \;\rightarrow\; \overline{BH} = \overline{BC}\sin(180° - \angle C)$$
$$\rightarrow\; \overline{BH} = a\sin(180° - \angle C)$$

이제 $\triangle ABC$의 넓이를 삼각비로 나타내 보겠습니다.

$$(\triangle ABC\text{의 넓이})$$
$$= \frac{1}{2} \times (\text{밑변}) \times (\text{높이}) = \frac{1}{2} \times \overline{AC} \times \overline{BH} = \frac{1}{2} bc\sin A = \frac{1}{2} ba\sin(180° - \angle C)$$

둔각삼각형의 경우도 예각삼각형과 마찬가지로 '두 변과 그 끼인각'을 알면 쉽게 삼각형의 넓이를 계산해낼 수 있군요. 여기서 잠깐! 둔각의 경우, 직접 삼각비로 표현하는 것이 아니라

'180°−(둔각)'을 적용해야 한다는 사실, 꼭 명심하시기 바랍니다.

직각삼각형의 경우는 어떨까요? 네, 그렇습니다. 보조선 없이 직접 삼각비의 개념을 적용해 볼 수 있습니다.

$$\sin A = \frac{\overline{BC}}{\overline{AB}} \;\rightarrow\; \overline{BC} = \overline{AB}\sin A \;\rightarrow\; \overline{BC} = c\sin A$$

$$(\triangle ABC의\ 넓이) = \frac{1}{2} \times (밑변) \times (높이) = \frac{1}{2} \times \overline{AC} \times \overline{BC} = \frac{1}{2}bc\sin A$$

별반 다른 게 없군요. 예각삼각형과 동일합니다. 그렇죠? 한꺼번에 정리하면 다음과 같습니다.

삼각비를 이용한 삼각형의 넓이공식

$\triangle ABC$의 두 변의 길이 b, c와 그 끼인각($\angle A$)의 크기를 알 때, $\triangle ABC$의 넓이(S)는 다음과 같습니다.

① $\angle A$가 예각일 경우 : $S = \frac{1}{2}bc\sin A$

② $\angle A$가 둔각일 경우 : $S = \frac{1}{2}bc\sin(180° - \angle A)$

어떤 삼각형이든지 간에 삼각형의 두 변과 그 끼인각을 알면 삼각형의 넓이를 손쉽게 구할 수 있다는 사실, 즉 높이를 몰라도 삼각형의 넓이를 계산할 수 있다는 것, 반드시 기억하시기 바랍니다. (삼각형의 넓이공식에 대한 숨은 의미)

삼각형의 넓이와 관련된 문제를 풀어볼까요? 공식을 보면서 다음 $\triangle ABC$의 넓이를 구해보시기 바랍니다. 단, 교재 뒤쪽에 나와있는 삼각비표 또는 스마트폰(인터넷) 등을 활용하여 삼각비의 값을 확인하되, 정답은 소수점 아래 셋째 자리에서 반올림하십시오.

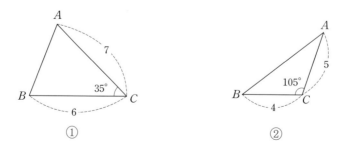

① 　　　　　　　　　　　②

 잠시 질문의 답을 스스로 찾아보는 시간을 가져보세요.

어렵지 않죠? 정답은 다음과 같습니다.

$$① (\triangle ABC의 \ 넓이) = \frac{1}{2} \times 7 \times 6 \times \sin 35° = \frac{1}{2} \times 7 \times 6 \times 0.5736 = 12.05$$

$$② (\triangle ABC의 \ 넓이) = \frac{1}{2} \times 5 \times 4 \times \sin(180° - 105°) = \frac{1}{2} \times 5 \times 4 \times \sin 75°$$

$$= \frac{1}{2} \times 5 \times 4 \times 0.9659 = 9.66$$

사각형, 오각형 등의 넓이도 삼각비를 이용하여 계산할 수 있습니다. 대각선을 그으면 삼각형으로 나누어지거든요. 즉, 삼각비를 활용하여 그 넓이를 계산해낼 수 있다는 뜻입니다. 다음 평행사변형의 넓이를 삼각비로 표현해 보시기 바랍니다.

일단 대각선 하나를 그어 두 개의 삼각형으로 나누어 볼까요? 여러분~ 나누어진 두 삼각형이 합동이라는 사실, 그리고 삼각형의 두 변 a, b와 그 끼인각이 $\angle B$일 때, 삼각형의 넓이가 $\frac{1}{2}ab\sin B$가 된다는 사실, 다들 아시죠? 평행사변형 $ABCD$의 넓이는 다음과 같습니다.

□$ABCD$의 넓이
$= ab\sin B$

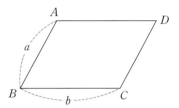

참고로 끼인각($\angle B$)이 둔각일 경우, 평형사변형 $ABCD$의 넓이는 $ab\sin(180° - \angle B)$가 됩니다.

삼각비를 이용한 평행사변형의 넓이공식

두 변의 길이가 a, b인 평행사변형의 넓이(S)는 다음과 같습니다.
  ① 두 변 a, b의 끼인각($\angle B$)이 예각일 경우 → $S = ab\sin B$
  ② 두 변 a, b의 끼인각($\angle B$)이 둔각일 경우 → $S = ab\sin(180° - \angle B)$

다음 사각형의 넓이를 구해보시기 바랍니다. 단, 삼각비표 또는 스마트폰(인터넷) 등을 활용하여 삼각비의 값을 확인하되, 소수점 아래 다섯째 자리에서 반올림하십시오.

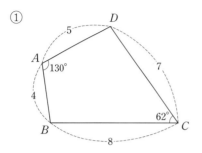 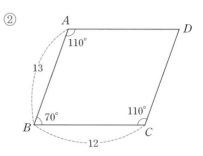

 잠시 질문의 답을 스스로 찾아보는 시간을 가져보세요.

어렵지 않죠? 다음과 같이 대각선을 활용하여 두 개의 삼각형으로 나누면 손쉽게 답을 찾을 수 있습니다. 잠깐! ②의 경우 사각형의 대각의 크기가 서로 같기 때문에 평행사변형이 된다는 거, 다들 캐치하셨나요? 정답은 다음과 같습니다.

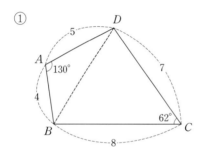 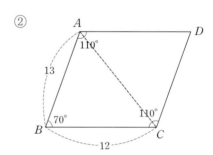

① (사각형 $ABCD$의 넓이)=($\triangle ABD$의 넓이)+($\triangle DBC$의 넓이)

$$= \frac{1}{2} \times 5 \times 4 \times \sin(180°-130°) + \frac{1}{2} \times 7 \times 8 \times \sin 62°$$

$$= 10 \times \sin 50° + 28 \times \sin 62°$$

$$= 10 \times 0.7660 + 28 \times 0.8829$$

$$= 7.66 + 24.7212 = 32.3812$$

② (사각형 $ABCD$의 넓이)=(평행사변형 $ABCD$의 넓이)

$$= 13 \times 10 \times \sin 70° = 13 \times 12 \times 0.9397 = 146.5932$$

다음 사각형 $ABCD$의 넓이를 구해보시기 바랍니다.

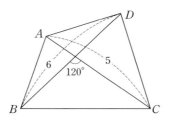

 잠시 질문의 답을 스스로 찾아보는 시간을 가져보세요.

너무 막막한가요? 힌트를 드리겠습니다. 다음과 같이 대각선과 평행한 보조선을 그어, 주어진 사각형을 감싸는 평행사변형 $EFGH$를 만들어 보시기 바랍니다.

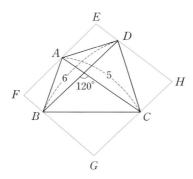

이제 좀 감이 오시나요? 그렇습니다. 구하고자 하는 사각형 $ABCD$의 넓이는 평행사변형 $EFGH$의 넓이의 절반과 같습니다. 대각선이 만나는 점을 기준으로 좌우, 위아래 방향 네 개의 사각형을 살펴보면 좀 더 쉽게 이해할 수 있을 것입니다. 그럼 정답을 구해볼까요?

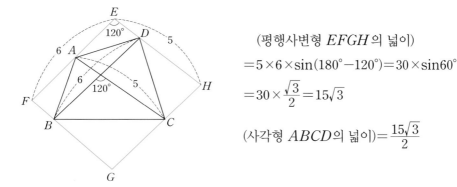

(평행사변형 $EFGH$의 넓이)
$$=5 \times 6 \times \sin(180°-120°)=30 \times \sin 60°$$
$$=30 \times \frac{\sqrt{3}}{2}=15\sqrt{3}$$

(사각형 $ABCD$의 넓이)$=\dfrac{15\sqrt{3}}{2}$

★ 개념을 정확히 이해했는지 확인하고 싶다면, 학교 교과서에 나오는 개념확인 문제를 풀어 보거나 스스로 개념 확인문제를 출제하여 풀어보면 큰 도움이 될 것입니다.

★ 개념의 이해도가 충분하지 않다면, 일단 PASS하시기 바랍니다. 그리고 개념정리가 마무리 되었을 때 심화학습 내용을 따로 읽어보는 것을 권장합니다.

【여각에 대한 삼각비】

한 예각과 그 각의 여각에 대한 삼각비의 관계를 도출해 보는 시간을 갖도록 하겠습니다. 여러분~ 직각삼각형에서 직각이 아닌 두 예각을 $\angle A$와 $\angle B$라고 할 때, 등식 $\angle A + \angle B = 90°$가 성립하면 $\angle A$의 여각을 $\angle B$로, $\angle B$의 여각을 $\angle A$로 부른다는 사실, 다들 알고 계시죠? 더불어 여각의 '여'는 '남을 여(餘)'자를 쓴다는 사실도 이미 본문에서 살펴보았습니다.

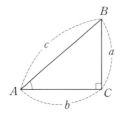

$$\angle A + \angle B = 90°$$
$$\angle B : \angle A의\ 여각 \ \rightarrow \ \angle B = (90° - \angle A)$$
$$\angle A : \angle B의\ 여각 \ \rightarrow \ \angle A = (90° - \angle B)$$

다음 그림에서 $\sin A$, $\sin B$, $\cos A$, $\cos B$의 값을 찾아 서로 비교해 봄으로써, 여각에 대한 삼각비의 규칙성을 찾아보시기 바랍니다.

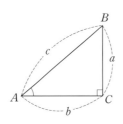 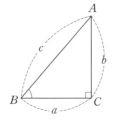

$$\sin A = \frac{a}{c} \quad \sin B = \frac{b}{c} \quad \cos A = \frac{b}{c} \quad \cos B = \frac{a}{c}$$

 잠시 질문의 답을 스스로 찾아보는 시간을 가져보세요

찾으셨나요? 그렇습니다. $\sin A = \cos B$, $\sin B = \cos A$입니다. 이것을 두 각 $\angle A$와 $\angle B$의 여각 관계로 풀어쓰면 다음과 같습니다.

$$\sin A = \cos B \ \rightarrow \ \sin A = \cos(90° - \angle A)$$
$$\sin B = \cos A \ \rightarrow \ \sin B = \cos(90° - \angle B)$$

tangent의 값도 찾아볼까요?

$$\tan A = \frac{a}{b}, \quad \tan B = \frac{b}{a}$$

네, 맞아요. $\tan A = \dfrac{1}{\tan B}$ 입니다. 즉, $\tan B = \dfrac{1}{\tan(90° - \angle A)}$ 이 된다는 말입니다. 여각의 삼각비를 공식으로 정리해 보면 다음과 같습니다.

여각의 삼각비

① $\sin x = \cos(90° - x)$ ② $\cos x = \sin(90° - x)$ ③ $\tan x = \dfrac{1}{\tan(90° - x)}$

앞서도 언급했던 사항이지만, 우리는 $\sin x$의 값을 토대로 직각삼각형을 그려봄으로써 $\cos x$, $\tan x$ 그리고 $\sin(90° - x)$, $\cos(90° - x)$, $\tan(90° - x)$의 값을 모조리 계산해낼 수 있습니다. 즉, 여각의 삼각비를 이용하여 굳이 그 값을 계산할 필요가 없다는 뜻입니다. 그런데 왜 귀찮게 여각의 삼각비를 다루냐고요? 그것은 바로 복잡한 수식을 간단히 정리할 수 있어서입니다. 이 부분은 고등학교 교과과정에 해당하는 사항이므로, 지금은 여각에 대한 삼각비라는 개념만 알고 넘어가시기 바랍니다.

【삼각비의 상호관계】

삼각비의 정의를 유심히 살펴보면 sin, cos, tan값에 대한 상호관계를 찾아볼 수 있습니다.

$$\sin A = \frac{(높이)}{(빗변)} = \frac{a}{c}$$

$$\cos A = \frac{(밑변)}{(빗변)} = \frac{b}{c}$$

$$\tan A = \frac{(높이)}{(밑변)} = \frac{a}{b}$$

잘 모르겠다고요? 그럼 $\sin A$를 $\cos A$로 나누어 보시기 바랍니다.

$$\sin A \div \cos A = \frac{\sin A}{\cos A} = \frac{\dfrac{a}{b}}{\dfrac{c}{b}} = \frac{a}{c} = \tan A$$

어라...? $\sin A$를 $\cos A$로 나눈 값이 $\tan A$가 되어버렸네요. 그렇습니다. $\sin$, $\cos$, $\tan$값 사이에는 다음과 같은 관계식이 성립합니다.

$$\tan A = \frac{\sin A}{\cos A}$$

이를 삼각비의 '상제관계'라고 부릅니다. 여기서 상제란 '서로 상(相)', '나눌 제(除)'자를 써서 '서로 나누어서 관계를 갖는다'는 의미의 한자어입니다. 그럼 삼각비의 상제관계를 이용하여 다음 물음에 답해보시기 바랍니다.

$$\sin x = \frac{4}{7}\text{이고 } \tan x = \frac{5}{3}\text{일 때, } \cos x\text{의 값은?}$$

 잠시 질문의 답을 스스로 찾아보는 시간을 가져보세요.

어렵지 않죠? $\tan A = \frac{\sin A}{\cos A}$에 식의 값을 대입하면 쉽게 $\cos x = \frac{12}{35}$임을 알 수 있습니다. 삼각비의 상호관계에는 또 뭐가 있을까요? 음... 삼각비는 직각삼각형을 기준으로 정의되었으니까, 피타고라스 정리를 활용하면 삼각비의 또 다른 상호관계를 찾아볼 수 있을 것 같기도 합니다. 그렇죠?

$$\sin A = \frac{(\text{높이})}{(\text{빗변})} = \frac{a}{c}$$
$$\cos A = \frac{(\text{밑변})}{(\text{빗변})} = \frac{b}{c}$$
$$\tan A = \frac{(\text{높이})}{(\text{밑변})} = \frac{a}{b}$$

잠시 질문의 답을 스스로 찾아보는 시간을 가져보세요.

직각삼각형 $\triangle ABC$에 피타고라스의 정리를 적용하면 다음과 같습니다.

$$c^2 = a^2 + b^2$$

여기에 $\sin A = \frac{a}{c}$와 $\cos A = \frac{b}{c}$를 a와 b에 관하여 변형한 후, 피타고라스 정리 $c^2 = a^2 + b^2$

에 대입해 보면 다음과 같습니다. 참고로 $(\sin A)^2 = \sin^2 A$로 표현하는데, 그 이유는 $(\sin A)^2$와 $\sin(A^2)$을 구별하기 위해서입니다.

$$\sin A = \frac{a}{c} \ \rightarrow \ a = c\sin A$$

$$c^2 = a^2 + b^2 \ \rightarrow \ c^2 = c^2\sin^2 A + c^2\cos^2 A$$

$$\cos A = \frac{b}{c} \ \rightarrow \ b = c\cos A$$

이제 도출된 식의 양변을 c^2으로 나누면 끝~.

$$c^2 = c^2\sin^2 A + c^2\cos^2 A \ \rightarrow \ 1 = \sin^2 A + \cos^2 A$$

어떠세요? sin과 cos의 관계식이 도출되었죠? 이를 삼각비의 '제곱관계'라고 부릅니다. 보는 바와 같이 삼각비의 제곱관계를 활용하면, sin 또는 cos 중 하나를 알면 나머지 하나의 값을 쉽게 구할 수 있습니다. 그럼 삼각비의 제곱관계를 이용하여 다음 질문의 답을 찾아보시기 바랍니다.

$$\sin A + \cos A = 2일 \ 때, \ 식 \ \sin A\cos A의 \ 값은?$$

 잠시 질문의 답을 스스로 찾아보는 시간을 가져보세요.

조금 어렵나요? 일단 우리가 알고 있는 등식은 $\sin^2 A + \cos^2 A = 1$입니다. 그렇죠? 어라...? 그런데 주어진 식에는 제곱이 아예 없네요. 과연 이 난관을 어떻게 극복할 수 있을까요? 간단합니다. 등식 $\sin A + \cos A = 2$의 양변을 제곱하면 됩니다. 그러면 $\sin^2 A + \cos^2 A$가 도출되거든요.

$$\sin A + \cos A = 2 \ \rightarrow \ (\sin A + \cos A)^2 = 2^2 \ \rightarrow \ \sin^2 A + 2\sin A\cos A + \cos^2 A = 4$$

$$\rightarrow \ \sin^2 A + \cos^2 A + 2\sin A\cos A = 4 \ \rightarrow \ 1 + 2\sin A\cos A = 4 \ \rightarrow \ \sin A\cos A = \frac{3}{2}$$

삼각비의 상제관계와 제곱관계 외에도 삼각비와 관련하여 여러 법칙과 공식이 존재합니다. 아마 고등학교에 가면 자세히 배우게 될 것입니다. 하지만 여기서 중요한 것은 단 하나! 삼각비를 이용하면 '각으로부터 변의 길이를 구할 수 있다'는 사실입니다. 이것만은 반드시 기억하고 넘어가시기 바랍니다.

다음은 삼각형의 세 변의 길이로부터 삼각형의 넓이를 구하는 공식입니다. 물론 삼각비의 개념을 활용하여 유도된 것이지요. 그 증명과정은 고등학교 가서 배우기로 하고, 여러분들은 삼각형의 세 변의 길이로부터 넓이를 구하는 공식이 있다는 것만 알고 넘어가시기 바랍니다. 필요할 때마다 찾아서 활용하시기 바랍니다.

헤론의 공식

삼각형의 세 변 a, b, c의 합의 $\frac{1}{2}$을 s라고 할 때, 삼각형의 넓이 S는 다음과 같습니다.

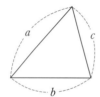

$$S = \sqrt{s(s-a)(s-b)(s-c)}$$

$$\left(\text{단, } s = \frac{a+b+c}{2} \text{이다}\right)$$

2 개념정리하기

■ 학습 방식

개념에 대한 예시를 스스로 찾아보면서, 개념을 정리하시기 바랍니다.

1 삼각비

다음 그림과 같이 ∠C＝90°인 직각삼각형 △ABC의 한 예각 ∠A에 대하여 빗변과 높이, 빗변과 밑변, 밑변과 높이의 비율을 분수형태로 정의한 것을 삼각비라고 부릅니다.

$$\sin A = \frac{(높이)}{(빗변)} = \frac{a}{c}$$

$$\cos A = \frac{(밑변)}{(빗변)} = \frac{b}{c}$$

$$\tan A = \frac{(높이)}{(밑변)} = \frac{a}{b}$$

(숨은 의미 : 어떤 한 각에 대한 삼각비와 한 변의 길이를 알고 있으면, 나머지 두 변의 길이를 손쉽게 구할 수 있습니다)

2 특수각의 삼각비

특수각에 대한 삼각비는 다음과 같습니다.

구분	0°	30°	45°	60°	90°
sin	0	$\frac{1}{2}$	$\frac{1}{\sqrt{2}}$	$\frac{\sqrt{3}}{2}$	1
cos	1	$\frac{\sqrt{3}}{2}$	$\frac{1}{\sqrt{2}}$	$\frac{1}{2}$	0
tan	0	$\frac{1}{\sqrt{3}}$	1	$\sqrt{3}$	존재하지 않는다.

(숨은 의미 : 특수각 30°, 45°, 60°를 한 내각으로 하는 직각삼각형의 변의 길이를 손쉽게 구할 수 있도록 도와줍니다)

3 삼각비의 경향과 그 범위

삼각비의 경향과 그 범위는 다음과 같습니다.

① x가 커질수록 $\sin x$값도 커진다. $(\sin 0° = 0 \sim \sin 90° = 1) \rightarrow 0 \leq \sin x \leq 1$

② x가 커질수록 $\cos x$값은 작아진다. $(\cos 0° = 0 \sim \cos 90° = 1) \rightarrow 0 \leq \cos x \leq 1$

③ x가 커질수록 $\tan x$값도 커진다. $(\tan 0° = 0 \sim \tan 90° = 1) \rightarrow 0 \leq \tan x$

(숨은 의미 : 삼각비의 값을 좀 더 구체적으로 다룰 수 있게 합니다)

4 직각삼각형에 대한 Key point

직각삼각형 문제풀이의 대한 Key point를 정리하면 다음과 같습니다.

① 직각삼각형의 한 예각이 주어졌을 때, 다른 예각의 크기 구하기

→ (삼각형의 내각의 합)=180° 활용

② 직각삼각형의 두 변의 길이가 주어졌을 때, 나머지 한 변의 길이 구하기

→ (피타고라스 정리) 활용

③ 직각삼각형의 한 변의 길이와 한 예각이 주어졌을 때, 나머지 한 변의 길이 구하기

→ (삼각비) 활용

(숨은 의미 : 직각삼각형 문제를 좀 더 쉽게 다룰 수 있도록 도와줍니다)

5 삼각비를 이용한 삼각형의 넓이공식

$\triangle ABC$에서 두 변의 길이 b, c와 그 끼인각($\angle A$)의 크기를 알 때, $\triangle ABC$의 넓이 S는 다음과 같습니다.

① $\angle A$가 예각일 경우 : $S = \dfrac{1}{2}bc\sin A$

② $\angle A$가 둔각일 경우 : $S = \dfrac{1}{2}bc\sin(180° - A)$

(숨은 의미 : 삼각형의 두 변과 그 끼인각을 알면, 그 넓이를 쉽게 구할 수 있습니다. 즉, 높이를 몰라도 삼각형의 넓이를 계산할 수 있습니다)

6 여각의 삼각비

여각의 삼각비를 정리하면 다음과 같습니다.

① $\sin x = \cos(90°-x)$ ② $\cos x = \sin(90°-x)$ ③ $\tan x = \dfrac{1}{\tan(90°-x)}$

(숨은 의미 : 여각의 삼각비의 값을 손쉽게 구할 수 있게 하며, 복잡한 수식(삼각비에 대한 식)을 간단히 정리할 수 있도록 도와줍니다)

7 삼각비를 이용한 평행사변형의 넓이공식

두 변의 길이가 a, b인 평행사변형의 넓이(S)는 다음과 같습니다.

① 두 변 a, b의 끼인각($\angle A$)이 예각일 경우 → $S = ab\sin A$

② 두 변 a, b의 끼인각($\angle A$)이 둔각일 경우 → $S = ab\sin(180°-A)$

(숨은 의미 : 평행사변형의 두 변과 그 끼인각을 알면, 그 넓이를 쉽게 구할 수 있습니다. 즉, 높이를 몰라도 평행사변형의 넓이를 계산할 수 있습니다)

8 헤론의 공식

삼각형의 세 변 a, b, c의 합의 $\dfrac{1}{2}$을 s라고 할 때, 삼각형의 넓이 S는 다음과 같습니다.

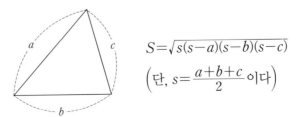

$$S = \sqrt{s(s-a)(s-b)(s-c)}$$

$$\left(\text{단, } s = \frac{a+b+c}{2} \text{이다}\right)$$

(숨은 의미 : 삼각형의 세 변의 길이로부터 넓이를 구하는 공식이 존재합니다)

3 문제해결하기

■ **개념도출형** 학습방식

　개념도출형 학습방식이란 단순히 수학문제를 계산하여 푸는 것이 아니라, 문제로부터 필요한 개념을 도출한 후 그 개념을 떠올리면서 문제의 출제의도 및 문제해결방법을 찾는 학습방식을 말합니다. 문제를 통해 스스로 개념을 도출할 수 있으므로, 한 문제를 풀더라도 유사한 많은 문제를 풀 수 있는 능력을 기를 수 있으며, 더 나아가 스스로 개념을 변형하여 새로운 문제를 만들어 낼 수 있어, 좀 더 수학을 쉽고 재미있게 공부할 수 있도록 도와줍니다.

　시간에 쫓기듯 답을 찾으려 하지 말고, 어떤 개념을 어떻게 적용해야 문제를 풀 수 있는지 천천히 생각한 후에 계산하시기 바랍니다. 문제를 해결하는 방법을 찾는다면 정답을 구하는 것은 단순한 계산과정일 뿐이라는 사실을 명심하시기 바랍니다. (생각을 많이 하면 할수록, 생각의 속도는 빨라집니다)

문제해결과정

① 이 문제를 풀기 위해 어떤 개념을 알아야 하는가?

② 그 개념을 간단히 설명해 보아라.

③ 문제의 출제의도를 말하고 어떻게 풀지 간단히 설명해 보아라.

④ 그럼 문제의 답을 찾아라.

　※ 책 속에 있는 붉은색 카드를 사용하여 힌트 및 정답을 가린 후, ①~④까지 순서대로 질문의 답을 찾아보시기 바랍니다.

Q1. 다음에 주어진 직각삼각형을 토대로 삼각비의 값을 구하여라.

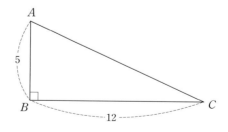

　　(1) $\sin A$, $\sin C$　　(2) $\cos A$, $\cos C$　　(3) $\tan A$, $\tan C$

　① 이 문제를 풀기 위해 어떤 개념을 알아야 하는가?

---

② 그 개념을 머릿속에 떠올려 보아라.

③ 문제의 출제의도를 말하고 어떻게 풀지 간단히 설명해 보아라. (잘 모를 경우, 아래 Hint를 보면서 질문의 답을 찾아본다)

   Hint(1) 피타고라스 정리를 활용하여 빗변 $\overline{AC}$의 길이를 구해본다.
   ☞ $\overline{AC}^2 = \overline{AB}^2 + \overline{BC}^2 = 5^2 + 12^2 = 169 \rightarrow \overline{AC} = 13$

   Hint(2) 구하고자 하는 삼각비의 각을 기준으로 △ABC를 적당히 회전시켜 본다.

④ 그럼 문제의 답을 찾아라.

A1.

① 피타고라스 정리, 삼각비의 정의

② 개념정리하기 참조

③ 이 문제는 삼각비의 개념을 정확히 알고 있는지 묻는 문제이다. 먼저 피타고라스 정리를 활용하여 빗변 $\overline{AC}$의 길이를 구해본다. 그리고 구하고자 하는 삼각비의 각을 기준으로 △ABC를 적당히 회전시키면, 어렵지 않게 답을 구할 수 있을 것이다.

④ (1) $\sin A = \dfrac{12}{13}$, $\sin C = \dfrac{5}{13}$ (2) $\cos A = \dfrac{5}{13}$, $\cos C = \dfrac{12}{13}$

  (3) $\tan A = \dfrac{12}{5}$, $\tan C = \dfrac{5}{12}$

[정답풀이]

피타고라스 정리를 활용하여 빗변 $\overline{AC}$의 길이를 구하면 다음과 같다.

  $\overline{AC}^2 = \overline{AB}^2 + \overline{BC}^2 = 5^2 + 12^2 = 169 \rightarrow \overline{AC} = 13$

구하고자 하는 삼각비의 각을 기준으로 △ABC를 적당히 회전시켜 본다.

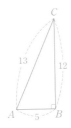 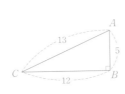

(1) $\sin A = \dfrac{12}{13}$, $\sin C = \dfrac{5}{13}$

(2) $\cos A = \dfrac{5}{13}$, $\cos C = \dfrac{12}{13}$

(3) $\tan A = \dfrac{12}{5}$, $\tan C = \dfrac{5}{12}$

 스스로 유사한 문제를 여러 개 만들어(출제하여) 답을 찾아보시기 바랍니다.

Q2. $\tan A = \dfrac{3}{4}$일 때, $\sin B$와 $\cos B$의 값을 구하여라. (단, $\angle A + \angle B = 90°$이다)

① 이 문제를 풀기 위해 어떤 개념을 알아야 하는가?

② 그 개념을 머릿속에 떠올려 보아라.

③ 문제의 출제의도를 말하고 어떻게 풀지 간단히 설명해 보아라. (잘 모를 경우, 아래 Hint를 보면서 질문의 답을 찾아본다)

Hint(1) $\tan A = \dfrac{3}{4} = \dfrac{(높이)}{(밑변)}$ 이므로, 밑변의 길이가 4이고 높이가 3인 직각삼각형을 상상해 본다.

（빗변이 $\overline{AB}$, 밑변이 $\overline{AC}$, 높이가 $\overline{BC}$인 $\triangle ABC$를 상상해 본다）

Hint(2) 피타고라스 정리를 활용하여 빗변 $\overline{AB}$의 길이를 구해본다.

④ 그럼 문제의 답을 찾아라.

A2.

① 피타고라스 정리, 삼각비의 정의

② 개념정리하기 참조

③ 이 문제는 삼각비의 개념을 정확히 알고 있는지 묻는 문제이다. 먼저 $\tan A = \dfrac{3}{4}$ 을 토대로 밑변의 길이가 4이고 높이가 3인 직각삼각형을 상상해 본다. 여기에 피타고라스 정리를 적용하여 직각삼각형의 빗변의 길이를 찾아본다. 도출된 직각삼각형을 활용하면, 어렵지 않게 답을 구할 수 있을 것이다.

④ $\sin B = \dfrac{4}{5}$, $\cos B = \dfrac{3}{5}$

[정답풀이]

$\tan A = \dfrac{3}{4} = \dfrac{(높이)}{(밑변)}$ 이므로, 밑변의 길이가 4이고 높이가 3인 직각삼각형을 상상해 보면 다음과 같다. 피타고라스 정리를 활용하여 빗변의 길이를 구한 후, 함께 표기해 본다. 더불어 $\angle B$에 맞춰 삼각형을 회전해 본다.

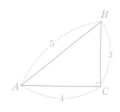 

$\triangle ABC$를 활용하여 삼각비 $\sin B$와 $\cos B$의 값을 구하면 다음과 같다.

$\sin B = \dfrac{(높이)}{(빗변)} = \dfrac{4}{5}$, $\cos B = \dfrac{(밑변)}{(빗변)} = \dfrac{3}{5}$

 스스로 유사한 문제를 여러 개 만들어(출제하여) 답을 찾아보시기 바랍니다.

Q3. 특수각에 대한 삼각비를 활용하여 다음 식의 값을 구하여라.

$$\sin 90° + \cos 45° \div \sin 30° - \tan 0° + \sin 30° \div \cos 60°$$

① 이 문제를 풀기 위해 어떤 개념을 알아야 하는가?

② 그 개념을 머릿속에 떠올려 보아라.

③ 문제의 출제의도를 말하고 어떻게 풀지 간단히 설명해 보아라. (잘 모를 경우, 아래 Hint를 보면서 질문의 답을 찾아본다)

Hint(1) 특수각(30°, 45°, 60°)을 한 내각으로 하는 직각삼각형을 상상해 본다.

Hint(2) 직각삼각형의 높이의 길이를 변형하여, 0° 또는 90°에 대한 삼각비의 값을 추론해 본다. (직각삼각형의 높이를 한없이 줄이면 0°에 대한 삼각비를 구할 수 있으며, 높이를 한없이 늘리면 90°에 대한 삼각비를 구할 수 있다)

④ 그럼 문제의 답을 찾아라.

A3.

① 특수각의 삼각비

② 개념정리하기 참조

③ 이 문제는 특수각의 삼각비에 대한 개념을 알고 있는지를 묻는 문제이다. 특수각(30°, 45°, 60°)을 한 내각으로 하는 직각삼각형을 상상해 보면, 손쉽게 특수각 30°, 45°, 60°에 대한 삼각비를 구할 수 있을 것이다. 그리고 직각삼각형의 높이의 길이를 변형하면(한없이 줄이거나 늘리면), 어렵지 않게 0° 또는 90°에 대한 삼각비의 값도 찾을 수 있을 것이다.

④ $2 + \sqrt{2}$

[정답풀이]

먼저 특수각(30°, 45°, 60°)을 내각으로 하는 직각삼각형을 그려본다. 그림을 보면서 cos45°, sin30°, cos60°의 값을 구하면 다음과 같다.

$$\cos 45° = \frac{(밑변)}{(빗변)} = \frac{1}{\sqrt{2}} = \frac{\sqrt{2}}{2}, \quad \sin 30° = \frac{(높이)}{(빗변)} = \frac{1}{2}, \quad \cos 60° = \frac{(높이)}{(빗변)} = \frac{1}{2}$$

직각삼각형의 높이의 길이를 한없이 늘려본다. 즉, 높이의 대각의 크기를 90°에 가깝게 만들어 보면,

$\sin 90° = \dfrac{(\text{높이})}{(\text{빗변})} = 1$임을 쉽게 추론할 수 있다. 이번엔 직각삼각형의 높이의 길이를 한없이 줄여본다.

즉, 높이의 대각의 크기를 0°에 가깝게 만들면 $\tan 0° = \dfrac{(\text{높이})}{(\text{밑변})} = 0$임을 쉽게 추론할 수 있다.

$\sin 90° = 1$, $\tan 0° = 0$

이제 구하고자 하는 식의 값을 구해보자.

$\sin 90° + \cos 45° \div \sin 30° - \tan 0° + \sin 30° \div \cos 60°$

$= 1 + \dfrac{\sqrt{2}}{2} \div \dfrac{1}{2} - 0 + \dfrac{1}{2} \div \dfrac{1}{2} = 1 + \left(\dfrac{\sqrt{2}}{2} \times 2\right) - 0 + \left(\dfrac{1}{2} \times 2\right) = 1 + \sqrt{2} + 1 = 2 + \sqrt{2}$

 스스로 유사한 문제를 여러 개 만들어(출제하여) 답을 찾아보시기 바랍니다.

Q4. 다음 삼각비표를 활용하여, 식 $(\overline{AB} + \overline{AC})$의 값을 구하여라.
(단, 계산기를 사용하되 소수 넷째 자리에서 반올림한다)

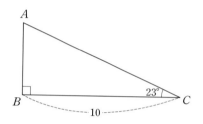

각의 크기	sin	cos	tan
21°	0.3584	0.9336	0.3839
22°	0.3746	0.9272	0.4040
23°	0.3907	0.9205	0.4245
24°	0.4067	0.9135	0.4452

① 이 문제를 풀기 위해 어떤 개념을 알아야 하는가?

② 그 개념을 머릿속에 떠올려 보아라.

③ 문제의 출제의도를 말하고 어떻게 풀지 간단히 설명해 보아라. (잘 모를 경우, 아래 Hint를 보면서 질문의 답을 찾아본다)

Hint(1) $\tan 23° = \dfrac{(\text{높이})}{(\text{밑변})} = \dfrac{\overline{AB}}{\overline{BC}} = \dfrac{\overline{AB}}{10}$이다.

Hint(2) 삼각비표를 활용하여 $\tan 23°$의 값을 찾아본다.

Hint(3) $\cos 23° = \dfrac{(\text{밑변})}{(\text{빗변})} = \dfrac{\overline{BC}}{\overline{AC}} = \dfrac{10}{\overline{AC}}$이다.

Hint(4) 삼각비표를 활용하여 $\cos 23°$의 값을 찾아본다.

④ 그럼 문제의 답을 찾아라.

A4.
① 삼각비의 정의, 삼각비표

② 개념정리하기 참조

③ 이 문제는 삼각비의 정의를 알고 있는지 그리고 삼각비표를 읽을 수 있는지 묻는

문제이다. 밑변 $\overline{BC}$가 주어졌으므로, 23°에 대한 tan와 cos의 값을 찾으면 어렵지 않게 $\overline{AB}$와 $\overline{AC}$의 길이를 구할 수 있다.

④ $\overline{AB} + \overline{AC} = 15.109$

[정답풀이]

$\triangle ABC$를 기준으로 $\tan 23° = \dfrac{(높이)}{(밑변)} = \dfrac{\overline{AB}}{\overline{BC}} = \dfrac{\overline{AB}}{10}$이다. 삼각비표를 활용하여 $\tan 23°$의 값을 찾은 후, $\overline{AB}$의 길이를 구하면 다음과 같다.

$$\tan 23° = \dfrac{(높이)}{(밑변)} = \dfrac{\overline{AB}}{10} = 0.4245 \ \rightarrow \ \overline{AB} = 4.245$$

$\triangle ABC$를 기준으로 $\cos 23° = \dfrac{(밑변)}{(빗변)} = \dfrac{\overline{BC}}{\overline{AC}} = \dfrac{10}{\overline{AC}}$이다. 삼각비표를 활용하여 $\cos 23°$의 값을 찾은 후, $\overline{AC}$의 길이를 구하면 다음과 같다.

$$\cos 23° = \dfrac{(밑변)}{(빗변)} = \dfrac{10}{\overline{AC}} = 0.9205 \ \rightarrow \ \overline{AC} = 10.864$$

이제 구하고자 하는 값($\overline{AB} + \overline{AC}$)을 계산해 보자.

$$\overline{AB} + \overline{AC} = 4.245 + 10.864 = 15.109$$

 스스로 유사한 문제를 여러 개 만들어(출제하여) 답을 찾아보시기 바랍니다.

Q5. 다음 그림을 보고 $\sin x$, $\cos x$, $\tan x$의 값을 구하여라. (단, $\angle x = \angle BAD$이다)

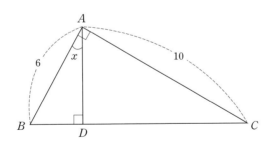

① 이 문제를 풀기 위해 어떤 개념을 알아야 하는가?

② 그 개념을 머릿속에 떠올려 보아라.

③ 문제의 출제의도를 말하고 어떻게 풀지 간단히 설명해 보아라. (잘 모를 경우, 아래 Hint를 보면서 질문의 답을 찾아본다)

　　Hint(1) $\triangle ABD$와 닮음인 삼각형을 찾아본다.
　　　　　　☞ $\triangle ABD$와 $\triangle CBA$는 닮음이다. [AA닮음 : $\angle ADB = \angle CAB = 90°$, $\angle B$(공통)]

　　Hint(2) $\triangle ABD$와 $\triangle CBA$가 닮음일 경우, $\angle BAD = \angle BCA = \angle x$가 된다.

　　Hint(3) $\triangle CBA$에 피타고라스 정리를 적용하여 $\overline{BC}$의 길이를 구해본다.
　　　　　　☞ $\overline{BC}^2 = \overline{AB}^2 + \overline{AC}^2 = 6^2 + 10^2 = 136 \ \rightarrow \ \overline{BC} = 2\sqrt{34}$

Hint(4) $\triangle CBA$에서 $\angle BCA(=\angle x)$를 기준으로 구하고자 하는 삼각비의 값을 찾아본다.

④ 그림 문제의 답을 찾아라.

A5.

> ① 삼각형의 닮음조건, 삼각비의 정의, 피타고라스 정리
>
> ② 개념정리하기 참조
>
> ③ 이 문제는 삼각형의 닮음조건을 활용하여 구하고자 하는 삼각비의 값을 찾을 수 있는지 묻는 문제이다. 두 삼각형 $\triangle ABD$와 $\triangle CBA$는 닮음이므로, $\angle BAD=\angle BCA=\angle x$가 된다. $\triangle CBA$에서 $\angle BCA(=\angle x)$를 기준으로 삼각형을 회전시키면 어렵지 않게 구하고자 하는 삼각비의 값을 찾을 수 있을 것이다. 단, $\overline{BC}$의 길이는 피타고라스 정리를 활용하여 구할 수 있다.
>
> ④ $\sin x=\dfrac{3}{\sqrt{34}}$, $\cos x=\dfrac{5}{\sqrt{34}}$, $\tan x=\dfrac{3}{5}$

[정답풀이]

$\triangle ABD$와 닮음인 삼각형을 찾으면 다음과 같다.

$\triangle ABD$와 $\triangle CBA$는 닮음이다. [AA닮음 : $\angle ADB=\angle CAB=90°$, $\angle B$(공통)]

$\triangle ABD$와 $\triangle CBA$가 닮음일 경우, $\angle BAD=\angle BCA=\angle x$가 된다. $\triangle CBA$에서 $\angle BCA(=\angle x)$를 기준으로 삼각비 $\sin x$, $\cos x$, $\tan x$를 구해보면 다음과 같다. (먼저 $\triangle CBA$에 피타고라스 정리를 적용하여 $\overline{BC}$의 길이를 구해본다)

$$\overline{BC}^2=\overline{AB}^2+\overline{AC}^2=6^2+10^2=136 \rightarrow \overline{BC}=2\sqrt{34}$$

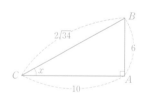

$$\sin x=\frac{(\text{높이})}{(\text{빗변})}=\frac{6}{2\sqrt{34}}=\frac{3}{\sqrt{34}}$$

$$\cos x=\frac{(\text{밑변})}{(\text{빗변})}=\frac{10}{2\sqrt{34}}=\frac{5}{\sqrt{34}}$$

$$\tan x=\frac{(\text{높이})}{(\text{밑변})}=\frac{6}{10}=\frac{3}{5}$$

 스스로 유사한 문제를 여러 개 만들어(출제하여) 답을 찾아보시기 바랍니다.

Q6. 다음 그림을 보고 $\triangle ABC$의 둘레의 길이를 구하여라.

① 이 문제를 풀기 위해 어떤 개념을 알아야 하는가?

② 그 개념을 머릿속에 떠올려 보아라.

③ 문제의 출제의도를 말하고 어떻게 풀지 간단히 설명해 보아라. (잘 모를 경우, 아래 Hint를 보면서 질문의 답을 찾아본다)

Hint(1) 특수각($30°$, $60°$)을 한 내각으로 하는 직각삼각형을 상상해 본다.

Hint(2) $\triangle ACD$에 대하여 $\cos 60° = \dfrac{(밑변)}{(빗변)} = \dfrac{3}{AC}$을 활용하여 $\overline{AC}$의 길이를 구해본다.

☞ $\cos 60° = \dfrac{3}{AC} = \dfrac{1}{2} \rightarrow \overline{AC} = 6$

Hint(3) $\triangle ACD$에 대하여 $\tan 60° = \dfrac{(높이)}{(밑변)} = \dfrac{\overline{AD}}{3}$를 활용하여 $\overline{AD}$의 길이를 구해본다.

☞ $\tan 60° = \dfrac{\overline{AD}}{3} = \sqrt{3} \rightarrow \overline{AD} = 3\sqrt{3}$

Hint(4) $\triangle ABD$에 대하여 $\sin 30° = \dfrac{(높이)}{(빗변)} = \dfrac{\overline{AD}}{\overline{AB}} = \dfrac{3\sqrt{3}}{AB}$을 활용하여 $\overline{AB}$의 길이를 구해본다.

☞ $\sin 30° = \dfrac{3\sqrt{3}}{AB} = \dfrac{1}{2} \rightarrow \overline{AB} = 6\sqrt{3}$

Hint(5) $\triangle ABD$에 대하여 $\tan 30° = \dfrac{(높이)}{(밑변)} = \dfrac{\overline{AD}}{\overline{BD}} = \dfrac{3\sqrt{3}}{BD}$을 활용하여 $\overline{BD}$의 길이를 구해본다.

☞ $\tan 30° = \dfrac{3\sqrt{3}}{BD} = \dfrac{1}{\sqrt{3}} \rightarrow \overline{BD} = 9$

Hint(6) $\overline{BD} = 9$이므로 $\overline{BC}$의 길이는 6이다. ($\overline{BC} = \overline{BD} - \overline{CD} = 9 - 3 = 6$)

④ 그림 문제의 답을 찾아라.

A6.

① 특수각의 삼각비

② 개념정리하기 참조

③ 이 문제는 특수각의 삼각비에 대한 개념을 알고 있는지 그리고 이를 활용하여 구하고자 하는 값을 찾을 수 있는지 묻는 문제이다. 먼저 특수각($30°$, $60°$)을 내각으로 하는 직각삼각형을 상상한 후, $30°$와 $60°$에 대한 삼각비를 확인해 본다. 그리고 $\triangle ACD$에 $\cos 60°$와 $\tan 60°$를 적용하여 $\overline{AC}$와 $\overline{AD}$의 길이를 구해본다. 마찬가지로 $\triangle ABD$에 $\sin 30°$와 $\tan 30°$를 적용하여 $\overline{AB}$와 $\overline{BD}$의 길이를 구하면 어렵지 않게 답($\triangle ABC$의 둘레)을 찾을 수 있을 것이다.

④ $12 + 6\sqrt{3}$

[정답풀이]

특수각(30°, 60°)을 한 내각으로 하는 직각삼각형을 상상해 보면 다음과 같다.

 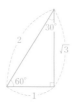

이제 특수각의 삼각비를 이용하여 $\overline{AC}$, $\overline{AD}$, $\overline{AB}$, $\overline{BD}$의 길이를 구해보자.

$$\triangle ACD : \cos 60° = \frac{\overline{CD}}{\overline{AC}} = \frac{3}{\overline{AC}} = \frac{1}{2} \rightarrow \overline{AC} = 6$$

$$\triangle ACD : \tan 60° = \frac{\overline{AD}}{\overline{CD}} = \frac{\overline{AD}}{3} = \sqrt{3} \rightarrow \overline{AD} = 3\sqrt{3}$$

$$\triangle ABD : \sin 30° = \frac{\overline{AD}}{\overline{AB}} = \frac{3\sqrt{3}}{\overline{AB}} = \frac{1}{2} \rightarrow \overline{AB} = 6\sqrt{3}$$

$$\triangle ABD : \tan 30° = \frac{\overline{AD}}{\overline{BD}} = \frac{3\sqrt{3}}{\overline{BD}} = \frac{1}{\sqrt{3}} \rightarrow \overline{BD} = 9$$

$\overline{BD} = 9$이므로 $\overline{BC}$의 길이는 6이다. ($\overline{BC} = \overline{BD} - \overline{CD} = 9 - 3 = 6$)

따라서 $\triangle ABC$의 둘레의 길이($\overline{AB} + \overline{AC} + \overline{BC}$)의 값은 다음과 같다.

$$(\overline{AB} + \overline{AC} + \overline{BC}) = 6\sqrt{3} + 6 + 6 = 12 + 6\sqrt{3}$$

 스스로 유사한 문제를 여러 개 만들어(출제하여) 답을 찾아보시기 바랍니다.

Q7. 다음 도형의 넓이가 26cm²일 때, $\overline{BC}$의 길이를 구하여라.

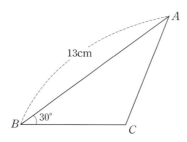

① 이 문제를 풀기 위해 어떤 개념을 알아야 하는가?

② 그 개념을 머릿속에 떠올려 보아라.

③ 문제의 출제의도를 말하고 어떻게 풀지 간단히 설명해 보아라. (잘 모를 경우, 아래 Hint를 보면서 질문의 답을 찾아본다)

　　Hint(1) 삼각형의 두 변의 길이와 그 끼인각을 알면, 삼각형의 넓이를 구할 수 있다.

　　　　☞ (삼각형의 넓이)$= \frac{1}{2} \times$(두 변의 길이의 곱)$\times$[끼인각(예각)의 sin값]

Hint(2) 구하고자 하는 선분 $\overline{BC}$의 길이를 x로 놓은 후, 삼각비와 관련된 삼각형 넓이공식을 활용하여 미지수 x에 대한 방정식을 도출해 본다. (도형의 넓이는 26cm²이다)

☞ (삼각형의 넓이)$=\dfrac{1}{2}\times\overline{BA}\times\overline{BC}\times\sin30°=\dfrac{1}{2}\times13\times x\times\dfrac{1}{2}=26$

④ 그럼 문제의 답을 찾아라.

A7.

① 삼각비를 이용한 삼각형의 넓이공식

② 개념정리하기 참조

③ 이 문제는 삼각비를 이용한 삼각형의 넓이공식을 알고 있는지 묻는 문제이다. $\overline{BC}$의 길이를 x로 놓은 후, 삼각비와 관련된 삼각형 넓이공식을 활용하여 미지수 x에 대한 방정식을 도출하면 어렵지 않게 답을 구할 수 있다.

④ $\overline{BC}=8$cm

[정답풀이]

삼각형의 두 변의 길이와 그 끼인각을 알면, 삼각형의 넓이를 구할 수 있다.

(삼각형의 넓이)$=\dfrac{1}{2}\times$(두 변의 길이의 곱)$\times$[끼인각(예각)의 $\sin$값]

구하고자 하는 선분 $\overline{BC}$의 길이를 x로 놓은 후, 삼각비와 관련된 삼각형 넓이공식을 활용하여 미지수 x에 대한 방정식을 도출해 본다. (방정식을 풀어 x값을 구한다)

(삼각형의 넓이)$=\dfrac{1}{2}\times\overline{BA}\times\overline{BC}\times\sin30°=\dfrac{1}{2}\times13\times x\times\dfrac{1}{2}=26 \rightarrow x=8$

따라서 $\overline{BC}=8$cm이다.

 스스로 유사한 문제를 여러 개 만들어(출제하여) 답을 찾아보시기 바랍니다.

Q8. 다음 두 도형의 넓이를 구하여라.

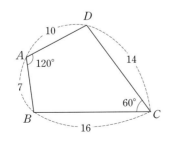
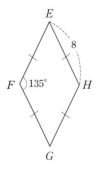

① 이 문제를 풀기 위해 어떤 개념을 알아야 하는가?

② 그 개념을 머릿속에 떠올려 보아라.

③ 문제의 출제의도를 말하고 어떻게 풀지 간단히 설명해 보아라. (잘 모를 경우, 아래 Hint를 보면서 질문의 답을 찾아본다)

　Hint(1) 대각선 $\overline{DB}$를 그어 사각형 $ABCD$를 두 개의 삼각형으로 분리해 본다.

　Hint(2) 대각선 $\overline{EG}$를 그어 사각형 $EFGH$를 두 개의 삼각형으로 분리해 본다.

　Hint(3) 삼각비와 관련된 삼각형 넓이공식을 활용하여 분리된 삼각형의 넓이를 계산해 본다.

　　　☞ (삼각형의 넓이)$=\dfrac{1}{2}\times$(두 변의 길이의 곱)$\times[$끼인각(예각)의 $\sin$값$]$

　　　☞ (삼각형의 넓이)$=\dfrac{1}{2}\times$(두 변의 길이의 곱)$\times[\{180°-$끼인각(둔각)$\}$의 $\sin$값$]$

④ 그럼 문제의 답을 찾아라.

A8.

> ① 삼각비를 이용한 삼각형의 넓이공식, 마름모의 성질, 특수각에 대한 삼각비
> ② 개념정리하기 참조
> ③ 이 문제는 삼각비를 이용한 삼각형의 넓이공식을 활용하여 주어진 도형의 넓이를 구할 수 있는지 묻는 문제이다. 대각선을 그어 두 도형을 두 개의 삼각형으로 분리한 다음, 삼각비와 관련된 삼각형 넓이공식을 활용하면 어렵지 않게 답을 구할 수 있다. 여기서 공식을 적용할 때, 끼인각이 예각인지 둔각인지 잘 구분해야 한다. 참고로 사각형 $EFGH$는 마름모이므로, $\angle F=\angle H=135°$가 된다.
> ④ (사각형 $ABCD$의 넓이)$=\dfrac{147\sqrt{3}}{2}$, (사각형 $EFGH$의 넓이)$=32\sqrt{2}$

[정답풀이]

사각형 $ABCD$에는 대각선 $\overline{DB}$를, 사각형 $EFGH$에는 대각선 $\overline{EG}$를 그어 두 개의 삼각형으로 분리해 본다.

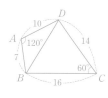 

삼각비와 관련된 삼각형 넓이공식을 활용하여 분리된 삼각형의 넓이를 계산해 보면 다음과 같다. (참고로 사각형 $EFGH$는 마름모이므로, $\angle F=\angle H=135°$가 된다)

　(사각형 $ABCD$의 넓이)

　$=$(삼각형 ABD의 넓이)$+$(삼각형 DBC의 넓이)

　$=\dfrac{1}{2}\times\overline{AB}\times\overline{AD}\times\sin(180°-120°)+\dfrac{1}{2}\times\overline{DC}\times\overline{BC}\times\sin60°$

　$=\dfrac{1}{2}\times7\times10\times\sin60°+\dfrac{1}{2}\times14\times16\times\sin60°$

　$=\dfrac{1}{2}\times7\times10\times\dfrac{\sqrt{3}}{2}+\dfrac{1}{2}\times14\times16\times\dfrac{\sqrt{3}}{2}=\dfrac{147\sqrt{3}}{2}$

(사각형 $EFGH$의 넓이)

=(삼각형 EFG의 넓이)+(삼각형 EHG의 넓이)

$= \dfrac{1}{2} \times \overline{EF} \times \overline{FG} \times \sin(180° - 135°) + \dfrac{1}{2} \times \overline{EH} \times \overline{HG} \times \sin(180° - 135°)$

$= \dfrac{1}{2} \times 8 \times 8 \times \sin 45° + \dfrac{1}{2} \times 8 \times 8 \times \sin 45°$

$= \dfrac{1}{2} \times 8 \times 8 \times \dfrac{\sqrt{2}}{2} + \dfrac{1}{2} \times 8 \times 8 \times \dfrac{\sqrt{2}}{2} = 32\sqrt{2}$

 스스로 유사한 문제를 여러 개 만들어(출제하여) 답을 찾아보시기 바랍니다.

Q9. 다음 그림을 보고 $(\sin A \times \tan C)$의 값을 구하여라. (단, $2\overline{AC}=3\overline{AB}$이다)

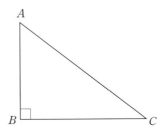

① 이 문제를 풀기 위해 어떤 개념을 알아야 하는가?

② 그 개념을 머릿속에 떠올려 보아라.

③ 문제의 출제의도를 말하고 어떻게 풀지 간단히 설명해 보아라. (잘 모를 경우, 아래 Hint를 보면서 질문의 답을 찾아본다)

   Hint(1) $\sin A$의 값을 선분으로 표시해 본다.

   ☞ $\sin A = \dfrac{\overline{BC}}{\overline{AC}}$

   Hint(2) $\tan C$의 값을 선분으로 표시해 본다.

   ☞ $\tan C = \dfrac{\overline{AB}}{\overline{BC}}$

   Hint(3) $\sin A \times \tan C$의 값을 선분으로 표시해 본다.

   ☞ $\sin A \times \tan C = \dfrac{\overline{BC}}{\overline{AC}} \times \dfrac{\overline{AB}}{\overline{BC}} = \dfrac{\overline{AB}}{\overline{AC}}$

④ 그럼 문제의 답을 찾아라.

A9.
① 삼각비의 정의
② 개념정리하기 참조
③ 이 문제는 삼각비의 정의를 정확히 알고 있는지 묻는 문제이다. $\sin A$의 값과

$\tan C$의 값을 선분으로 표시한 후, 곱의 값 $\sin A \times \tan C$를 찾으면 어렵지 않게 답을 구할 수 있다. 또는 주어진 조건 $2\overline{AC}=3\overline{AB}$를 비례식 $\overline{AC}:\overline{AB}=3:2$로 변환한 후, 피타고라스 정리를 활용하여 $\triangle ABC$의 세 변에 대한 비를 찾아 직접 $\sin A$의 값과 $\tan C$의 값을 구할 수도 있다.

④ $\sin A \times \tan C = \dfrac{2}{3}$

[정답풀이]

일단 $\sin A$의 값과 $\tan C$의 값을 선분으로 표시해 보자.

 $\sin A = \dfrac{\overline{BC}}{\overline{AC}}$ 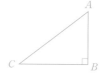 $\tan C = \dfrac{\overline{AB}}{\overline{BC}}$

이제 $(\sin A \times \tan C)$의 곱의 값을 구하면 다음과 같다.

$$\sin A \times \tan C = \frac{\overline{BC}}{\overline{AC}} \times \frac{\overline{AB}}{\overline{BC}} = \frac{\overline{AB}}{\overline{AC}}$$

문제에서 $2\overline{AC}=3\overline{AB}$라고 했으므로, $\overline{AB}=\dfrac{2}{3}\overline{AC}$이다. 이를 도출된 식 $\sin A \times \tan C = \dfrac{\overline{AB}}{\overline{AC}}$ 에 대입하여 $\sin A \times \tan C$의 값을 구하면 다음과 같다.

$$\sin A \times \tan C = \frac{\overline{AB}}{\overline{AC}} \times \frac{\frac{2}{3}\overline{AC}}{\overline{AC}} = \frac{2}{3}$$

 스스로 유사한 문제를 여러 개 만들어(출제하여) 답을 찾아보시기 바랍니다.

Q10. 다음 평행사변형 $ABCD$의 넓이를 구하여라.

(단, $\sin 70° = 0.94$이며 계산기를 사용하되 소수 셋째 자리에서 반올림한다)

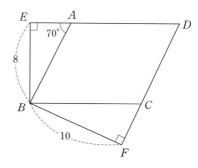

① 이 문제를 풀기 위해 어떤 개념을 알아야 하는가?

② 그 개념을 머릿속에 떠올려 보아라.

③ 문제의 출제의도를 말하고 어떻게 풀지 간단히 설명해 보아라. (잘 모를 경우, 아래 Hint를 보면서 질문의 답을 찾아본다)

  Hint(1) 평행사변형의 넓이를 구하기 위해서는 두 변의 길이와 그 끼인각의 크기를 알아야 한다.

  Hint(2) $\angle EAB=70°$이므로 그 엇각 $\angle ABC$의 크기 또한 70°이다. 더불어 $\angle ABC$의 엇각 $\angle BCF$도 70°이다.

  Hint(3) $\triangle AEB$에 삼각비 $\sin 70°$를 적용하여 $\overline{AB}$의 길이를 구해본다.

  Hint(4) $\triangle BFC$에 삼각비 $\sin 70°$를 적용하여 $\overline{BC}$의 길이를 구해본다. ($\angle BCF°=70$)

④ 그럼 문제의 답을 찾아라.

A10.

> ① 삼각비를 이용한 평행사변형의 넓이공식
>
> ② 개념정리하기 참조
>
> ③ 이 문제는 삼각비를 활용하여 변의 길이를 구할 수 있는지 그리고 삼각비를 이용한 평행사변형의 넓이공식을 알고 있는지를 묻는 문제이다. 평행사변형 $ABCD$의 넓이를 구하기 위해서는 두 변의 길이와 그 끼인각의 크기를 알아야 한다. 즉, 두 변 $\overline{AB}$, $\overline{BC}$와 그 끼인각 $\angle ABC$의 크기를 알면 된다. 일단 $\angle EAB=70°$이므로 그 엇각 $\angle ABC$의 크기 또한 70°이다. 더불어 $\angle ABC$의 엇각 $\angle BCF$도 70°이다. $\triangle AEB$와 $\triangle BFC$에 대하여 70°에 대한 삼각비를 활용하면 어렵지 않게 $\overline{AB}$와 $\overline{BC}$의 길이를 찾을 수 있을 것이다. 여기에 평행사변형의 넓이공식을 적용하면 손쉽게 답을 구할 수 있다.
>
> ④ (평행사변형 $ABCD$의 넓이)=85.11

[정답풀이]

평행사변형 $ABCD$의 넓이를 구하기 위해서는 두 변과 그 끼인각을 알아야 한다. 즉, 두 변 $\overline{AB}$, $\overline{BC}$와 그 끼인각 $\angle ABC$의 크기를 알면 된다. 일단 $\angle EAB=70°$이므로 그 엇각 $\angle ABC$의 크기 또한 70°이다. 더불어 $\angle ABC$의 엇각 $\angle BCF$도 70°이다. 그럼 $\triangle AEB$에서 삼각비 $\sin 70°$를 활용하여 $\overline{AB}$의 길이를 구해보자.

$$\triangle AEB : \sin 70° = \frac{\overline{BE}}{\overline{AB}} = \frac{8}{\overline{AB}} = 0.94 \quad \therefore \overline{AB}=8.51$$

$\triangle BFC$에 삼각비 $\sin 70°$를 적용하면 쉽게 $\overline{BC}$의 길이를 구할 수 있다. ($\angle BCF°=70$)

$$\triangle BFC : \sin 70° = \frac{\overline{BF}}{\overline{BC}} = \frac{10}{\overline{BC}} = 0.94 \quad \therefore \overline{BC}=10.64$$

이제 평행사변형 $ABCD$의 넓이를 구하면 다음과 같다.

(평행사변형 $ABCD$의 넓이)$=\overline{AB} \times \overline{BC} \times \sin 70° = 8.51 \times 10.64 \times 0.94 = 85.11$

 스스로 유사한 문제를 여러 개 만들어(출제하여) 답을 찾아보시기 바랍니다.

Q11. 다음 도형의 넓이를 구하여라. (두 대각선 $\overline{AC}$와 $\overline{BD}$의 길이는 각각 13cm, 10cm이다)

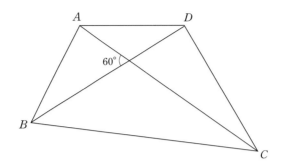

① 이 문제를 풀기 위해 어떤 개념을 알아야 하는가?

② 그 개념을 머릿속에 떠올려 보아라.

③ 문제의 출제의도를 말하고 어떻게 풀지 간단히 설명해 보아라. (잘 모를 경우, 아래 Hint를 보면서 질문의 답을 찾아본다)

　　Hint(1) 대각선 $\overline{AC}$와 평행한 직선 두 개를 각각 점 B와 D를 지나도록 그려본다.

　　Hint(2) 대각선 $\overline{BD}$와 평행한 직선 두 개를 각각 점 A와 C를 지나도록 그려본다.

　　Hint(3) 네 직선으로 둘러싸인 사각형은 평행사변형이다.

　　Hint(4) 네 직선으로 둘러싸인 평행사변형의 넓이는 사각형 $ABCD$의 넓이의 2배와 같다.

　　Hint(5) $\angle AOB$의 크기는 평행사변형의 한 각의 크기와 같다.

　　Hint(6) 삼각비를 이용한 평행사변형의 넓이공식을 활용하여 네 직선으로 둘러싸인 사각형(평행사변형)의 넓이를 구해본다.

④ 그럼 문제의 답을 찾아라.

A11.
① 삼각비를 이용한 평행사변형의 넓이공식

② 개념정리하기 참조

③ 이 문제는 삼각비를 이용한 평행사변형의 넓이공식을 활용하여 주어진 사각형의 넓이를 계산할 수 있는지 묻는 문제이다. 일단 대각선 $\overline{AC}$와 평행한 직선 두 개를 각각 점 B와 D를 지나도록 그리고, 대각선 $\overline{BD}$와 평행한 직선 두 개를 각각 점 A와 C를 지나도록 그려본다. 네 직선으로 둘러싸인 사각형은 평행사변형이 되며, 이 도형은 사각형 $ABCD$의 넓이의 2배와 같다. 즉, 삼각비를 이용한 평행사변형의 넓이공식을 활용하여 네 직선으로 둘러싸인 사각형(평행사변형)의 넓이를 구하면 쉽게 사각형 $ABCD$의 넓이를 구할 수 있게 된다.

④ $\dfrac{75\sqrt{3}}{2}\text{cm}^2$

[정답풀이]

대각선 $\overline{AC}$와 평행한 직선 두 개를 각각 점 B와 D를 지나도록 그리고, 대각선 $\overline{BD}$와 평행한 직선 두 개를 각각 점 A와 C를 지나도록 그려보면 다음과 같다.

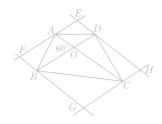

네 직선으로 둘러싸인 사각형 $EFGH$는 평행사변형이 되며, 그 넓이는 사각형 $ABCD$의 넓이의 2배와 같다. (점 O를 기준으로 상하좌우에 위치한 나누어진 네 개의 평행사변형의 넓이를 확인해 본다)

(평행사변형 $EFGH$의 넓이)$=2\times$(사각형 $ABCD$의 넓이)

더불어 $\angle AOB$의 크기는 평행사변형의 한 각 $\angle AFB$의 크기와 같다. 왜냐하면 사각형 $AFBO$ 또한 평행사변형이기 때문이다. 또한 사각형 $EFBD$와 $AFGC$가 평행사변형이므로 대변의 길이는 서로 같다. 즉, $\overline{BD}=\overline{EF}=10$이고 $\overline{AC}=\overline{FG}=13$이라고 말할 수 있다.

$\angle AOB=\angle AFB=60^\circ$, $\overline{BD}=\overline{EF}=10$, $\overline{AC}=\overline{FG}=13$

이제 삼각비를 이용한 평행사변형의 넓이공식을 활용하여 평행사변형 $EFGH$의 넓이를 구해보자.

(평행사변형 $EFGH$의 넓이)$=\overline{EF}\times\overline{FG}\times\sin F=10\times13\times\sin60^\circ=75\sqrt{3}\left(\because \sin60^\circ=\dfrac{\sqrt{3}}{2}\right)$

평행사변형 $EFGH$의 넓이는 $\square ABCD$의 넓이의 2배이므로, $\square ABCD$의 넓이는 $\dfrac{75\sqrt{3}}{2}\,\mathrm{cm}^2$이다.

 스스로 유사한 문제를 여러 개 만들어(출제하여) 답을 찾아보시기 바랍니다.

심화학습

★ 개념의 이해도가 충분하지 않다면, 일단 PASS하시기 바랍니다. 그리고 개념정리가 마무리 되었을 때 심화학습 내용을 따로 읽어보는 것을 권장합니다.

Q1. 직사각형 $ABCD$에 대하여 꼭짓점 C에서 대각선 $\overline{BD}$에 내린 수선의 발을 H라고 하고 $\angle BCH$의 크기가 x라고 할 때, $(\sin x+\cos x)$의 값을 구하여라.

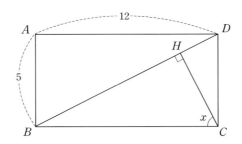

① 이 문제를 풀기 위해 어떤 개념을 알아야 하는가?

② 그 개념을 머릿속에 떠올려 보아라.

③ 문제의 출제의도를 말하고 어떻게 풀지 간단히 설명해 보아라. (잘 모를 경우, 아래 Hint를 보면서 질문의 답을 찾아본다)

> **Hint(1)** $\angle BCH$와 $\angle ABD$의 크기는 같다.
> > ☞ $\triangle BHC$의 내각의 합이 $180°$이므로 $\angle HBC = 90° - x$가 된다.
> > $\angle ABC = 90°$이므로, $\angle ABD = x$가 된다.
>
> **Hint(2)** $\triangle ABD$에 피타고라스 정리를 적용하여 $\overline{BD}$의 길이를 구해본다.
> > ☞ $\triangle ABD : \overline{BD}^2 = \overline{AB}^2 + \overline{AD}^2 = 5^2 + 12^2 = 169 \rightarrow \overline{BD} = 13$
>
> **Hint(3)** $\triangle ABD$를 기준으로 $\angle ABD(=x)$에 대한 삼각비 $\sin x$와 $\cos x$의 값을 구해본다.

④ 그럼 문제의 답을 찾아라.

A1.

> ① 피타고라스 정리, 삼각비
>
> ② 개념정리하기 참조
>
> ③ 이 문제는 $\angle BCH$와 크기가 같은 각을 찾아 구하고자 하는 삼각비의 값을 계산해 낼 수 있는지 묻는 문제이다. $\angle BCH$와 $\angle ABD$의 크기가 같으므로, $\triangle ABD$를 기준으로 $\angle ABD(=x)$에 대한 삼각비 $\sin x$와 $\cos x$의 값을 구하면 어렵지 않게 답을 찾을 수 있다. 여기서 $\triangle ABD$에 피타고라스 정리를 적용하면 손쉽게 $\overline{BD}$의 길이를 계산할 수 있을 것이다.
>
> ④ $(\sin x + \cos x) = \dfrac{17}{13}$

[정답풀이]

$\angle BCH$와 $\angle ABD$의 크기는 같다. 왜냐하면 $\triangle BHC$의 내각의 합이 $180°$이므로 $\angle HBC = 90° - x$가 되고, $\angle ABC = 90°$이므로 $\angle ABD = x$가 되기 때문이다.

$(\triangle BHC$의 내각의 합$) = \angle BHC + \angle BCH + \angle HBC$

$\rightarrow 90° + x + \angle HBC = 180° \quad \therefore \angle HBC = 90° - x$

$\angle ABC = \angle ABD + \angle HBC = \angle ABD + (90° - x) = 90° \quad \therefore \angle ABD = x$

$\triangle ABD$에 피타고라스 정리를 적용하여 $\overline{BD}$의 길이를 구하면 다음과 같다.

$\triangle ABD : \overline{BD}^2 = \overline{AB}^2 + \overline{AD}^2 = 5^2 + 12^2 = 169 \rightarrow \overline{BD} = 13$

이제 $\triangle ABD$를 기준으로 $\angle ABD(=x)$에 대한 $\sin x$와 $\cos x$의 값을 구해보자.

$\sin x = \dfrac{\overline{AD}}{\overline{BD}} = \dfrac{12}{13}$, $\cos x = \dfrac{\overline{AB}}{\overline{BD}} = \dfrac{5}{13}$

따라서 구하고자 하는 값 $(\sin x + \cos x) = \dfrac{12}{13} + \dfrac{5}{13} = \dfrac{17}{13}$이 된다.

 <u>스스로 유사한 문제를 여러 개 만들어(출제하여) 답을 찾아보시기 바랍니다.</u>

Q2. $\overline{AC}$가 $\angle DCB$의 이등분선일 때, $\overline{AE}$의 길이를 구하여라.

(단, $\tan 20° = 0.36$, $\sin 75° = 0.97$이며, 정답은 소수 셋째 자리에서 반올림한다)

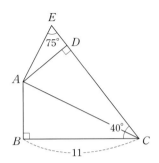

① 이 문제를 풀기 위해 어떤 개념을 알아야 하는가?

② 그 개념을 머릿속에 떠올려 보아라.

③ 문제의 출제의도를 말하고 어떻게 풀지 간단히 설명해 보아라. (잘 모를 경우, 아래 Hint를 보면서 질문의 답을 찾아본다)

Hint(1) $\triangle ABC$와 $\triangle ADC$는 합동이다.

☞ $\angle B = \angle ADC = 90°$, $\angle ACB = \angle ACD = 20°$, $\overline{AC}$(공통) → RHA합동

Hint(2) $\triangle ABC$에 $\tan 20°$의 값을 적용하여 $\overline{AB}$의 길이를 구해본다.

☞ $\tan 20° = \dfrac{\overline{AB}}{\overline{BC}} = \dfrac{\overline{AB}}{11} = 0.34 \rightarrow \overline{AB} = 3.74$

Hint(3) $\overline{AB} = 3.74$이므로 $\overline{AD} = 3.74$가 된다. ($\overline{AB} = \overline{AD}$: 대응변)

Hint(4) $\triangle ADE$에 $\sin 75°$의 값을 적용하여 $\overline{AE}$의 길이를 구해본다.

☞ $\sin 75° = \dfrac{\overline{AD}}{\overline{AE}}$

④ 그럼 문제의 답을 찾아라.

A2.

① 삼각형의 합동, 삼각비의 정의

② 개념정리하기 참조

③ 이 문제는 삼각형의 합동 및 삼각비의 정의를 활용하여 구하고자 하는 값을 찾을 수 있는지 묻는 문제이다. 일단 두 삼각형 $\triangle ABC$와 $\triangle ADC$는 합동이다. $\triangle ABC$에 $\tan 20°$의 값을 적용하여 $\overline{AB}$의 길이를 구하고, $\triangle ADE$에 $\sin 75°$의 값을 적용하여 $\overline{AE}$의 길이를 구하면 어렵지 않게 답을 찾을 수 있다.

④ $\overline{AE} = 3.86$

[정답풀이]

$\triangle ABC$와 $\triangle ADC$는 합동이다.

$\angle B = \angle ADC = 90°$, $\angle ACB = \angle ACD = 20°$, $\overline{AC}$(공통) → RHA합동

$\triangle ABC$에 $\tan 20°$의 값을 적용하여 $\overline{AB}$의 길이를 구하면 다음과 같다.

$$\tan 20° = \frac{\overline{AB}}{\overline{BC}} = \frac{\overline{AB}}{11} = 0.34 \;\rightarrow\; \overline{AB} = 3.74$$

$\overline{AB} = 3.74$이므로 그 대응변 $\overline{AD} = 3.74$가 된다. $\triangle ADE$에 $\sin 75°$의 값을 적용하여 $\overline{AE}$의 길이를 구하면 다음과 같다.

$$\sin 75° = \frac{\overline{AD}}{\overline{AE}} = \frac{3.74}{\overline{AE}} = 0.97 \;\rightarrow\; \overline{AE} = \frac{3.74}{0.97} = 3.86$$

 스스로 유사한 문제를 여러 개 만들어(출제하여) 답을 찾아보시기 바랍니다.

Q3. $\cos B = \dfrac{3}{5}$일 때, $\triangle ABC$의 넓이를 구하여라.

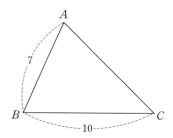

① 이 문제를 풀기 위해 어떤 개념을 알아야 하는가?

② 그 개념을 머릿속에 떠올려 보아라.

③ 문제의 출제의도를 말하고 어떻게 풀지 간단히 설명해 보아라. (잘 모를 경우, 아래 Hint를 보면서 질문의 답을 찾아본다)

Hint(1) $\triangle ABC$의 넓이는 $\dfrac{1}{2} \times \overline{AB} \times \overline{BC} \times \sin B$이다.

　　　　☞ ($\triangle ABC$의 넓이)$= \dfrac{1}{2} \times$(두 변의 길이의 곱)$\times$(끼인각의 $\sin$값)

Hint(2) $\cos B = \dfrac{3}{5}$으로부터 $\sin B$의 값을 구해본다.

　　　　☞ 빗변의 길이가 5이고 밑변이 3인 직각삼각형을 상상해 본다.

④ 그럼 문제의 답을 찾아라.

A3.
① 삼각비를 이용한 삼각형의 넓이공식, 삼각비의 정의

② 개념정리하기 참조

③ 이 문제는 삼각비를 이용한 삼각형의 넓이공식을 알고 있는지 그리고 $\cos B$의 값으로부터 $\sin B$의 값을 찾을 수 있는지 묻는 문제이다. 일단 $\triangle ABC$의 넓이는

$\dfrac{1}{2} \times \overline{AB} \times \overline{BC} \times \sin B$이다. 주어진 $\cos B = \dfrac{3}{5}$을 기준으로 빗변의 길이가 5이고 밑변이 3인 직각삼각형을 상상한 후, $\sin B$의 값을 구하면 쉽게 답을 찾을 수 있다.

④ 28

[정답풀이]

$\triangle ABC$의 넓이는 $\dfrac{1}{2} \times \overline{AB} \times \overline{BC} \times \sin B$이다.

($\triangle ABC$의 넓이)$= \dfrac{1}{2} \times$(두 변의 길이의 곱)$\times$(끼인각의 $\sin$값)

$\cos B = \dfrac{3}{5}$을 기준으로 빗변의 길이가 5이고 밑변이 3인 직각삼각형 $DEF(\angle B = \angle E)$를 상상한 후, $\sin B$의 값을 구해보자.

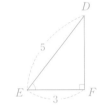

먼저 피타고라스 정리를 활용하여 $\overline{DF}$의 길이를 구하면 다음과 같다.

$$\overline{DE^2} = \overline{DF^2} + \overline{EF^2}$$
$$\rightarrow \overline{DF^2} = \overline{DE^2} - \overline{EF^2} = 5^2 - 3^2 = 16 \quad \therefore \overline{DF} = 4$$

$\triangle DEF$를 기준으로 $\angle E$에 대한 $\sin$값을 구하면 다음과 같다.

$$\sin E = \dfrac{\overline{DF}}{\overline{DE}} = \dfrac{4}{5} \quad \rightarrow \quad \sin E = \sin B = \dfrac{4}{5}$$

$\triangle ABC$의 넓이를 구하면 다음과 같다.

($\triangle ABC$의 넓이)$= \dfrac{1}{2} \times \overline{AB} \times \overline{BC} \times \sin B = \dfrac{1}{2} \times 7 \times 10 \times \dfrac{4}{5} = 28$

 스스로 유사한 문제를 여러 개 만들어(출제하여) 답을 찾아보시기 바랍니다.

원의 성질

1 원의 성질

1 원과 직선

여러분~ 원이 어떤 도형인지 아십니까? 즉, 원의 정의가 무엇인지 묻는 것입니다. 음... 중학교 1학년 때 배웠는데... 기억이 잘 나지 않나보군요. 함께 살펴보도록 하겠습니다.

원

평면 위의 한 점(O)으로부터 일정한 거리만큼 떨어진 점들로 이루어진 도형을 원이라고 부릅니다. 여기서 점 O를 원의 중심이라고 말하며, 원의 중심에서 원 위의 한 점을 이은 선분($\overline{OA}$)을 원의 반지름이라고 정의합니다.

여기서 퀴즈입니다. 원을 공부할 때 꼭 알아야 하는 '상수'가 하나 있는데... 혹시 그게 뭔지 아세요?

 잠시 질문의 답을 스스로 찾아보는 시간을 가져보세요.

네, 맞아요. 바로 원주율 π입니다. 원의 지름에 대한 원의 둘레(원주)의 비율을 원주율이라고 부르는데, 이 값을 활용하면 다음과 같이 원주의 길이 및 원의 넓이를 손쉽게 계산해낼 수 있습니다. 편의상 원의 반지름을 r로 놓겠습니다.

$$\frac{(원주의 \; 길이)}{(원의 \; 지름)} = \pi = 3.14... \qquad (원주의 \; 길이) = 2\pi r \qquad (원의 \; 넓이) = \pi r^2$$

사실 우리는 원주율 π를 단순히 $3.14...$(무리수)에 해당하는 숫자정도로만 알고 있는데, 그

역사는 아주 오래되었답니다. 왜냐하면 원의 길이를 직접 측정할 수 있는 방법이 없었기 때문이죠. 지금도 마찬가지입니다. 시간이 허락된다면, 원주율의 역사에 대해 한번 찾아보시기 바랍니다. 아주 흥미로울 것입니다.

여러분~ 원과 관련된 도형으로 뭐가 있었죠? 네, 맞아요. 호와 현 그리고 부채꼴 등이 생각납니다. 이미 중학교 1학년 때 배운 내용이긴 하지만 다시 한 번 정리하고 넘어가도록 하겠습니다.

호와 현

원 위의 두 점(A, B) 사이의 부분(원의 일부분)을 호라고 부르며, 기호 $\overarc{AB}$로 표현합니다. 더불어 두 점 A, B를 연결한 선분($\overline{AB}$)을 현이라고 정의합니다.

다음 그림을 보면 이해하기가 한결 수월할 것입니다. 일반적으로 짧은 호를 열호, 긴 호를 우호라고 정의하는데, 우호의 경우 호 위에 한 점을 더하여 열호와 구분하는 것이 보통입니다. 특히 호에 대한 중심각을 다룰 때에는 열호와 우호를 정확히 구분할 수 있어야 합니다. 이 점 반드시 명심하시기 바랍니다.

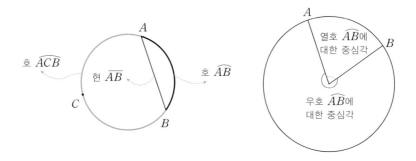

이번엔 부채꼴에 대해 살펴볼까요?

부채꼴

원의 반지름과 그 사이에 있는 호로 둘러싸인 도형을 부채꼴이라고 정의합니다. 오른쪽 그림과 같이 원의 중심이 O이고 호 $\overarc{AB}$로 둘러싸인 도형을 부채꼴 AOB라고 부르며, $\angle AOB$를 호 $\overarc{AB}$에 대한 중심각 또는 부채꼴 AOB의 중심각이라고 칭합니다. 더불어 $\overarc{AB}$를 $\angle AOB$에 대한 호라고 말합니다.

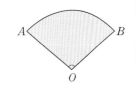

음... 부채꼴의 호의 길이와 넓이공식도 생각나는군요. 다들 기억하시죠? 반지름이 r이고 중심각의 크기가 $x°$인 부채꼴의 호의 길이(l)와 넓이(S)는 다음과 같습니다.

① 호의 길이 : $l = 2\pi r \times \dfrac{x}{360}$ ② 부채꼴의 넓이 : $S = \pi r^2 \times \dfrac{x}{360}$

본격적으로 원과 직선에 대해 알아보는 시간을 갖도록 하겠습니다. 여러분~ 원의 내부에 있는 선분을 뭐라 부른다고 했죠? 그렇습니다. 바로 현입니다. 다음 그림을 잘 살펴본 후, 원의 중심과 현의 관계를 추측해 보시기 바랍니다.

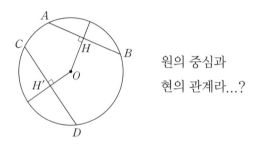

원의 중심과
현의 관계라...?

음... 잘 모르겠다고요? 힌트를 드리겠습니다. 다음 선분의 길이를 비교해 보시기 바랍니다.

$$\overline{AH}\text{와 }\overline{HB}, \quad \overline{CH'}\text{와 }\overline{H'D}$$

네, 맞아요. $\overline{AH} = \overline{HB}$, $\overline{CH'} = \overline{H'D}$입니다. 즉, 현의 수직이등분선은 원의 중심을 지나며, 원의 중심으로부터 현에 내린 수선은 현의 길이를 이등분합니다.

원의 중심과 현의 관계

① 현의 수직이등분선은 원의 중심을 지납니다.
② 원의 중심으로부터 현에 내린 수선은 현의 길이를 이등분합니다.

다음 그림을 보면 이해하기가 한결 수월할 것입니다.

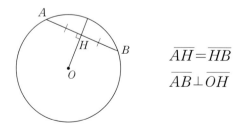

$$\overline{AH} = \overline{HB}$$
$$\overline{AB} \perp \overline{OH}$$

잠깐! 아직 원의 중심과 현의 관계를 증명한 것도 아닌데, 벌써부터 증명된 사실처럼 말하느냐고요? 음... 그런 자세 아주 좋습니다. 그럼 하나씩 증명해 볼까요?

① 현의 수직이등분선은 원의 중심을 지납니다.

먼저 다음과 같이 현 $\overline{AB}$의 양끝점 A와 B 그리고 현 $\overline{AB}$의 중점 M을, 원의 중심 O와 연결해 봅시다.

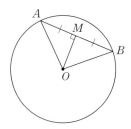

음... 두 삼각형 $\triangle OAM$과 $\triangle OBM$이 합동이라는 사실만 증명하면, 현의 수직이등분선이 원의 중심을 지난다는 것을 증명할 수 있겠네요. 그렇죠? 그림에서 보는 바와 같이 $\triangle OAM$과 $\triangle OBM$이 합동일 때 $\angle AMO = \angle BMO = 90°$가 되어, 선분 $\overline{OM}$이 현 $\overline{AB}$의 수직이등분선이 되잖아요.

$$\triangle OAM \equiv \triangle OBM \;\rightarrow\; \angle AMO = \angle BMO = 90° \;\rightarrow\; \overline{OM}\text{은 } \overline{AB}\text{의 수직이등분선이다.}$$

그럼 $\triangle OAM$과 $\triangle OBM$이 합동인지 확인해 봅시다. 참고로 어떤 선분의 수직이등분선은 단 하나라는 사실, 잊지마시기 바랍니다.

 잠시 질문의 답을 스스로 찾아보는 시간을 가져보세요.

우선 점 M이 현 $\overline{AB}$의 중점이라고 했으므로 $\overline{AM} = \overline{MB}$입니다. 그렇죠? 더불어 $\overline{OA}$와 $\overline{OB}$는 원의 반지름으로 그 길이가 서로 같습니다. 또한 $\overline{OM}$은 두 삼각형의 공통변입니다. 어라...? 벌써 증명이 끝났네요. 네, 맞아요. 두 삼각형 $\triangle OAM$과 $\triangle OBM$은 SSS합동입니다.

$$\triangle OAM \equiv \triangle OBM\,(\text{합동}) : \overline{AM} = \overline{MB},\; \overline{OA} = \overline{OB}\,(\text{반지름}),\; \overline{OM}\,(\text{공통변})$$

따라서 현의 수직이등분선은 원의 중심을 지납니다. 어렵지 않죠? 그럼 다음 명제로 넘어가 볼까요?

② 원의 중심으로부터 현에 내린 수선은 현의 길이를 이등분합니다.

마찬가지로 원의 중심 O와 현 $\overline{AB}$를 상상해 봅시다. 점 O로부터 현 $\overline{AB}$에 내린 수선의 발을 H라고 놓은 후, 현 $\overline{AB}$의 양끝점 A와 B 그리고 수선의 발 H를, 원의 중심 O와 연결해 보겠습니다.

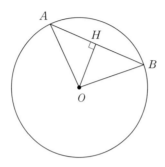

음... 두 삼각형 $\triangle OAH$과 $\triangle OBH$가 합동이라는 사실만 증명하면, 원의 중심에서 현에 내린 수선은 현의 길이를 이등분한다는 것을 손쉽게 증명할 수 있겠네요. 그렇죠? 그림에서 보는 바와 같이 $\triangle OAH$와 $\triangle OBH$가 합동일 때 $\overline{AH}=\overline{HB}$가 되어, 원의 중심 O에서 현 $\overline{AB}$에 내린 수선의 발 H가 바로 $\overline{AB}$의 중점이 되잖아요.

$$\triangle OAH \equiv \triangle OBH \;\rightarrow\; \overline{AH}=\overline{HB} \;\rightarrow\;$$ 원의 중심 O에서 현 $\overline{AB}$에 내린 수선의 발 H는 현 $\overline{AB}$의 중점이다.

그럼 $\triangle OAH$와 $\triangle OBH$가 합동인지 확인해 봅시다.

 잠시 질문의 답을 스스로 찾아보는 시간을 가져보세요.

우선 원의 중심 O로부터 현 $\overline{AB}$에 수선을 내렸다고 했으므로, 두 삼각형 $\triangle OAH$와 $\triangle OBH$는 모두 직각삼각형입니다. 그렇죠? 더불어 선분 $\overline{OA}$와 $\overline{OB}$는 빗변이면서 동시에 원의 반지름으로 그 길이가 같습니다. 또한 $\overline{OH}$는 두 삼각형의 공통변입니다. 어라...? 벌써 증명이 끝났네요. 네, 맞아요. 두 직각삼각형 $\triangle OAH$와 $\triangle OBH$는 RHS합동입니다.

$$\triangle OAH \equiv \triangle OBH\,(RHS\text{합동}) \;\leftarrow\; \begin{array}{l} \angle OHA=\angle OHB=90° \\ \overline{OA}=\overline{OB}(\text{빗변, 반지름}),\ \overline{OM}(\text{공통변}) \end{array}$$

$\triangle OAH \equiv \triangle OBH$이므로 $\overline{AH}$와 $\overline{HB}$의 길이는 서로 같습니다. 즉, 원의 중심 O로부터 현 $\overline{AB}$에 내린 수선의 발 H는 현 $\overline{AB}$의 중점이 된다는 말입니다. 따라서 원의 중심에서 현에 내린 수선은 현의 길이를 이등분하게 됩니다. 이상으로 우리는 원의 중심과 현의 관계 ①, ②를 모두 증명하였습니다. 추후 원에 내접하는 다각형을 다룰 때 요긴하게 사용되니, 필요할 때마다 자주 찾아보시기 바랍니다. (원의 중심과 현의 관계에 대한 숨은 의미)

다음은 반지름이 5cm인 원입니다. $\overline{AE}=x$이고 $\overline{CD}=y$일 때, 식 $(x+y)$의 값을 구해보시기 바랍니다. 단, O는 원의 중심입니다.

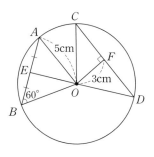

 잠시 질문의 답을 스스로 찾아보는 시간을 가져보세요

어렵지 않죠? 일단 원의 중심과 현의 관계를 살펴보면 다음과 같습니다.

> **원의 중심과 현의 관계**
>
> ① 현의 수직이등분선은 원의 중심을 지납니다.
> ② 원의 중심으로부터 현에 내린 수선은 현의 길이를 이등분합니다.

네, 맞아요. $\overline{OE}$와 $\overline{OF}$는 각각 $\overline{AB}$와 $\overline{CD}$를 수직이등분하는 선분입니다. 그렇죠? 더불어 두 삼각형 $\triangle OAE$와 $\triangle OBE$가 모두 직각삼각형이며 RHS합동입니다. 마찬가지로 $\triangle OCF$와 $\triangle ODF$도 모두 직각삼각형이며 RHS합동입니다. 잠깐! 여러분~ 직각삼각형 하면 뭐가 떠오르세요?

직각삼각형 하면 떠오르는 것...?

음... 앞 단원에서 배웠던 피타고라스 정리와 삼각비가 생각나는군요. 네, 맞아요. 직각삼각형 $\triangle OAE$에 삼각비($\cos A$)를 적용하면 손쉽게 $\overline{AE}$의 길이를 구할 수 있을 듯합니다. 참고로

$\triangle OAE$와 $\triangle OBE$는 합동이므로 $\angle OAE = 60°$입니다.

$$\cos A = \frac{\overline{AE}}{\overline{OA}} = \frac{1}{2} \;\rightarrow\; \frac{\overline{AE}}{5} = \frac{1}{2} \;\rightarrow\; \overline{AE} = \frac{5}{2} \;\rightarrow\; x = 2.5$$

보아하니, $\triangle OCF$에 피타고라스 정리를 적용할 수 있겠네요.

$$\overline{OC}^2 = \overline{OF}^2 + \overline{CF}^2 \;\rightarrow\; 5^2 = 3^2 + \overline{CF}^2 (\overline{OC}\text{는 반지름}) \;\rightarrow\; \overline{CF}^2 = 16 \;\rightarrow\; \overline{CF} = 4$$

점 F는 $\overline{CD}$의 중점이므로 $\overline{CF} = \overline{FD} = 4$가 됩니다. 즉, $\overline{CD} = 8(y=8)$입니다. 따라서 식 $(x+y)$의 값은 10.5cm입니다. 할 만하죠?

여러분~ 한 원의 중심으로부터 같은 거리만큼 떨어진 현들을 상상해 보시기 바랍니다. 과연 이 현들의 길이는 모두 같을까요? 더불어 한 원에서 길이가 같은 두 현은, 원의 중심으로부터 떨어진 거리가 서로 같을까요?

도통 무슨 말을 하는지 잘 모르겠다고요? 다음 그림을 보면 이해하기가 한결 수월할 것입니다. 참고로 점과 선분 사이의 거리는, 그 점에서 선분에 내린 수선의 발 사이의 거리를 뜻합니다.

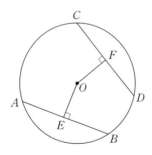

① $\overline{OE} = \overline{OF}$일 때, $\overline{AB} = \overline{CD}$일까?

② $\overline{AB} = \overline{CD}$일 때, $\overline{OE} = \overline{OF}$일까?

대충 봐도 $\overline{OE} = \overline{OF}$일 때 $\overline{AB} = \overline{CD}$이며, $\overline{AB} = \overline{CD}$일 때 $\overline{OE} = \overline{OF}$일 것 같네요. 그렇죠? 하나씩 증명해 볼까요?

① $\overline{OE} = \overline{OF}$일 때, $\overline{AB} = \overline{CD}$이다.

일단 점 O와 점 A, C를 연결하여 $\triangle OAE$와 $\triangle OCF$를 만들어 봅시다. 여기서 두 삼각형 $\triangle OAE$와 $\triangle OCF$가 모두 직각삼각형이라는 사실, 다들 알고 계시죠?

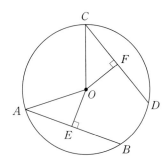

음... 두 직각삼각형 △OAE와 △OCF가 합동이라는 사실만 증명하면, $\overline{AE}=\overline{CF}$임을 증명할 수 있겠네요. 그럼 두 직각삼각형 △OAE와 △OCF에 대한 합동조건을 찾아보도록 하겠습니다.

$$\triangle OAE \equiv \triangle OCF\,(RHS합동)$$
$$\angle OEA = \angle OFC = 90°, \overline{OA} = \overline{OC}(빗변, 반지름), \overline{OE}=\overline{OF}$$

이제 증명과정을 순서대로 정리해 볼까요?

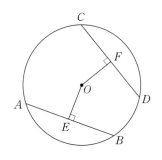

① $\overline{OE}=\overline{OF}$일 때, △OAE ≡ △OCF이다.
② △OAE ≡ △OCF일 때, $\overline{AE}=\overline{CF}$이다.
③ 원의 중심으로부터 현에 내린 수선은 현의 길이를 이등분하므로, $\overline{AB}=2\overline{AE}, \overline{CD}=2\overline{CF}$이다.
④ $\overline{AE}=\overline{CF}$이므로 $\overline{AB}=\overline{CD}$이다.

∴ $\overline{OE}=\overline{OF}$일 때, $\overline{AB}=\overline{CD}$이다.

동일한 방식으로 $\overline{AB}=\overline{CD}$일 때, $\overline{OE}=\overline{OF}$임을 증명할 수 있습니다. 이는 여러분의 과제로 남겨놓겠습니다. 시간 날 때, 각자 증명해 보시기 바랍니다. 그럼 앞서 다루었던 내용을 포함하여 원의 중심과 현의 길이에 대한 개념을 총체적으로 정리해 보도록 하겠습니다.

원의 중심과 현의 관계

① 현의 수직이등분선은 원의 중심을 지납니다.
② 원의 중심으로부터 현에 내린 수선은 현의 길이를 이등분합니다.
③ 한 원의 중심으로부터 같은 거리만큼 떨어진 두 현의 길이는 서로 같습니다.
④ 한 원에서 길이가 같은 두 현은 원의 중심으로부터 서로 같은 거리에 있습니다.

다음 그림을 보면 이해하기가 좀 더 수월할 것입니다.

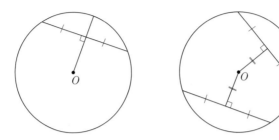

이제 원과 현에 관한 문제를 풀어보도록 하겠습니다. 다음 그림에서 x, y의 값을 구해보시기 바랍니다.

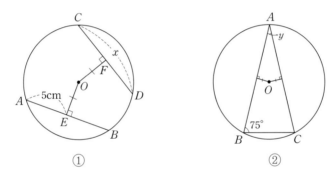

① ②

잠시 질문의 답을 스스로 찾아보는 시간을 가져보세요.

①의 경우, $\overline{OE}=\overline{OF}$라고 했으므로, 즉 원의 중심 O로부터 두 현 $\overline{AB}$와 $\overline{CD}$에 이르는 거리가 같으므로 두 현 $\overline{AB}$와 $\overline{CD}$의 길이는 같습니다. 그렇죠?

$$\overline{OE}=\overline{OF} \ \rightarrow \ \overline{AB}=\overline{CD}$$

잠깐! 현의 수직이등분선은 원의 중심을 지나며 원의 중심으로부터 현에 내린 수선은 현의 길이를 이등분한다는 사실, 다들 알고 계시죠? 즉, $\overline{AE}=\overline{EB}=5$cm로 같습니다. 이로부터 x의 값을 구하면 다음과 같습니다.

$$\overline{AE}=\overline{EB}=5\text{cm} \ \rightarrow \ \overline{AB}=\overline{AE}+\overline{EB}=10\text{cm} \ \rightarrow \ \overline{AB}=\overline{CD}=10\text{cm}(=x)$$

어렵지 않죠? ②의 경우도 마찬가지로 원의 중심 O로부터 두 현 $\overline{AB}$와 $\overline{AC}$의 거리가 서로 같습니다. 그렇죠? 더불어 한 원의 중심으로부터 같은 거리만큼 떨어진 두 현의 길이는 서로 같으므로 $\overline{AB}=\overline{AC}$입니다. 어라...? $\triangle ABC$가 이등변삼각형이었군요.

$$\overline{AB}=\overline{AC} \ \rightarrow \ \triangle ABC : 이등변삼각형$$

여러분~ 이등변삼각형의 경우, 한 내각의 크기로부터 다른 내각의 크기를 손쉽게 구할 수 있다는 사실, 기억하시죠? 즉, 두 밑각의 크기가 같다는 사실과 함께 삼각형의 내각의 합이 $180°$라는 원리를 활용하면 이등변삼각형의 내각의 크기를 계산해 낼 수 있다는 말입니다.

$\triangle ABC$의 두 밑각 : $\angle B=\angle C=75°$

$\triangle ABC$의 내각의 합 : $\angle A+\angle B+\angle C=180°$

$\angle A+\angle B+\angle C$
$=\angle A+75°+75°=180°$
$\therefore \ \angle A=30°(y=30°)$

원과 직선의 위치관계는 어떻게 구분될까요? 음... 어떤 대답을 원하는지 잘 모르겠다고요? 그럼 다른 방식으로 질문해 보겠습니다. 원과 직선의 위치관계를 교점의 개수를 기준으로 분류해 보시기 바랍니다.

 잠시 질문의 답을 스스로 찾아보는 시간을 가져보세요.

일단 원과 직선이 만나는 경우와 만나지 않는 경우로 나누어 볼 수 있겠네요. 원과 직선이 만나지 않을 경우, 당연히 교점의 개수는 0일 것입니다. 반면 원과 직선이 만나는 경우, 원과 직선의 교점의 개수는 2개가 될 수도, 1개가 될 수도 있습니다. 그렇죠?

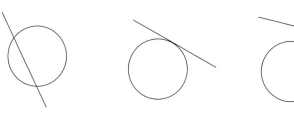

두 점에서 만난다.　　　한 점에서 만난다.　　　만나지 않는다.
(교점의 개수 : 2개)　　(교점의 개수 : 1개)　　(교점의 개수 : 0개)

여기서 우리는 **원과 직선이 한 점에서 만나는 경우에 초점을 맞춰** 볼까합니다. 참고로 원과 직선이 한 점에서 만나는 것을 '직선이 원에 접한다' 라고 부르며 원에 접하는 직선을 접선, 원과 직선이 만나는 점을 접점이라고 칭합니다. 여러분~ 일상생활 속에서 볼 수 있는 원의 접선에는 어떤 것들이 있을까요? 다음 그림과 같이 '자동차바퀴와 도로', '컵과 손잡이'가 바로 원에 접하고 있는 직선의 모습이라고 볼 수 있습니다.

바 퀴 : 원
도로면 : 접선

손잡이 : 원
컵 면 : 접선

더불어 각종 기계장치에서도 원의 접선을 찾아볼 수 있답니다.

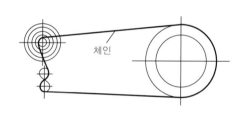

체인

원의 접선에 대해 좀 더 자세히 알아보도록 하겠습니다. 다음 그림을 유심히 살펴보시기 바랍니다.

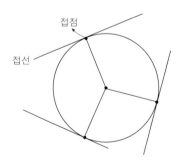

접점
접선

음... 보아하니 원의 접선과 반지름(접점을 지나는 반지름)이 수직인 것처럼 보이는군요. 네, 맞아요. 원의 접선은 그 접점을 지나는 반지름과 항상 수직입니다. 이에 대한 증명과정은 고등학교 교과과정에 해당하므로 지금은 생략하도록 하겠습니다. 여러분들은 그냥 직관적으로 원의 접선과 접점에 대한 반지름이 서로 수직이라는 사실만 기억하고 넘어가시기 바랍니다.

원의 접선은 그 접점을 지나는 반지름과 항상 수직입니다.

즉, 오른쪽 그림과 같이 원 외부의 한 점 P로부터 원에 접선을 그었을 때, $\overline{PA}$와 $\overline{OA}$, $\overline{PB}$와 $\overline{OB}$는 수직이 된다는 뜻입니다.

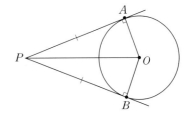

$$\overline{PA} \perp \overline{OA}, \quad \overline{PB} \perp \overline{OB}$$

다시 원 외부의 한 점 P로부터 원에 접선을 그어보겠습니다.

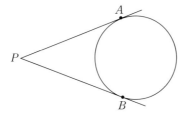

음... 두 개의 접선($\overline{PA}$, $\overline{PB}$)이 그려지는군요. 어라...? 두 선분 $\overline{PA}$와 $\overline{PB}$의 길이가 서로 같아 보입니다. 과연 $\overline{PA} = \overline{PB}$인지 함께 증명해 볼까요? 일단 다음과 같이 원 외부의 점 P와 원의 중심 O를, 원의 중심 O와 접점 A와 B를 연결해 보겠습니다.

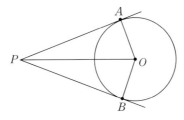

네, 맞아요. 두 삼각형 $\triangle APO$와 $\triangle BPO$가 합동이라는 사실만 증명하면, 손쉽게 $\overline{PA} = \overline{PB}$임을 증명할 수 있습니다. 잠깐! 원의 접선은 그 접점을 지나는 반지름과 수직이라는 사실, 다들 기억하시죠? 즉, 두 삼각형 $\triangle APO$와 $\triangle BPO$는 모두 직각삼각형이라는 뜻입니다.

$$\angle OAP = \angle OBP = 90° \;\rightarrow\; \triangle APO와 \triangle BPO는 직각삼각형이다.$$

더불어 두 삼각형 모두 공통 빗변($\overline{PO}$)을 가지고 있으므로, 빗변의 길이는 서로 같습니다. 그리고 $\overline{AO}$와 $\overline{BO}$의 길이 또한 원의 반지름으로 같습니다. 어라...? 벌써 두 직각삼각형 $\triangle APO$와 $\triangle BPO$가 합동임을 증명했네요.

$$\triangle APO \equiv \triangle BPO(RHS합동)$$
$$\angle OAP = \angle OBP = 90°, \ \overline{AO} = \overline{BO}(반지름), \ 공통 \ 빗변(\overline{PO})$$

따라서 원 외부의 한 점으로부터 원에 그은 두 접선의 길이는 서로 같습니다.

원의 접선의 성질(2)

원 외부의 한 점으로부터 원에 그은 두 접선의 길이는 서로 같습니다.

즉, 오른쪽 그림과 같이 원 외부의 한 점 P로부터 원에 접선을 그었을 때(2개), $\overline{PA}$와 $\overline{PB}$의 길이는 서로 같다는 뜻입니다.

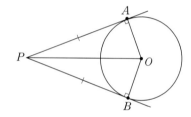

$$\overline{PA} = \overline{PB}$$

추후 원과 접하는(내접, 외접) 다각형을 다룰 때 요긴하게 쓰이니 잘 기억해 두시기 바랍니다. (원의 접선의 성질의 숨은 의미)

다음 원 외부의 점 P로부터 원에 그은 접선 $\overline{PA}(=x)$와 $\overline{PB}(=y)$의 길이를 구해보십시오. (여기서 점 A, B는 접점입니다)

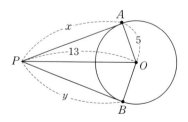

 잠시 질문의 답을 스스로 찾아보는 시간을 가져보세요.

일단 $\overline{PA}$와 $\overline{OA}$, $\overline{PB}$와 $\overline{OB}$는 수직입니다. 그렇죠?

$$\overline{PA}\perp\overline{OA},\ \overline{PB}\perp\overline{OB}$$

아하~ 두 직각삼각형 $\triangle OAP$와 $\triangle OBP$에 피타고라스의 정리를 적용하면 손쉽게 $\overline{PA}$와 $\overline{PB}$의 길이를 구할 수 있겠네요. 사실 원 외부의 한 점으로부터 원에 그은 두 접선의 길이는 서로 같으므로 즉, $\overline{PA}=\overline{PB}(x=y)$이므로, $\overline{PA}$와 $\overline{PB}$ 둘 중 하나만 구하면 됩니다.

$$\triangle OAP:\overline{PO}^2=\overline{PA}^2+\overline{OA}^2\ \to\ 13^2=x^2+5^2\ \to\ x=12\ \to\ \overline{PA}=\overline{PB}=12$$

어렵지 않죠? 다음 그림에서 x, y의 값을 구해보시기 바랍니다.

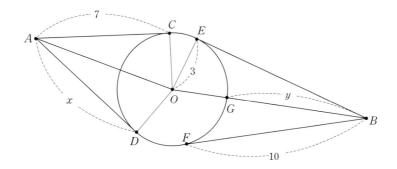

잠시 질문의 답을 스스로 찾아보는 시간을 가져보세요.

음... 조금 복잡해 보이는군요. 일단 원 외부의 한 점 A로부터 원 O에 그은 두 접선의 길이는 서로 같습니다. 즉, $\overline{AC}=\overline{AD}$라는 말이죠. 따라서 $x=7$입니다. 마찬가지로 원 외부의 한 점 B로부터 원 O에 그은 두 접선의 길이도 서로 같으므로 $\overline{EB}=\overline{FB}=10$이 됩니다. 잠깐! $\triangle OEB$가 직각삼각형이라는 사실, 다들 아시죠? 즉, 직각삼각형 $\triangle OEB$에 피타고라스 정리를 적용하면 손쉽게 $\overline{OB}$의 길이를 구할 수 있다는 뜻입니다. 보아하니 $\overline{OB}=3+y$이군요.

$$\triangle OEB:\overline{OB}^2=\overline{OE}^2+\overline{EB}^2\ \to\ (3+y)^2=3^2+10^2$$
$$(3+y)^2=3^2+10^2\ \to\ y^2+6y-100=0\ \to\ y=-3+\sqrt{109}\ (y>0)$$

$$※\ 이차방정식\ ax^2+bx+c=0의\ 근:\frac{-b\pm\sqrt{b^2-4ac}}{2a}$$

몇 문제 더 풀어볼까요? 다음 그림에서 x, y의 값을 구해보시기 바랍니다. 단 ①과 ②의 삼각형의 둘레의 길이는 각각 48cm, 36cm입니다.

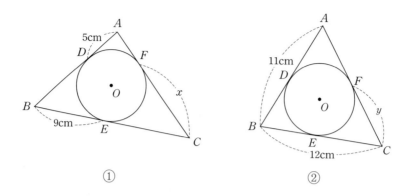

① ②

어렵지 않죠? 미지수 x, y에 대한 방정식만 도출하면 쉽게 해결할 수 있는 문제입니다. 여러분~ 원 외부의 점에서 그은 접선의 길이가 서로 같다는 사실, 다들 아시죠?

$$① \ \overline{AD}=\overline{AF}, \ \overline{BD}=\overline{BE}, \ \overline{CE}=\overline{CF}$$

문제에서 △ABC의 둘레의 길이가 48cm라고 했으므로 다음이 성립합니다.

$$(△ABC의 \ 둘레의 \ 길이)=\overline{AD}+\overline{AF}+\overline{BD}+\overline{BE}+\overline{CE}+\overline{CF}$$
$$=5+5+9+9+x+x=48$$
$$\rightarrow \ 28+2x=48 \ \rightarrow \ 2x=20 \ \rightarrow \ x=10$$

따라서 $\overline{FC}$의 길이는 $x=10$cm입니다. ②의 경우, 먼저 $\overline{AC}$의 길이를 구해봅시다. 일단 문제에서 △ABC의 둘레의 길이가 36cm라고 했으므로 $\overline{AC}=13$cm가 됩니다. 그렇죠? 마찬가지로 원 외부의 한 점으로부터 원에 그은 두 접선의 길이는 서로 같으므로 $\overline{AD}=\overline{AF}$, $\overline{BD}=\overline{BE}$, $\overline{CE}=\overline{CF}$가 됩니다. 이제 y에 대한 방정식을 도출할 차례군요.

조금 어렵나요? 힌트를 드리겠습니다. $\overline{AC}=13$이므로 $\overline{AF}=13-y$입니다. 그렇죠? 더불어 $\overline{AD}=\overline{AF}$이므로 $\overline{AD}=13-y$이며, $\overline{AB}=11$이므로 $\overline{BD}=11-(13-y)$입니다.

- $\overline{AF}=\overline{AC}-\overline{FC}=13-y$ $[\overline{AC}=13, \ \overline{FC}=y]$
- $\overline{AD}=\overline{AF}=13-y$ $[\overline{AD}=\overline{AF}]$
- $\overline{BD}=\overline{AB}-\overline{AD}=11-(13-y)$ $[\overline{AB}=11, \ \overline{AD}=13-y]$

여기까지 이해되시죠? $\overline{BD}=\overline{BE}$이므로 $\overline{BE}=11-(13-y)$이고, $\overline{CE}=\overline{CF}$이므로 $\overline{CE}=y$ 입니다. 그럼 삼각형의 세 변의 길이를, 각각의 접점을 기준으로 y에 대한 식으로 표현해 보면 다음과 같습니다.

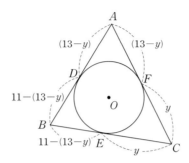

이제 y에 대한 방정식을 도출해 볼까요? 문제에서 $\overline{BC}=12$라고 했으므로 $\overline{BE}+\overline{EC}=12$입 니다.

$$\overline{BC}=\overline{BE}+\overline{EC}=11-(13-y)+y=12 \;\rightarrow\; 2y-2=12 \;\rightarrow\; y=7$$

좀 복잡하긴 해도 그리 어려운 문제는 아니었군요. 몇 문제 더 풀어볼까요? 다음 그림에서 z의 값을 구해보시기 바랍니다.

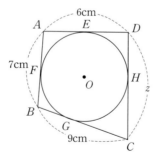

 잠시 질문의 답을 스스로 찾아보는 시간을 가져보세요.

조금 어렵나요? 힌트를 드리겠습니다.

$$\overline{DC}=\overline{DH}+\overline{HC}$$이므로 $\overline{DH}=a$로 $\overline{HC}=b$로 놓으면 $z=a+b$입니다.

그럼 사각형의 네 변을 모두 a, b에 대한 식으로 표현해 볼까요?

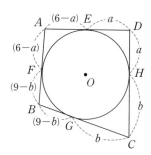

문제에서 $\overline{AB}=7$이라고 했으므로 $\overline{AF}+\overline{FB}=7$입니다. 그렇죠? 이제 천천히 그림을 보면서 a, b에 대한 등식을 작성해 보도록 하겠습니다.

$$\overline{AB}=\overline{AF}+\overline{FB}=(6-a)+(9-b)=7 \;\rightarrow\; a+b=8$$

어라...? 앞서 $z=a+b$라고 했잖아요. 네, 맞아요. 정답은 $\overline{DC}=8\text{cm}$입니다. 다음 그림에서 내접원의 반지름을 구해보시기 바랍니다.

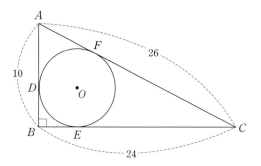

음... 이것도 만만치 않네요. 힌트를 받아볼까요? 내접원의 반지름을 r로 놓은 후, 길이가 같은 선분을 찾아 삼각형의 세 변을 모두 r에 대한 식으로 표현해 보시기 바랍니다.

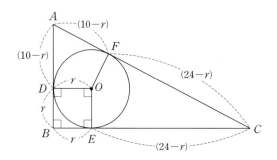

이제 구하고자 하는 값 r(반지름)에 대한 방정식을 도출해야겠죠? 문제에서 $\overline{AC}=26$이라고 했으므로 $\overline{AF}+\overline{FC}=26$입니다. 이를 r에 대한 방정식으로 표현한 후, 내접원의 반지름을 구해보면 다음과 같습니다.

$$\overline{AC}=\overline{AF}+\overline{FC}=(10-r)+(24-r)=26 \rightarrow 34-2r=26 \rightarrow r=4(반지름=4)$$

다음과 같이 삼각형에 내접하는 원을 상상해 봅시다. 더불어 원의 중심과 접점을, 원의 중심과 삼각형의 꼭짓점을 이어 보조선을 그어 보시기 바랍니다. 단, 원의 반지름은 r이고, 삼각형의 세 변의 길이는 a, b, c입니다. 잠깐! 여기서 접점을 지나는 반지름이 삼각형의 세 변과 수직이라는 사실, 다들 알고 계시죠?

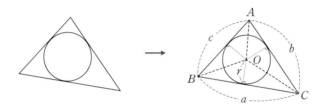

여기서 퀴즈입니다. $\triangle ABC$의 넓이는 얼마일까요? 즉, $\triangle ABC$의 넓이를 a, b, c, r로 표현해 보시기 바랍니다.

잠시 질문의 답을 스스로 찾아보는 시간을 가져보세요.

너무 막막한가요? 힌트를 드리겠습니다. 세 개의 삼각형 $\triangle OAB$, $\triangle OBC$, $\triangle OCA$로 구분하여 $\triangle ABC$의 넓이를 구해보십시오. 참고로 세 삼각형의 높이는 원의 반지름입니다.

$(\triangle ABC의 넓이)$
$=(\triangle OAB의 넓이)+(\triangle OBC의 넓이)+(\triangle OCA의 넓이)$
$=\dfrac{1}{2}rc+\dfrac{1}{2}ra+\dfrac{1}{2}rb=\dfrac{1}{2}r(a+b+c)$

음... 삼각형에 내접하는 원의 반지름(r)과 삼각형의 둘레의 길이($a+b+c$)를 알면, 손쉽게 삼각형의 넓이를 구할 수 있군요. 그렇죠?

$$(삼각형의 넓이)=\dfrac{1}{2}\times(내접원의 반지름)\times(삼각형의 둘레의 길이)$$

다음 삼각형의 넓이를 구해보시기 바랍니다.

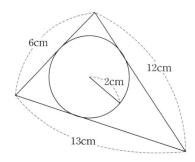

내접원의 반지름이 r이고 세 변의 길이가 a, b, c인 삼각형의 넓이는 $\frac{1}{2}r(a+b+c)$입니다. 그렇죠? 즉, 주어진 삼각형의 넓이는 다음과 같습니다.

$$(\text{삼각형의 넓이})=\frac{1}{2}r(a+b+c)=\frac{1}{2}\times 2\times(6+12+13)=31(\text{cm}^2)$$

다음 도형(사각형 $PQRS$)의 둘레의 길이를 구해보시기 바랍니다.

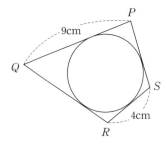

너무 막막한가요? 힌트를 드리겠습니다. 다음과 같이 일반적인 사각형 $ABCD$에 내접하는 원을 상상해 보시기 바랍니다. 음... 보아하니 사각형의 한 꼭짓점에서 원의 접점까지의 길이가 서로 같군요. 그렇죠?

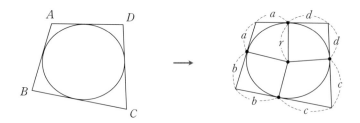

어라...? 원에 외접하는 사각형의 두 쌍의 대변의 길이의 합 또한 서로 같군요.

(사각형 $ABCD$의 두 쌍의 대변의 길이의 합)$=\overline{AB}+\overline{DC}=\overline{AD}+\overline{BC}=a+b+c+d$

이제 질문의 답을 찾아볼까요? 주어진 사각형 $PQRS$에 대하여, 두 쌍의 대변의 길이의 합이 서로 같으므로 다음 등식이 성립합니다.

(사각형 $PQRS$의 두 쌍의 대변의 길이의 합)$=\overline{PQ}+\overline{RS}=\overline{QR}+\overline{PS}$

따라서 사각형 $PQRS$의 둘레의 길이는 $2(\overline{PQ}+\overline{RS})$가 되어 26cm입니다.

★ 개념을 정확히 이해했는지 확인하고 싶다면, 학교 교과서에 나오는 개념확인 문제를 풀어 보거나 스스로 개념 확인문제를 출제하여 풀어보면 큰 도움이 될 것입니다.

2 원주각

혹시 아이돌 그룹 콘서트장에 가 보신 분 계신가요? 다음은 어느 아이돌 그룹 콘서트장 무대 조명 설치도입니다.

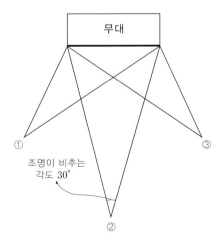

조명 ①, ②, ③이 비추는 각도(이하 '조명각'이라고 합시다)가 모두 30°라고 할 때, 그림과 같이 세 조명이 무대를 꽉 차게(딱 맞게) 비추기 위해서는 조명의 위치를 어떻게 지정해야 할까요?

 잠시 질문의 답을 스스로 찾아보는 시간을 가져보세요.

너무 막막하다고요? 힌트를 드리겠습니다. 무대의 밑변($\overline{AB}$)을 한 현으로 하고, 조명이 있는 지점을 따라 다음과 같이 원을 그려보시기 바랍니다.

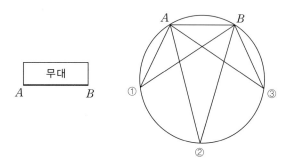

뭔가 감이 오시나요? 네, 그렇습니다. 세 조명이 모두 무대를 꽉 차게(딱 맞게) 비추기 위해서는 그림과 같이 무대의 양끝점과 조명 ①, ②, ③의 위치가 하나의 원 위에 있어야 합니다. 못 믿으시겠다고요? 그렇다면 증명해 보도록 하겠습니다. 증명에 앞서 우리가 알아야 할 개념이 하나 있습니다. 그것은 바로 원주각입니다.

원주 위의 한 점에서 그은 서로 다른 두 개의 현이 만드는 각을 원주각이라고 부릅니다. 더불어 원주각이 바라보는 호를 기준으로 아래와 같이 원주각을 구분합니다.

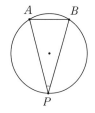
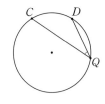

• 호 $\overset{\frown}{AB}$에 대한 원주각 : $\angle APB$
• 호 $\overset{\frown}{CD}$에 대한 원주각 : $\angle CQD$

원주각은 어떤 성질을 가지고 있을까요? 너무 막막한가요? 그렇다면 호의 중심각의 성질로부터 원주각의 성질을 유추해 보는 건 어떨까요? 여러분~ 한 원에서 길이가 같은 호에 대한 중심각의 크기는 모두 같다는 사실, 다들 알고 계시죠?

$$\overset{\frown}{AB}=\overset{\frown}{CD} \rightarrow \angle AOB = \angle COD$$

과연 '원주각'에서도 이와 같은 성질이 적용될까요? 즉, 한 원에서 길이가 같은 호에 대한 원주각의 크기가 모두 같은지 묻는 것입니다. 음... 대충 상상해보니 원주각의 크기도 서로 같아 보이는군요. 증명에 앞서 원주각과 중심각의 관계부터 따져보겠습니다.

일단 다음 그림을 보고 원주각과 중심각의 크기를 직관적으로 비교해 보시기 바랍니다.

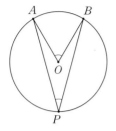 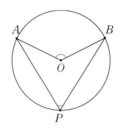 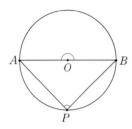

 잠시 질문의 답을 스스로 찾아보는 시간을 가져보세요.

네, 맞아요. 한 호에 대한 원주각의 크기는 중심각의 $\frac{1}{2}$입니다. 정말 그런지 함께 증명해 볼까요? 우선 원주각과 중심각의 위치를 구분하면 다음과 같습니다.

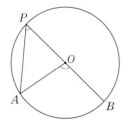 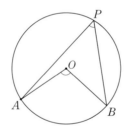 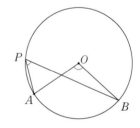

① 원의 중심 O가
원주각 $\angle APB$의
한 변 위에 있을 경우

② 원의 중심 O가
원주각 $\angle APB$의
내부에 있을 경우

③ 원의 중심 O가
원주각 $\angle APB$의
외부에 있을 경우

먼저 ① 원의 중심 O가 원주각 $\angle APB$의 한 변($\overline{PA}$ 또는 $\overline{PB}$) 위에 있을 때, 원주각의 크기가 중심각의 $\frac{1}{2}$인지 증명해 보도록 하겠습니다. 우선 $\overline{PO}$와 $\overline{AO}$는 모두 원의 반지름에 해당하므로 그 길이는 서로 같습니다. 그렇죠? 이 말은 $\triangle OPA$가 이등변삼각형이 된다는 것을 의미합니다.

여러분~ 이등변삼각형의 경우, 두 밑각의 크기는 어떠하다고 했죠? 네, 맞아요. 서로 같다고 했습니다. 따라서 $\angle OPA = \angle OAP$가 됩니다.

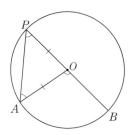

어라...? 가만히 살펴보니, $\overparen{AB}$의 중심각 $\angle AOB$는 △OPA의 한 외각이군요. 여기서 삼각형의 외각의 성질을 안 찾아볼 수가 없겠네요.

[삼각형의 외각의 성질]
삼각형의 한 외각의 크기는 그와 이웃하지 않는 내각의 크기의 합과 같다.

기억나시죠? 이는 삼각형의 내각의 합이 $180°$라는 사실과 함께 평각의 원리를 적용하면 쉽게 증명할 수 있습니다.

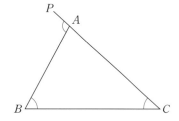

(한 외각의 크기)=(이웃하지 않는 두 내각의 합)
$$\angle PAB = \angle B + \angle C$$

다시 원주각으로 돌아와서, △OPA에 대하여 꼭짓점 O의 외각 $\angle AOB$의 크기는 그와 이웃하지 않는 두 내각 $\angle OPA$, $\angle OAP$의 합과 같습니다. 그렇죠?

$$\angle AOB = \angle OPA + \angle OAP$$

더불어 △OPA가 이등변삼각형이므로 두 밑각 $\angle OPA$, $\angle OAP$의 크기는 서로 같아, 결국 중심각 $\angle AOB$의 크기는 원주각 $\angle OPA$의 크기의 2배가 됩니다. 다시 말해서, ① 원의 중심 O가 원주각 $\angle APB$의 한 변($\overline{PA}$ 또는 $\overline{PB}$) 위에 있을 때, 원주각은 중심각의 $\frac{1}{2}$배가 된다는 뜻입니다. 여기까지 이해가 되시는지요?

이번엔 ② 원의 중심 O가 원주각 $\angle APB$의 내부에 있을 경우, 원주각의 크기가 중심각의 $\frac{1}{2}$

이 되는지 확인해 보겠습니다. 다음과 같이 점 P와 O를 잇는 직선을 그어 본 후, 두 삼각형 $\triangle OPA$와 $\triangle OPB$의 내각과 외각을 잘 살펴보시기 바랍니다.

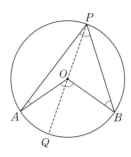

어떠세요? 감이 오시나요? $\overline{OP}$, $\overline{OA}$, $\overline{OB}$는 모두 원의 반지름에 해당하므로, 그 길이가 서로 같습니다. 즉, $\triangle OPA$와 $\triangle OPB$ 모두 이등변삼각형이라는 뜻입니다. 이등변삼각형의 두 밑각의 크기는 서로 같으므로, $\angle OAP = \angle OPA$이고 $\angle OBP = \angle OPB$가 되겠죠? 더불어 삼각형의 한 외각의 크기는 그와 이웃하지 않는 내각의 합과 같으므로, $\angle AOQ$($\triangle OPA$의 한 외각)의 크기는 두 내각 $\angle OAP$, $\angle OPA$의 합과 같습니다. 마찬가지로 $\angle BOQ$($\triangle OPB$의 한 외각)의 크기는 두 내각 $\angle OBP$, $\angle OPB$의 합과 같을 것입니다. 정리해 볼까요?

- 이등변삼각형 $\triangle OPA$와 $\triangle OPB$의 두 밑각 : $\angle OAP = \angle OPA$, $\angle OBP = \angle OPB$
- $\triangle OPA$의 한 외각과 이웃하지 않는 두 내각 : $\angle AOQ = \angle OAP + \angle OPA$
- $\triangle OPB$의 한 외각과 이웃하지 않는 두 내각 : $\angle BOQ = \angle OBP + \angle OPB$

$\angle OAP = \angle OPA$이고 $\angle OBP = \angle OPB$라고 했으므로, $\angle AOQ$는 $\angle OAP$의 2배가 되며, $\angle BOQ$ 또한 $\angle OPB$의 2배가 됩니다. 그렇죠?

$$\angle AOQ = \angle OAP + \angle OPA \;\rightarrow\; \angle AOQ = 2\angle OPA \;(\angle OAP = \angle OPA)$$
$$\angle BOQ = \angle OBP + \angle OPB \;\rightarrow\; \angle BOQ = 2\angle OPB \;(\angle OBP = \angle OPB)$$

더불어 그림에서 보는 바와 같이 $\angle AOQ$와 $\angle BOQ$의 합은 $\overset{\frown}{AB}$의 중심각 $\angle AOB$와 같고, $\angle OPA$와 $\angle OPB$의 합은 원주각 $\angle APB$와 같아, 결국 중심각 $\angle AOB$는 원주각 $\angle APB$의 2배가 됩니다. 다시 말해서, 원주각의 크기는 중심각의 $\frac{1}{2}$배가 되는 셈이지요.

$$\begin{array}{l} \angle AOQ + \angle BOQ = \angle AOB \\ \angle OPA + \angle OPB = \angle APB \end{array} \rightarrow \begin{array}{l} \angle AOQ = 2\angle OPA \\ \angle BOQ = 2\angle OPB \end{array} \rightarrow \angle AOB = 2\angle APB$$

③의 경우도 마찬가지입니다. 이에 대한 증명은 여러분의 과제로 남겨놓도록 하겠습니다. 시간 날 때 직접 증명해 보시기 바랍니다. 여러분~ 당초 우리가 증명하고자 했던 것이 뭐였죠? 네, 맞아요. 한 원에서 길이가 같은 호에 대한 원주각의 크기가 서로 같은지였습니다. 그럼 천천히 생각을 정리해 볼까요?

① 한 원에서 길이가 같은 호에 대한 중심각의 크기는 서로 같다.

② 한 호에 대한 원주각의 크기는 중심각의 $\frac{1}{2}$이다.

∴ 한 원에서 길이가 같은 호에 대한 원주각의 크기는 서로 같다.

원주각의 정의와 성질

원주 위의 한 점에서 그은 서로 다른 두 개의 현이 만드는 각을 원주각이라고 부르며, 다음과 같은 성질을 갖습니다.

① 한 원에서 임의의 호에 대한 원주각의 크기는 중심각의 $\frac{1}{2}$입니다.

② 한 원에서 길이가 같은 호에 대한 원주각의 크기는 모두 같습니다.

다음 그림을 보면 이해하기가 한결 수월할 것입니다.

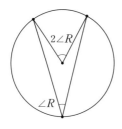 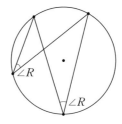

여기서 퀴즈입니다. 반원의 원주각은 얼마일까요? 네, 맞아요. 반원에 대한 중심각의 크기가 180°이므로, 그 원주각은 90°가 됩니다. 그럼 **원주각과 관련된 문제를 풀어볼까요?** 다음 그림을 보고 x의 값을 각각 구해보시기 바랍니다.

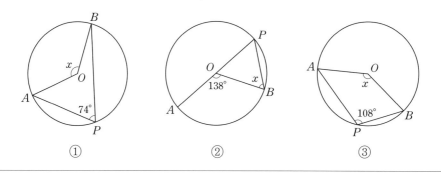

① ② ③

어렵지 않죠? 한 원에서 임의의 호에 대한 원주각의 크기가 중심각의 $\frac{1}{2}$이라는 사실만 알면 쉽게 해결할 수 있는 문제입니다. ①의 경우, 원주각이 74°이므로 중심각은 그 2배인 148°가 되어, $x=148$°입니다. 그렇죠? ②의 경우, 호 $\overset{\frown}{AB}$의 중심각이 138°이므로 그 원주각 $\angle APB$는 69°입니다. 어라...? $\triangle OPB$가 이등변삼각형이었군요. 즉, 두 밑각 $\angle OPB$와 $\angle OBP$의 크기는 서로 같아, $x=69$°가 됩니다. 어렵지 않죠?

음... 그런데 ③의 경우는 조금 복잡해 보이는군요. 일단 호 $\overset{\frown}{AB}$의 원주각이 108°입니다. 정확히 말하면, 우호 $\overset{\frown}{AB}$의 원주각입니다. 우호가 뭐냐고요? 앞서 잠깐 다루었는데... 벌써 까먹으셨어요?

원주상의 두 점 사이의 부분을 호라고 부릅니다. 이때 원 위에는 두 개의 호가 만들어지는데, 짧은 호를 열호, 긴 호를 우호라고 정의합니다. 이는 호에 대한 중심각(또는 원주각)을 다룰 때, 꼭 필요한 개념이니 절대 잊지 마시기 바랍니다.

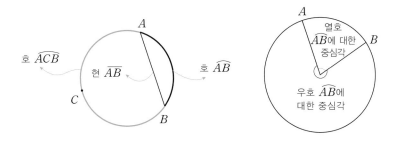

다시 ③번 그림을 봐 주시기 바랍니다. $\overset{\frown}{AB}$(우호)의 중심각과 원주각은 무엇일까요?

🎴 잠시 질문의 답을 스스로 찾아보는 시간을 가져보세요

네, 그렇습니다. $\overset{\frown}{AB}$(우호)의 중심각은 $(360°-x)$이며, 그에 대한 원주각은 $\angle APB=108$°입니다. 가끔 $\overset{\frown}{AB}$(우호)의 중심각을 $\angle x$라고 말하는 학생이 있는데 꼭 주의하시기 바랍니다. 여러분~ 원주각의 크기가 중심각의 $\frac{1}{2}$이라는 사실, 다들 아시죠? $\overset{\frown}{AB}$(우호)의 원주각이 $\angle APB$ $=108$°이므로, 그 중심각은 216°가 됩니다. 즉, $(360°-x)=216$°라는 뜻이지요. 따라서 $x=$ 144°입니다.

혹여 ③번에 대한 설명이 잘 이해가 가지 않는다면, 그림과 함께 다시 한 번 천천히 읽어보시기 바랍니다. 거듭 말하지만, 호에 대한 중심각(또는 원주각)을 다룰 때에는 열호와 우호를 정

확히 구분할 수 있어야 합니다. 이 점 반드시 명심하시기 바랍니다.

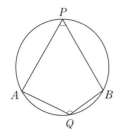

- 호 $\overset{\frown}{AB}$(열호)의 원주각 : $\angle APB$
- 호 $\overset{\frown}{AB}$(우호)의 원주각 : $\angle AQB$

다음 그림을 보고 괄호 안에 알맞은 식(각)을 넣어보시기 바랍니다.

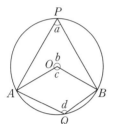

- $\angle a = \dfrac{1}{2} \times (\quad)$ • $\angle b = 2 \times (\quad)$

- $\angle c = 2 \times (\quad)$ • $\angle d = \dfrac{1}{2} \times (\quad)$

어렵지 않죠? $\overset{\frown}{AB}$(열호)에 대한 원주각 $\angle a$의 중심각은 $\angle c$가 되어 $\angle a = \dfrac{1}{2}\angle c$이며, $\overset{\frown}{AB}$(우호)에 대한 원주각 $\angle d$의 중심각은 $\angle b$가 되어 $\angle d = \dfrac{1}{2}\angle b$입니다. 더불어 중심각 $\angle c$와 $\angle b$의 합($\angle c + \angle b$)는 $360°$이므로, 원주각 $\angle a$와 $\angle d$의 합($\angle a + \angle d$)은 $180°$가 될 것입니다.

$$\angle a와\ \angle d의\ 합이\ 180°라고...?$$

앞의 그림을 보면서 이것을 사각형 $AQBP$의 내각으로 확장해 보시기 바랍니다. 원에 내접하는 사각형 $AQBP$의 성질을 도출해 낼 수 있을 것입니다.

원에 내접하는 사각형의 대각

원에 내접하는 사각형의 마주보는 두 내각(한 쌍의 대각)의 합은 $180°$입니다.

원에 내접하는 사각형에 대해서는 뒤쪽에서 한 번 더 다루도록 하겠습니다.

다음 그림을 보고 x, y, z의 값을 구해보시기 바랍니다. 단, 선분 $\overline{BD}$는 원의 중심 O를 지난다고 합니다.

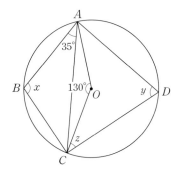

보아하니 원주각의 성질, 즉 한 원에서 길이가 같은 호에 대한 원주각의 크기는 모두 같다는 것과 더불어 호에 대한 원주각의 크기가 중심각의 $\frac{1}{2}$이라는 사실만 기억하면 쉽게 해결할 수 있는 문제군요. 천천히 풀어볼까요? $\overset{\frown}{AC}$(열호)의 중심각 $\angle AOC=130°$이므로, 그에 대한 원주각 $\angle ADC(=\angle y)$는 $130°$의 절반인 $65°$가 됩니다. 맞죠? 그리고 원에 내접하는 사각형의 한 쌍의 대각의 합이 $180°$이므로, $\angle x$와 $\angle y$의 합 또한 $180°$가 될 것입니다. 여기서 $\angle x$의 크기를 구할 수 있겠네요.

$$\angle x+\angle y=180° : \angle y=65°\text{이므로 } \angle x=115°\text{입니다.}$$

이제 $\angle z$의 크기를 구해볼까요?

음... $\overline{OA}=\overline{OC}$(원의 반지름)이므로 $\triangle OCA$는 이등변삼각형이군요. 그렇죠? 이등변삼각형 $\triangle OCA$의 두 밑각의 크기를 구하면 다음과 같습니다.

$$\angle AOC=130°, \ \angle OAC=\angle OCA\text{(이등변삼각형의 밑각)}$$
$$(\triangle OCA\text{의 내각의 합})=\angle AOC+\angle OAC+\angle OCA=130°+2\angle OAC=180°$$
$$\therefore \ \angle OAC=\angle OCA=25°$$

더불어 $\triangle ABC$의 내각의 합이 $180°$라는 사실을 이용하면 손쉽게 $\angle BCA$의 크기를 계산해 낼 수 있습니다. 앞서 $\angle x(=\angle ABC)$가 $115°$라고 했던 거, 기억하시죠?

$$(\triangle ABC\text{의 내각의 합})=\angle ABC+\angle BAC+\angle BCA=115°+35°+\angle BCA=180°$$
$$\therefore \ \angle BCA=30°$$

잠깐! ∠BCD는 어떤 호의 원주각일까요? 네, 그렇습니다. $\overparen{BD}$에 대한 원주각입니다. 문제에서 $\overline{BD}$가 원의 중심 O를 지난다고 했으므로 호 $\overparen{BD}$는 반원입니다. 그렇죠? 여러분~ 반원에 대한 원주각이 90°라는 사실, 다들 알고 계시죠? 즉, ∠BCD=90°입니다. 이제 ∠z의 크기를 구해보겠습니다.

$$\angle BCD = \angle BCA + \angle OCA + \angle z = 30° + 25° + \angle z = 90° \;\to\; \angle z = 35°$$

몇 문제 더 풀어볼까요? 다음 원에서 각 ∠x와 ∠y의 크기를 구해보시기 바랍니다.

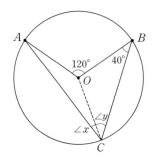

잠시 질문의 답을 스스로 찾아보는 시간을 가져보세요.

조금 어렵나요? 일단 △OBC는 이등변삼각형입니다. 그렇죠? $\overline{OC}$와 $\overline{OB}$가 반지름으로 그 길이가 같잖아요. 더불어 △OBC의 두 밑각의 크기는 서로 같으므로 ∠y=40°가 됩니다.

음... 여기에 삼각형의 내각의 합이 180°라는 사실을 적용하면 손쉽게 ∠BOC의 크기를 구할 수 있겠네요.

$$\text{(△OBC의 내각의 합)}$$
$$= \angle y + 40° + \angle BOC = 40° + 40° + \angle BOC = 180° \;\to\; \angle BOC = 100°$$

또한 ∠BOC, ∠BOA, ∠AOC의 합이 360°이므로 ∠AOC=140°입니다.

$$\angle BOC + \angle BOA + \angle AOC = 360° \;\to\; 100° + 120° + \angle AOC = 360° \;\to\; \angle AOC = 140°$$

이번엔 이등변삼각형 △OAC에 대해 살펴보겠습니다. 일단 △OAC의 두 밑각의 크기는 서로 같으므로 ∠x=∠OAC입니다. 마찬가지로 여기에 삼각형의 내각의 합이 180°라는 사실을 적용하면 손쉽게 $\angle x$의 크기를 구할 수 있습니다.

$$(\triangle OAC\text{의 내각의 합})$$
$$=\angle AOC+\angle OAC+\angle OCA=140°+\angle x+\angle x=180° \rightarrow \angle x=20°$$

따라서 $\angle x=20°$, $\angle y=40°$입니다. 어떠세요? 할 만하죠? 다음 그림을 보고 x, y, z의 값을 구해보시기 바랍니다.

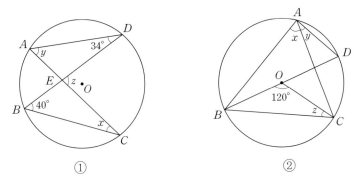

① ②

잠시 질문의 답을 스스로 찾아보는 시간을 가져보세요.

마찬가지로 원주각의 성질, 즉 한 원에서 길이가 같은 호에 대한 원주각의 크기는 모두 같다는 원리와 더불어 호에 대한 원주각의 크기가 중심각의 $\frac{1}{2}$이라는 사실만 기억하면 손쉽게 해결할 수 있을 듯합니다. 그럼 하나씩 풀어볼까요? 열호와 우호를 정확히 구분하면서 다음 내용을 천천히 읽어보시기 바랍니다.

①의 경우, $\overparen{AB}$(열호)에 대한 원주각은 $\angle ADB$와 $\angle ACB$이며, $\overparen{DC}$(열호)에 대한 원주각은 $\angle DAC$와 $\angle DBC$입니다. 한 원에서 길이가 같은 호에 대한 원주각의 크기는 모두 같으므로 $\angle ADB=\angle ACB$와 $\angle DAC=\angle DBC$입니다. 그렇죠?

$$\angle ADB=\angle ACB,\ \angle DAC=\angle DBC \rightarrow \angle x=34°,\ \angle y=40°$$

쉽죠? 더불어 $\angle z$는 $\triangle EBC$의 한 외각에 해당하므로, 그와 이웃하지 않는 두 내각의 합과 같습니다.

$$\angle z=\angle EBC+\angle ECB=40°+\angle x=40°+34°=74°$$

음... ②의 경우는 조금 복잡하네요. 일단 $\overset{\frown}{BC}$(열호)에 대한 중심각 $\angle BOC = 120°$입니다. 그렇죠? 더불어 $\overset{\frown}{BC}$(열호)에 대한 원주각 $\angle BAC(\angle x)$는 중심각 $120°$의 절반과 같으므로 $\angle x = 60°$가 됩니다. 이제 $\overset{\frown}{CD}$(열호)에 대한 원주각과 중심각을 찾아볼까요? 네, 그렇습니다. $\overset{\frown}{CD}$ (열호)에 대한 원주각과 중심각은 각각 $\angle DAC$와 $\angle DOC$입니다. 보아하니, 평각의 원리에 의해 $\angle DOC$의 크기는 $60°$가 되겠네요.

$$(평각) = \angle DOC + \angle BOC = \angle DOC + 120° = 180° \;\rightarrow\; \angle DOC = 60°$$

따라서 $\angle DOC$의 절반인 $30°$가 바로 $\overset{\frown}{CD}$(열호)에 대한 원주각 $\angle DAC(=\angle y)$의 크기입니다. 즉, $\angle y = 30°$가 된다는 말입니다. 참고로 반원($\overset{\frown}{BD}$)에 대한 원주각 $\angle BAD$의 크기가 $90°$라는 사실을 이용해도 쉽게 $\angle y = 30°$라는 것을 확인할 수 있습니다. ($\angle x + \angle y = 90°$)

이제 $\angle z$의 크기를 구해볼 차례입니다. 보아하니 원주각의 성질을 이용할 필요 없이, $\triangle OBC$의 내각의 크기로부터 그 값을 찾아볼 수 있겠네요. 여러분~ $\triangle OBC$가 어떤 삼각형인가요? 네, 맞아요. 이등변삼각형($\overline{OB} = \overline{OC}$)입니다. 이등변삼각형의 경우, 한 내각의 크기만 알면 나머지 두 내각의 크기를 쉽게 구할 수 있다는 사실, 다들 아시죠?

$\angle BOC = 120°$, $\angle OBC = \angle OCB$(이등변삼각형의 밑각)
$(\triangle OBC$의 내각의 합$) = \angle BOC + \angle OBC + \angle OCB = 120° + 2\angle OCB = 180°$
$\therefore \angle OCB = \angle z = 30°$

원주각과 호의 길이는 어떤 관계를 가질까요? 그렇습니다. 바로 정비례 관계입니다. 다음에 서술된 증명과정을 천천히 읽어보시기 바랍니다. 단, 여기에서 언급하는 호, 중심각, 원주각은 모두 한 원 또는 합동인 두 원에 대한 것으로 한정하겠습니다.

이해되시나요? 잘 이해가 되지 않는 학생들은 연습장에 원(원주각과 호)을 그려가면서 스스로 이해를 도우시길 바랍니다.

원주각과 호의 길이

한 원(또는 합동인 두 원)에 대하여 다음이 성립합니다.
  ① 길이가 같은 호에 대한 원주각의 크기는 모두 같습니다.
  ② 크기가 같은 원주각에 대한 호의 길이는 모두 같습니다.
  ③ 원주각의 크기와 호의 길이는 정비례합니다.

다음 그림을 보고 x, y의 값을 구해보시기 바랍니다.

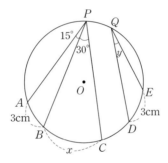

잠시 질문의 답을 스스로 찾아보는 시간을 가져보세요.

어렵지 않죠? 일단 길이가 같은 호에 대한 원주각의 크기가 서로 같다는 사실로부터 쉽게 $y=15°$임을 알 수 있습니다. 그렇죠?

$$\overparen{AB}=\overparen{DE}=3\text{cm} \;\rightarrow\; (\overparen{AB}\text{의 원주각})=(\overparen{DE}\text{의 원주각})=15° \;\rightarrow\; y=15°$$

다음으로 원주각의 크기와 호의 길이가 정비례한다는 원리로부터 x에 대한 비례식을 작성해 보겠습니다. 여기서 잠깐! 비례식만 작성하면 구하고자 하는 미지수의 값을 손쉽게 계산해낼 수 있다는 사실, 다들 알고 계시죠?

$$\overparen{AB} : \angle APB = \overparen{BC} : \angle BPC \;\rightarrow\; 3\text{cm} : 15° = x : 30° \;\rightarrow\; 15x=90 \;\rightarrow\; x=6\text{cm}$$

어떠세요? 어렵지 않죠? 이렇게 도형 문제에서는 기본적인 개념을 정확히 적용하는 것이 중요합니다. 특히 알파벳과 기호가 많이 나오므로 그림과 함께 하나씩 따져보면서 실수 없이 수식을 작성해야 합니다. 이 점 반드시 명심하시기 바랍니다.

한 문제 더 풀어볼까요? 다음 그림을 보고 x, y의 값을 구해보시기 바랍니다.

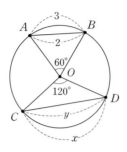

 잠시 질문의 답을 스스로 찾아보는 시간을 가져보세요.

음... 이번엔 한 원(또는 합동인 두 원)에서 중심각의 크기와 호의 길이는 정비례한다는 원리로부터 x에 대한 비례식을 작성해야겠군요.

$$\overset{\frown}{AB} : \angle AOB = \overset{\frown}{CD} : \angle COD \ \rightarrow \ 3 : 60° = x : 120° \ \rightarrow \ 60x = 360 \ \rightarrow \ x = 6\text{cm}$$

그런데... 문제는 y입니다. 기억할지 모르겠지만, 중심각(또는 원주각)의 크기와 현의 길이는 정비례하지 않습니다.

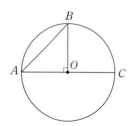

- 현 $\overline{AB}$에 대한 중심각 : $\angle AOB = 90°$
- 현 $\overline{AC}$(반지름)에 대한 중심각 : $180°$

$\overline{AC}$의 길이는 $\overline{AB}$의 길이의 2배일까?　　No!

복습하는 차원에서 부채꼴(또는 원)에 대한 정비례관계를 살펴보도록 하겠습니다. 이 모두 중학교 1학년 때 다룬 내용인 거, 다들 아시죠?

정비례관계인 것	정비례관계가 아닌 것
• 부채꼴의 호의 길이와 중심각	• 부채꼴의 중심각과 현
• 부채꼴의 넓이와 호의 길이	• 부채꼴의 호의 길이와 현
• 부채꼴의 넓이와 중심각	• 부채꼴의 넓이와 현

다시 문제로 돌아와서, y의 값을 찾아보도록 하겠습니다.

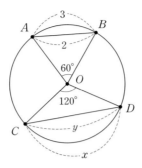

아직도 어렵나요? 힌트를 드리겠습니다. $\triangle OCD$에 집중해 보시기 바랍니다. 여러분~ $\triangle OCD$가 이등변삼각형인 거, 다들 아시죠? 즉, $\angle COD=120°$이므로 $\angle OCD=\angle ODC=30°$가 됩니다. 더불어 다음 그림과 같이 $\triangle OCD$의 꼭짓점 O에서 밑변에 수선을 긋게 되면, 그 수선은 밑변을 수직이등분합니다. 잠깐! $\overline{AB}=2$이므로 원의 반지름은 2입니다. 왜냐하면 $\triangle OAB$가 정삼각형이거든요. 맞죠? ($\overline{AB}=\overline{OA}=\overline{OB}$)

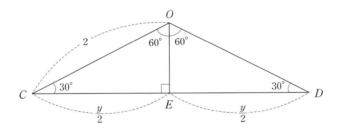

이제 감이 오시죠? 그렇습니다. 직각삼각형 $\triangle OCE$에 특수각의 삼각비를 적용하면 손쉽게 $\overline{CE}$의 길이를 구할 수 있습니다.

$$\cos 30°=\frac{\overline{CE}}{\overline{CO}}=\frac{\overline{CE}}{2}=\frac{\sqrt{3}}{2} \;\rightarrow\; \overline{CE}=\sqrt{3}$$

$\overline{CE}=\dfrac{y}{2}$이므로 $y=2\sqrt{3}$이 됩니다. 다시 한 번 말하지만, 현의 길이와 중심각(또는 원주각)의 크기는 정비례하지 않습니다. 이 점 반드시 주의하시기 바랍니다.

한 원에서 호의 길이와 원주각의 크기는 정비례하지만
현의 길이는 원주각의 크기와 정비례하지 않습니다.

앞서 우리는 아이돌 그룹 콘서트장 무대조명 설치도를 살펴본 적 있습니다.

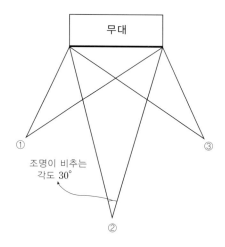

조명 ①, ②, ③의 조명각이 모두 30°라고 할 때, 세 조명이 모두 무대를 꽉 차게(딱 맞게) 비추기 위해서는 어떻게 조명을 배치해야 할까요? 네, 맞아요. 다음 그림과 같이 두 점 A, B를 지나는 원 위에 조명을 하나씩 배치하면 됩니다. 4개 이상의 조명이 있을 경우에도 마찬가지입니다. 왜냐하면 한 원에서 길이가 같은 호에 대한 원주각의 크기가 모두 같거든요.

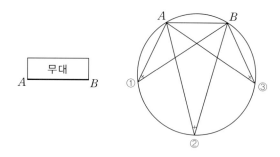

여기서 우리는 네 점이 한 원에 있을 조건을 도출해 낼 수 있습니다. 잠깐! 왜 네 점일까요? 두 점, 세 점이 한 원에 있을 조건은 따로 없는 것일까요? 네, 맞아요. 어떤 두 점을 지나는 원은 무수히 많으며, 어떤 세 점을 지나는 점은 오직 하나 밖에 없거든요. 이 부분에 대한 증명과정은 고등학교 교과과정에 해당하므로 지금은 직관적으로만 이해하시기 바랍니다.

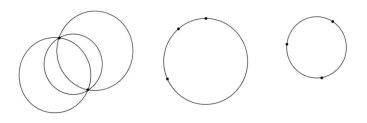

네 점이 한 원 위에 있을 조건은 무엇일까요?

 잠시 질문의 답을 스스로 찾아보는 시간을 가져보세요.

앞서 무대조명 설치도를 떠올리면 어렵지 않게 질문의 답을 찾을 수 있을 것입니다.

네 점이 한 원 위에 있을 조건

오른쪽 그림에서 보는 바와 같이 $\overline{AB}$에 대하여 두 점 C와 D가 같은 쪽에
위치할 때, $\angle ACB = \angle ADB$가 성립하면 네 점 A, B, C, D는 한 원 위
에 있습니다.

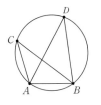

즉, $\overset{\frown}{AB}$에 대하여 원주각이 같게 되는 점들은 모두 한 원 위에 있다는 뜻입니다.

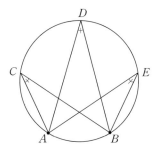

점 A, B, C, D, E는 모두 한 원 위에 있는 점이다.

내용이 너무 난해한가요? 아니죠? 혹여 이해하는 것이 조금 버겁다면, 그냥 넘어가시기 바랍
니다. 소단원을 끝까지 공부하고 난 후, 다시 읽어보면 좀 더 쉽게 이해할 수 있을 것입니다.
더불어 다음 그림과 같이 두 점 C와 D가 $\overline{AB}$에 대하여 서로 반대 쪽에 위치할 경우, $\angle ACB$
$= \angle ADB$가 성립한다 하더라도 네 점 A, B, C, D는 한 원 위에 있지 않을 수 있다는 사실도
함께 기억하시기 바랍니다.

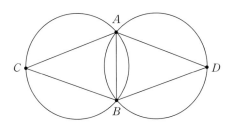

이제 증명의 시간이 다가왔습니다. 평소 증명방법과 조금 다르므로 천천히 생각하면서 읽어
보시기 바랍니다.

일단 임의의 세 점 A, B, C를 찍어봅니다. 앞서 세 점이 주어지면, 하나의 원을 결정할 수
있다고 했던 거, 기억하시죠? 다음 그림과 같이 세 점 A, B, C를 지나는 원 O를 기준으로 점
D의 위치를 변화시키면서 $\angle ACB$와 $\angle ADB$의 각의 크기를 비교해 보면 다음과 같습니다.

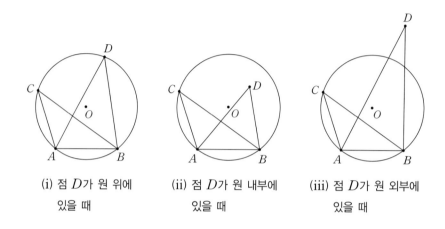

(i) 점 D가 원 위에   　　(ii) 점 D가 원 내부에   　　(iii) 점 D가 원 외부에
　　있을 때   　　　　　　　　있을 때   　　　　　　　　있을 때

여기서 우리는 ii) 점 D가 원 내부에 있을 때와 iii) 점 D가 원 외부에 있을 때, $\angle ACB \neq$
$\angle ADB$임을 증명함으로써, $\angle ACB = \angle ADB$를 만족할 경우 반드시 점 D가 원 위에 있게
된다는 것을 증명할 예정입니다. 다음은 그 증명과정의 논리를 순서대로 정리한 것입니다. 천
천히 읽어보시기 바랍니다.

① 세 점 A, B, C를 지나는 원 O를 기준으로 점 D의 위치는 다음 세 가지로 구분된다.
　(i) 점 D가 원 위에 있다.　　(ii) 점 D가 원 내부에 있다.　　(iii) 점 D가 원 외부에 있다.

② 점 D가 원 내부(ii) 또는 외부(iii)에 있을 경우에는 $\angle ACB \neq \angle ADB$이다.

③ 따라서 $\angle ACB = \angle ADB$일 경우, 점 D는 반드시 원 위에 존재한다.

이해가 되시는지요? 혹여 논리의 전개과정이 잘 이해가 되지 않는다면, 다음 세부 증명과정
은 그냥 넘어가시기 바랍니다. 중학교 수준에서 이해하기에는 조금 어려운 증명방식이거든요.
더불어 개념(또는 공식)의 증명과정을 이해하는 것보다, 그에 대한 활용(숨은 의미)을 파악하는
것이 훨씬 더 중요하다는 사실, 잊지 마시기 바랍니다.

그럼 점 D가 원 내부(ii) 또는 외부(iii)에 있을 경우에는 $\angle ACB \neq \angle ADB$임을 증명해 보도록 하겠습니다.

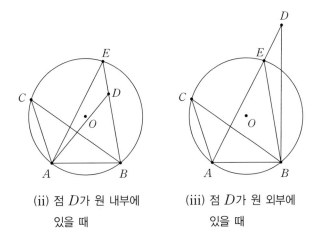

(ii) 점 D가 원 내부에
있을 때

(iii) 점 D가 원 외부에
있을 때

(ii)의 경우, $\triangle AED$를 기준으로 $\angle ADB$는 꼭짓점 D의 외각입니다. 여러분~ 한 외각은 그와 이웃하지 않는 두 내각의 합과 같다는 사실, 다들 아시죠? 다음 등식의 변형과정을 잘~ 살펴보면, $\angle ACB \neq \angle ADB$임을 쉽게 이해할 수 있을 것입니다.

$$\angle ADB = \angle DAE + \angle DEA(\angle DEA = \angle AEB) \;\rightarrow\; \angle ADB = \angle DAE + \angle AEB$$
$$\rightarrow\; \angle AEB = \angle ADB - \angle DAE(\angle DAE > 0) \;\rightarrow\; \angle AEB \neq \angle ADB$$

$\angle AEB$와 $\angle ACB$는 원주각으로 그 크기가 같으므로, 결국 점 D가 원 내부(ii)에 있을 경우에는 $\angle ACB \neq \angle ADB$가 됩니다. (iii)의 경우도 마찬가지입니다. 다음 등식의 변형과정을 잘~ 살펴보시기 바랍니다.

$$\angle AEB = \angle EBD + \angle EDB(\angle EDB = \angle ADB) \;\rightarrow\; \angle AEB = \angle EBD + \angle ADB$$
$$\rightarrow\; \angle ADB = \angle AEB - \angle EBD(\angle EBD > 0) \;\rightarrow\; \angle AEB \neq \angle ADB$$

$\angle AEB$와 $\angle ACB$는 원주각으로 그 크기가 같으므로, 결국 점 D가 원 외부(iii)에 있을 경우에는 $\angle ACB \neq \angle ADB$가 됩니다. 따라서 두 점 C와 D가 $\overline{AB}$에 대하여 같은 쪽에 위치할 때, $\angle ACB = \angle ADB$가 성립하면 네 점 A, B, C, D는 한 원 위에 있습니다. 이해되시나요? 음... 너무 어렵다고요? 혹여 증명과정이 잘 이해가 되지 않는다면 그냥 넘어가시기 바랍니다.

다음 그림에서 네 점 A, B, C, D가 한 원 위에 있기 위한 x의 값을 구해보시기 바랍니다.

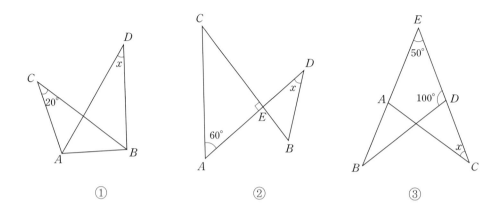

① ② ③

네, 맞아요. 네 점 A, B, C, D를 지나는 원을 머릿속으로 상상한 후, 원주각을 찾아보면 쉽게 해결할 수 있습니다. ①의 경우, 네 점 A, B, C, D가 한 원 위에 있기 위해서는 $\overarc{AB}$의 원주각 $\angle C$와 $\angle D$의 크기는 서로 같아야 합니다. 그렇죠? 즉, $\angle D = 20°(=\angle x)$가 되어야 합니다. ②의 경우도 마찬가지로 $\overarc{AB}$의 원주각 $\angle C$와 $\angle D$의 크기가 같아야겠죠? 여기에 $\triangle ACE$의 내각의 합이 $180°$임을 적용하면 쉽게 $\angle C = 30°$가 된다는 것을 알 수 있습니다. $\angle C = \angle D$이므로 $\angle D = 30°(=\angle x)$가 됩니다. ③의 경우, $\overarc{AD}$의 원주각 $\angle B$와 $\angle C$의 크기가 서로 같아야 하겠네요. 그렇죠? $\triangle BDE$의 내각의 합이 $180°$임을 활용하면 $\angle B = 30°$가 됩니다. 따라서 $\angle C = 30°(=\angle x)$입니다.

원의 접선과 현이 이루는 각에 대해 알아보는 시간을 갖겠습니다. 일단 다음과 같이 원에 내접하는 $\triangle ABC$를 상상해 보십시오. (이것 또한 내용이 상당히 난해하므로, 가급적 천천히 그림을 보면서 읽어보시기 바랍니다)

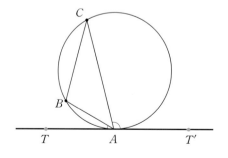

여기서 퀴즈입니다. $\angle BAT$, $\angle CAT'$와 크기가 같은 각은 무엇일까요? 직관적으로 판단하여 답을 말해보시기 바랍니다.

보아하니 $\angle BAT$와 $\angle BCA$의 크기가 서로 같아 보이는군요. 그렇죠? 더불어 $\angle CAT'$와 $\angle CBA$의 크기 또한 같아 보입니다. 그림과 함께 정리하면 다음과 같습니다.

원의 접선($\overleftrightarrow{TT'}$)과 현($\overline{AB}$ 또는 $\overline{AC}$)이 이루는 각($\angle BAT$ 또는 $\angle CAT'$)은
호($\overparen{AB}$의 또는 $\overparen{AC}$)에 대한 원주각($\angle BCA$ 또는 $\angle CBA$)의 크기와 같다.

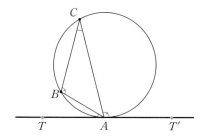

① $\angle BAT = \angle BCA$
② $\angle CAT' = \angle CBA$

이제 증명할 시간이 다가왔습니다. 다음 그림에서와 같이 현 $\overline{AB}$를 한 변으로 하고, 나머지 한 변이 원의 중심을 지나도록 $\triangle APB$를 그려봅니다. $\overparen{AB}$(열호)의 두 원주각($\angle BPA$, $\angle BCA$)의 크기가 서로 같으므로 $\angle BPA = \angle BCA$입니다. 맞죠? 더불어 $\overline{AP}$는 지름에 해당하므로, $\overparen{AP}$(반원)의 원주각 $\angle PBA$는 90°가 됩니다. 어라...? $\triangle APB$가 직각삼각형이군요. 여러분 ~ 원의 접선과 반지름(접점을 지나는 반지름)이 이루는 각이 90°라는 사실, 잊지 않으셨죠? 즉, $\angle PAT = 90°$입니다. 이제 정리해 볼까요? 잠깐! 우리가 증명해야할 것이 뭐였죠? 네, 맞아요. 바로 ① $\angle BAT = \angle BCA$와 ② $\angle CAT' = \angle CBA$입니다.

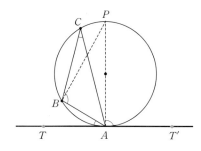

$\triangle APB$: 직각삼각형($\angle PBA = 90°$)
　　→　$\angle BPA + \angle BAP = 90°$
원의 접선과 반지름(접점을 지나는 반지름)이
이루는 각 : 90°　→　$\angle BAT + \angle BAP = 90°$

$\angle BPA + \angle BAP = 90°$와 $\angle BAT + \angle BAP = 90°$
를 변변 빼면 $\angle BPA = \angle BAT$가 됩니다.

$\angle BPA = \angle BCA$(호 $\overparen{AB}$의 원주각)이므로,
결국 $\angle BAT = \angle BCA$입니다. (① : 증명완료)

와우~ 정말이지 증명과정이 상당히 난해하군요. 거 봐요~ 그림과 함께 천천히 읽어보라고 했잖아요. ② ∠CAT'=∠CBA의 경우, △ABC의 내각의 합과 평각($\overline{TT'}$)의 원리를 적용하면 어렵지 않게 증명할 수 있을 것입니다. 이는 여러분의 과제로 남겨놓도록 하겠습니다. 시간 날 때, 각자 증명해 보시기 바랍니다.

원의 접선과 현이 이루는 각

원의 접선과 현이 이루는 각은 현에 대응하는 호의 원주각의 크기와 같습니다.

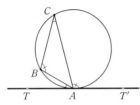

① ∠BAT=∠BCA
② ∠CAT'=∠CBA

다음 그림에서 x, y의 값을 구해보시기 바랍니다.

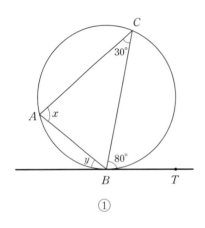

①

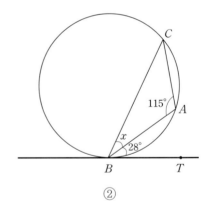

②

 잠시 질문의 답을 스스로 찾아보는 시간을 가져보세요.

어렵지 않죠? 원의 접선과 현이 이루는 각이 현에 대응하는 호의 원주각의 크기와 같으므로, ①의 경우 ∠x=∠CBT이며 ∠y=∠ACB가 됩니다. 즉, ∠CBT=80°, ∠ACB=30°이므로 ∠x=80°, ∠y=30°가 된다는 뜻이지요.

②의 경우도 마찬가지입니다. ∠ACB=∠ABT=28°인 거, 다들 아시죠? 더불어 △ABC의 내각의 합이 180°임을 이용하면 손쉽게 ∠x=37°라는 것을 쉽게 확인할 수 있습니다.

다음 그림을 보고 삼각형과 관련된 원리를 도출해 보시기 바랍니다.

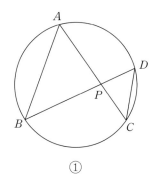

①

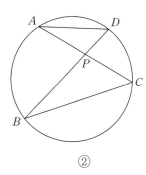

②

잘 모르겠다고요? 힌트를 드리겠습니다. 다음 원주각을 넣은 그림을 잘 살펴보시기 바랍니다.

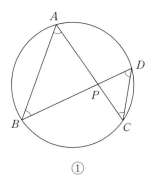

①

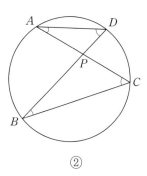

②

보아하니, ①의 경우 △PAB와 △PDC가, ②의 경우 △PAD와 △PBC가 AA닮음이군요. 그렇습니다. 원 위에 있는 네 점 A, B, C, D를 두 선분이 교차되도록 연결한 후 두 개의 삼각형을 만들 경우, 도출된 두 삼각형은 서로 닮음이 된다는 뜻입니다. 이를 원에 내접하는 사각형으로 확장하면 다음과 같습니다.

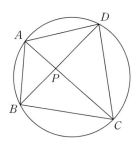

여러분~ 앞서 원에 내접하는 사각형의 대각의 크기에 대해 다루었던 거, 기억하시죠? 함께 정리해보겠습니다.

① 원에 내접하는 사각형의 마주보는 두 내각(한 쌍의 대각)의 합은 180°입니다.

② 원에 내접하는 사각형의 대각선으로 나누어진 네 삼각형 중 서로 마주보는 삼각형은 닮음입니다.

이제 관련 문제를 풀어볼까요? 다음 그림에서 $\overline{CB}$의 길이를 구해보시기 바랍니다.

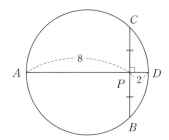

음... 네 점을 연결하여 사각형 $ABDC$를 만든 후, 마주보는 두 삼각형이 닮음이라는 사실을 활용하면 어렵지 않게 질문의 답을 찾을 수 있을 듯합니다. $\triangle PAC$와 $\triangle PBD$가 닮음이므로, 비례식 $\overline{PA} : \overline{PC} = \overline{PB} : \overline{PD}$가 성립한다는 거, 다들 아시죠? $\overline{PC}$를 x라고 놓은 후, 그 값을 구해보면 다음과 같습니다. ($\overline{PC} = \overline{PB} = x$)

$$\overline{PA} : \overline{PC} = \overline{PB} : \overline{PD} \rightarrow 8 : x = x : 2 \rightarrow x^2 = 16 \rightarrow x = 4$$

따라서 우리가 구하고자 하는 $\overline{CB}$의 길이는 8($\overline{CB} = \overline{PC} + \overline{PB} = 2x = 8$)입니다. 이처럼 원의 성질을 이용하면, 원과 관련된 닮음 문제를 쉽게 해결할 수 있답니다. 하나 더! 이렇게 닮음과 관련된 문제에서는 주어진 그림으로부터 닮음도형을 정확히 찾아내는 것이 문제해결의 관건입니다. 이 사실 반드시 기억하시기 바랍니다. **다음 그림에서 닮음인 삼각형을 찾아보시기 바랍니다.**

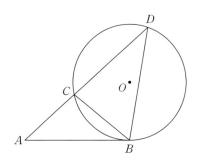

조금 어렵나요? 여러분~ 삼각형의 두 내각의 크기가 같을 때 AA닮음이라는 사실, 다들 알고 계시죠? 다음 각을 표시한 그림을 보면서 다시 한 번 닮음인 삼각형을 찾아보시기 바랍니다. 여기서 $\angle CDB$와 $\angle CBA$가 같은 이유는 바로 원의 접선과 현이 이루는 각이, 현에 대응하는 호의 원주각의 크기와 같기 때문입니다.

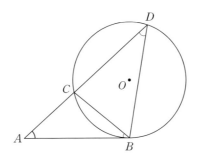

네, 맞아요. 두 삼각형 $\triangle ABC$와 $\triangle ADB$가 서로 닮음입니다. $\angle CDB = \angle CBA$이고 $\angle A$가 공통이잖아요. 그렇죠? 다음 그림에서 x값을 구해보시기 바랍니다.

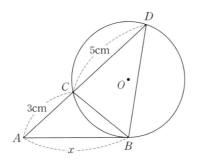

 잠시 질문의 답을 스스로 찾아보는 시간을 가져보세요.

어렵지 않죠? $\triangle ABC$와 $\triangle ADB$의 닮음비를 이용하면 쉽게 해결할 수 있는 문제입니다. 그럼 닮음비로부터 x에 대한 방정식을 도출해 볼까요? 닮음점(알파벳)의 순서를 잘 확인하면서 닮음비를 작성해 보시기 바랍니다.

$$\overline{AB} : \overline{AD} = \overline{AC} : \overline{AB} \ \rightarrow \ x : (3+5) = 3 : x \ \rightarrow \ x^2 = 24$$

$x > 0$이므로 $x = \sqrt{24} = 2\sqrt{6}$cm입니다. 마지막으로 한 문제만 더 풀어보겠습니다. 다음 그림을 보고 $\angle BDC$의 크기를 구해보시기 바랍니다.

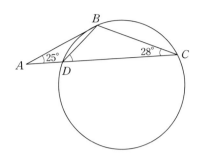

마찬가지로 △ABC와 △ADB의 닮음을 이용하면 쉽게 해결할 수 있는 문제입니다. 어라...? 구하고자 하는 각이 ∠BDC인데..., 보아하니 △ADB의 한 외각에 해당하는군요. 즉, ∠BDC의 크기는 그와 이웃하지 않는 두 내각(∠BAD와 ∠ABD)의 합과 같다는 뜻입니다. 그렇죠?

$$\angle BDC = \angle BAD + \angle ABD \;\rightarrow\; \angle BDC = 25° + \angle ABD$$

먼저 ∠ABD의 크기를 찾아야겠군요. △ABC와 △ADB가 닮음이니까... 아하! ∠ABD의 크기는 ∠ACB의 크기 28°와 같겠네요. 그렇죠? 따라서 ∠BDC=25°+28°=53°가 됩니다. 어렵지 않죠?

★ 개념을 정확히 이해했는지 확인하고 싶다면, 학교 교과서에 나오는 개념확인 문제를 풀어 보거나 스스로 개념 확인문제를 출제하여 풀어보면 큰 도움이 될 것입니다.

심화학습

★ 개념의 이해도가 충분하지 않다면, 일단 PASS하시기 바랍니다. 그리고 개념정리가 마무리 되었을 때 심화학습 내용을 따로 읽어보는 것을 권장합니다.

【원과 직선의 위치관계】

원과 직선의 위치관계는 어떻게 분류될까요?

 잠시 질문의 답을 스스로 찾아보는 시간을 가져보세요.

일단 원과 직선이 만나는 경우와 만나지 않는 경우를 상상해 볼 수 있습니다. 만약 두 도형이 만난다면, 교점의 개수는 1개 또는 2개가 될 것입니다. 그렇죠? 즉, 평면상에서 원과 직선의 위치관계는 ① 두 점에서 만나는 경우, ② 한 점에서 만나는 경우(접하는 경우), ③ 만나지 않는 경우 이 세 가지뿐입니다.

'원의 반지름(r)'과 '원의 중심과 직선 사이의 거리(d)'를 활용하여, 원과 직선의 위치관계를 정리해 볼 수도 있습니다. 다음 두 변수 d와 r의 대소관계를 확인하면서 천천히 읽어보시기 바랍니다.

① 두 점에서 만난다.   ② 한 점에서 만난다. (접한다)   ③ 만나지 않는다.

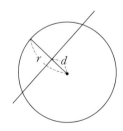   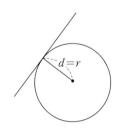   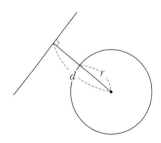

$d < r$ ⇔ 서로 다른 두 점에서 만난다. $d = r$ ⇔ 접한다. $d > r$ ⇔ 만나지 않는다.

【두 원의 위치관계】

두 원의 위치관계는 어떻게 분류될까요?

 잠시 질문의 답을 스스로 찾아보는 시간을 가져보세요.

너무 막막한가요? 힌트를 드리겠습니다. 일단 작은 원과 큰 원을 하나씩 떠올려 보시기 바랍니다. 그리고 다음과 같이 작은 원이 큰 원을 통과한다고 가정해 보십시오. 즉, 작은 원이 큰 원을 뚫고 지나가는 것을 상상해 보라는 말입니다.

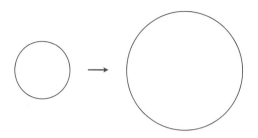

어떠세요? 두 원의 위치관계가 나오나요?

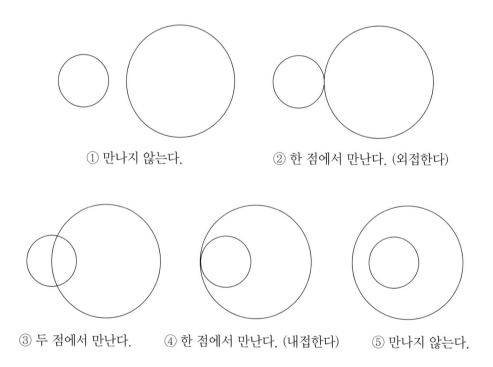

① 만나지 않는다.   ② 한 점에서 만난다. (외접한다)

③ 두 점에서 만난다.   ④ 한 점에서 만난다. (내접한다)   ⑤ 만나지 않는다.

다음과 같이 두 원의 반지름을 r, r'로, 원의 중심간 거리를 d라고 놓은 후, 두 원의 위치관계를 구분할 수도 있습니다.

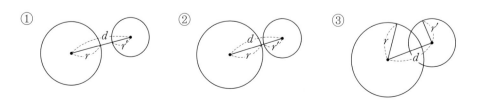

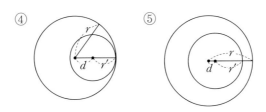

> ① $r+r'<d$ ⇔ 두 원은 서로 밖에 있으며 만나지 않는다.
> ② $r+r'=d$ ⇔ 두 원은 한 점에서 외접한다.
> ③ $r+r'>d$ ⇔ 두 원은 서로 다른 두 점에서 만난다.
> ④ $|r-r'|=d$ ⇔ 두 원은 한 점에서 내접한다.
> ⑤ $|r-r'|>d$ ⇔ 두 원은 한쪽이 다른 쪽을 내부에 포함하고 만나지 않는다.

두 원의 공통접선의 길이는 얼마일까요? 그림에서 보는 바와 같이 공통접선은 공통외접선과 공통내접선으로 구분됩니다.

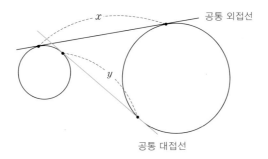

음... 피타고라스 정리를 활용하면 어렵지 않게 공통접선의 길이를 구할 수 있을 듯합니다. 여기서 관건은 바로 보조선인데요... 다음 그림에서 큰 원의 반지름을 r, 작은 원의 반지름을 r', 두 원의 중심거리를 d로 놓은 다음, 공통외접선의 길이($\overline{AB}$)를 구해보시기 바랍니다.

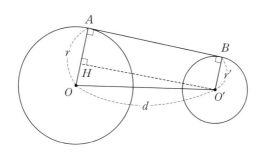

 잠시 질문의 답을 스스로 찾아보는 시간을 가져보세요.

보아하니, 직각삼각형 $\triangle OHO'$에 피타고라스의 정리를 적용하면 되겠군요.

$$\overline{OO'}^2 = \overline{OH}^2 + \overline{O'H}^2 \ \rightarrow \ d^2 = (r-r')^2 + \overline{O'H}^2 \ \rightarrow \ \overline{O'H} = \sqrt{d^2 - (r-r')^2}$$

⇧

$$\overline{OO'} = d, \ \overline{OH} = \overline{OA} - \overline{AH} = r - r'\,(\overline{AH} = \overline{BO'} = r')$$

따라서 공통외접선의 길이는 $\sqrt{d^2-(r-r')^2}$이 됩니다. 어렵지 않죠? 공통내접선의 길이를 구하는 것은 여러분들의 과제로 남겨놓도록 하겠습니다. 아래 그림을 잘 살펴보면서 각자 답을 찾아보시기 바랍니다.

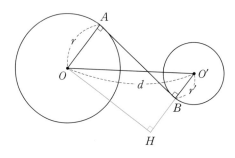

$\overline{AB}$의 길이는 얼마일까?

2 개념정리하기

■ 학습 방식

　개념에 대한 예시를 스스로 찾아보면서, 개념을 정리하시기 바랍니다.

---

1 원

　평면 위의 한 점(O)으로부터 일정한 거리만큼 떨어진 점들로 이루어진 도형을 원이라고 정의합니다. 여기서 점 O를 원의 중심이라고 말하며, 원의 중심에서 원 위의 한 점을 이은 선분($\overline{OA}$)을 원의 반지름이라고 부릅니다.

　(숨은 의미 : 원의 개념을 명확히 정의해 줍니다)

2 호와 현

　원 위의 두 점(A, B) 사이의 부분(원의 일부분)을 호라고 부르며, 기호 $\overparen{AB}$로 표현합니다. 더불어 원 위의 두 점 A, B를 연결한 선분($\overline{AB}$)을 현이라고 정의합니다. (숨은 의미 : 원의 개념을 확장시켜주는 기본 토대를 마련합니다)

3 원의 중심과 현의 관계

　원의 중심과 현의 관계를 정리하면 다음과 같습니다.

　① 현의 수직이등분선은 원의 중심을 지납니다.

　② 원의 중심으로부터 현에 내린 수선은 현의 길이를 이등분합니다.

　③ 한 원에서 중심으로부터 같은 거리만큼 떨어진 두 현의 길이는 서로 같습니다.

　④ 한 원에서 길이가 같은 두 현은 원의 중심으로부터 서로 같은 거리에 있습니다.

　(숨은 의미 : 원과 다각형에 대한 관계를 다루는 기본 토대를 마련합니다)

4 원의 접선의 성질

원 외부의 한 점으로부터 원에 접선을 그었을 때, 원의 접선과 반지름(접점을 지나는 반지름)은 수직입니다. 더불어 두 접선의 길이는 서로 같습니다. (숨은 의미 : 원과 다각형에 대한 관계를 다루는 기본 토대를 마련합니다)

5 원주각의 정의와 성질

원주 위의 한 점에서 그은 서로 다른 두 개의 현이 만드는 각을 원주각이라고 부릅니다.

① 한 원에서 임의의 호에 대한 원주각의 크기는 중심각의 $\frac{1}{2}$입니다.

② 한 원에서 길이가 같은 호에 대한 원주각의 크기는 모두 같습니다.

(숨은 의미 : 원의 개념을 확장시켜주는 기본 토대를 마련합니다)

6 원주각과 호의 길이

한 원(또는 합동인 두 원)에 대하여 다음이 성립합니다.

① 길이가 같은 호에 대한 원주각의 크기는 모두 같습니다.

② 크기가 같은 원주각에 대한 호의 길이는 모두 같습니다.

③ 원주각의 크기와 호의 길이는 정비례합니다.

(숨은 의미 : 원의 개념을 확장시켜주는 기본 토대를 마련합니다)

7 네 점이 한 원 위에 있을 조건

오른쪽 그림에서 보는 바와 같이 $\overline{AB}$에 대하여 두 점 C와 D가 같은 쪽에 위치할 때, $\angle ACB = \angle ADB$가 성립하면 네 점 A, B, C, D는 한 원 위에 있습니다.

(숨은 의미 : 원과 다각형에 대한 관계를 다루는 기본 토대를 마련합니다)

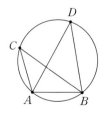

8 원의 접선과 현이 이루는 각

원의 접선과 현이 이루는 각은 현에 대응하는 호의 원주각의 크기와 같습니다. (숨은 의미 : 원과 다각형에 대한 관계를 다루는 기본 토대를 마련합니다)

9 원에 내접하는 사각형의 성질

원에 내접하는 사각형은 다음이 성립합니다.

① 원에 내접하는 사각형의 마주보는 두 내각(한 쌍의 대각)의 합은 180°입니다.

② 원에 내접하는 사각형의 대각선으로 나누어진 네 개의 삼각형 중 서로 마주보는 삼각형은 닮음입니다.

(숨은 의미 : 원에 내접하는 다각형을 다루는 데 있어 유용하게 사용됩니다)

■ **개념도출형** 학습방식

　개념도출형 학습방식이란 단순히 수학문제를 계산하여 푸는 것이 아니라, 문제로부터 필요한 개념을 도출한 후 그 개념을 떠올리면서 문제의 출제의도 및 문제해결방법을 찾는 학습방식을 말합니다. 문제를 통해 스스로 개념을 도출할 수 있으므로, 한 문제를 풀더라도 유사한 많은 문제를 풀 수 있는 능력을 기를 수 있으며, 더 나아가 스스로 개념을 변형하여 새로운 문제를 만들어 낼 수 있어, 좀 더 수학을 쉽고 재미있게 공부할 수 있도록 도와줍니다.

　시간에 쫓기듯 답을 찾으려 하지 말고, 어떤 개념을 어떻게 적용해야 문제를 풀 수 있는지 천천히 생각한 후에 계산하시기 바랍니다. 문제를 해결하는 방법을 찾는다면 정답을 구하는 것은 단순한 계산과정일 뿐이라는 사실을 명심하시기 바랍니다. (생각을 많이 하면 할수록, 생각의 속도는 빨라집니다)

문제해결과정

① 이 문제를 풀기 위해 어떤 개념을 알아야 하는가?

② 그 개념을 간단히 설명해 보아라.

③ 문제의 출제의도를 말하고 어떻게 풀지 간단히 설명해 보아라.

④ 그럼 문제의 답을 찾아라.

※ 책 속에 있는 붉은색 카드를 사용하여 힌트 및 정답을 가린 후, ①~④까지 순서대로 질문의 답을 찾아보시기 바랍니다.

Q1. 다음 그림에서 x, y의 값을 구하여라.

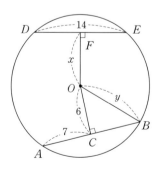

① 이 문제를 풀기 위해 어떤 개념을 알아야 하는가?

② 그 개념을 머릿속에 떠올려 보아라.

③ 문제의 출제의도를 말하고 어떻게 풀지 간단히 설명해 보아라. (잘 모를 경우, 아래 Hint를 보면서 질문의 답을 찾아본다)

　　Hint(1) 원의 중심으로부터 현에 내린 수선은 현의 길이를 이등분한다.
　　　　　☞ $\overline{DF}=\overline{FE}=7$, $\overline{AC}=\overline{CB}=7$

　　Hint(2) 한 원에서 길이가 같은 두 현은 원의 중심으로부터 떨어진 거리가 서로 같다.
　　　　　☞ $\overline{DE}=\overline{AB}$ → $\overline{OF}=\overline{OC}$

　　Hint(3) 직각삼각형 $\triangle OCB$에 피타고라스 정리를 적용하여 y의 길이를 구해본다.
　　　　　☞ $\overline{OB}^2=\overline{OC}^2+\overline{CB}^2$

④ 그럼 문제의 답을 찾아라.

A1.
> ① 원의 중심과 현의 관계, 피타고라스 정리
> ② 개념정리하기 참조
> ③ 이 문제는 원의 중심과 현의 관계를 정확히 알고 있는지를 묻는 문제이다. 원의 중심으로부터 현에 내린 수선은 현의 길이를 이등분한다는 사실과 함께 한 원에서 길이가 같은 두 현이 원의 중심으로부터 떨어진 거리가 서로 같다는 사실을 활용하면 어렵지 않게 x의 값을 구할 수 있을 것이다. 더불어 직각삼각형 $\triangle OCB$에 피타고라스 정리를 적용하면 손쉽게 $\overline{OB}(=y)$의 길이를 계산할 수 있다.
> ④ $x=6$, $y=\sqrt{85}$

[정답풀이]

원의 중심으로부터 현에 내린 수선은 현의 길이를 이등분하므로 다음이 성립한다.

　$\overline{DF}=\overline{FE}=7$, $\overline{AC}=\overline{CB}=7$ ∴ $\overline{DE}=\overline{AB}=14$

한 원에서 길이가 같은 두 현은 원의 중심으로부터 떨어진 거리가 서로 같으므로 다음이 성립한다.

　$\overline{DE}=\overline{AB}=14$ → $\overline{OF}=\overline{OC}=6$ ∴ $\overline{OF}=x=6$

직각삼각형 $\triangle OCB$에 피타고라스 정리를 적용하여 y의 길이를 구해보자.

　$\overline{OB}^2=\overline{OC}^2+\overline{CB}^2$ → $y^2=6^2+7^2=85$ ∴ $y=\sqrt{85}$

 스스로 유사한 문제를 여러 개 만들어(출제하여) 답을 찾아보시기 바랍니다.

Q2. 다음 그림에서 △ABC의 둘레의 길이를 구하여라.

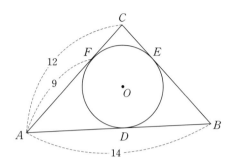

① 이 문제를 풀기 위해 어떤 개념을 알아야 하는가?

② 그 개념을 머릿속에 떠올려 보아라.

③ 문제의 출제의도를 말하고 어떻게 풀지 간단히 설명해 보아라. (잘 모를 경우, 아래 Hint를 보면서 질문의 답을 찾아본다)

> **Hint(1)** 외부의 한 점으로부터 원에 접선을 그었을 때, 두 접선의 길이는 서로 같다.
>
> (외부의 점과 두 접점 사이의 거리는 서로 같다)
>
> ☞ $\overline{AF}=\overline{AD}$, $\overline{CF}=\overline{CE}$, $\overline{BE}=\overline{BD}$
>
> **Hint(2)** $\overline{AC}=12$이고 $\overline{AF}=9$이므로 $\overline{CF}=3$이다.
>
> **Hint(3)** $\overline{AB}=14$이고 $\overline{AD}=\overline{AF}=9$이므로 $\overline{DB}=5$이다.
>
> **Hint(4)** $\overline{CF}=3$이고 $\overline{CF}=\overline{CE}$이므로 $\overline{CE}=3$이다.
>
> **Hint(5)** $\overline{DB}=5$이고 $\overline{BE}=\overline{BD}$이므로 $\overline{BE}=5$이다.

④ 그럼 문제의 답을 찾아라.

A2.

> ① 원의 접선의 성질
>
> ② 개념정리하기 참조
>
> ③ 이 문제는 원의 접선의 성질을 활용하여 주어진 삼각형의 둘레의 길이를 계산해 낼 수 있는지 묻는 문제이다. 삼각형에 내접하는 원의 접점을 기준으로 길이가 같은 선분을 하나씩 찾으면 어렵지 않게 답을 구할 수 있을 것이다.
>
> ④ (△ABC의 둘레의 길이)$=34$

[정답풀이]

$\overline{AC}$와 $\overline{AB}$의 길이가 주어졌으므로, $\overline{CB}(=\overline{CE}+\overline{EB})$의 길이만 구하면 된다. 원 외부의 한 점으로부터 원에 접선을 그었을 때, 두 접선의 길이는 서로 같다. 즉, 외부의 점과 두 접점 사이의 거리는 서로 같으므로 다음이 성립한다.

$$\overline{AF}=\overline{AD}, \ \overline{CF}=\overline{CE}, \ \overline{BE}=\overline{BD}$$

- $\overline{AC}=12$이고 $\overline{AF}=9$이므로 $\overline{CF}=3$이다.
- $\overline{AB}=14$이고 $\overline{AD}=\overline{AF}=9$이므로 $\overline{DB}=5$이다.
- $\overline{CF}=3$이고 $\overline{CF}=\overline{CE}$이므로 $\overline{CE}=3$이다.
- $\overline{DB}=5$이고 $\overline{BE}=\overline{BD}$이므로 $\overline{BE}=5$이다.

$\triangle ABC$의 둘레의 길이를 구하면 다음과 같다.

($\triangle ABC$의 둘레의 길이)$=\overline{AC}+\overline{AB}+\overline{CB}=12+14+(\overline{CE}+\overline{EB})=12+14+(3+5)=34$

 스스로 유사한 문제를 여러 개 만들어(출제하여) 답을 찾아보시기 바랍니다.

Q3. 다음과 같이 점 O를 중심으로 크기가 다른 두 원이 있다.
색칠한 부분의 넓이를 구하여라. (단, 작은 원의 반지름은 5이다)

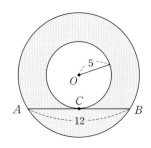

① 이 문제를 풀기 위해 어떤 개념을 알아야 하는가?

② 그 개념을 머릿속에 떠올려 보아라.

③ 문제의 출제의도를 말하고 어떻게 풀지 간단히 설명해 보아라. (잘 모를 경우, 아래 Hint를 보면서 질문의 답을 찾아본다)

Hint(1) 보조선 $\overline{OA}$, $\overline{OB}$, $\overline{OC}$를 그어본다.

Hint(2) $\overline{AB}$가 작은 원에 접하므로, $\overline{OC}$와 $\overline{AB}$는 수직이다.

Hint(3) 원의 중심 O로부터 현 $\overline{AB}$에 내린 수선은 현의 길이를 이등분한다.
☞ $\overline{AC}=\overline{CB}$ → $\overline{AB}=\overline{AC}+\overline{CB}=12$ → $\overline{AC}=\overline{CB}=6$

Hint(4) $\triangle OAC$에 피타고라스 정리를 적용하여 큰 원의 반지름 $\overline{OA}$의 길이를 구해본다.
☞ $\overline{OA}^2=\overline{OC}^2+\overline{AC}^2$ → $\overline{OA}^2=5^2+12^2=169$ → $\overline{OA}=13$

Hint(5) 큰 원(반지름 13)의 넓이에서 작은 원(반지름 5)의 넓이를 뺀다.

④ 그럼 문제의 답을 찾아라.

A3.
① 원의 중심과 현의 관계, 피타고라스 정리
② 개념정리하기 참조

③ 이 문제는 원의 중심과 현의 관계, 피타고라스 정리 등을 이용하여 구하고자 하는 값을 찾을 수 있는지 묻는 문제이다. 보조선 $\overline{OA}$, $\overline{OB}$, $\overline{OC}$를 그은 후, 원의 중심 O로부터 현 $\overline{AB}$에 내린 수선이 현 $\overline{AB}$의 길이를 이등분한다는 사실로부터 손쉽게 $\overline{AC}$의 길이를 구할 수 있을 것이다. 다음으로 $\triangle OAC$에 피타고라스 정리를 적용하여 큰 원의 반지름 $\overline{OA}$의 길이를 구한다. 마지막으로 큰 원의 넓이에서 작은 원의 넓이를 빼면 쉽게 답을 계산할 수 있을 것이다.

④ 144π

[정답풀이]

일단 보조선 $\overline{OA}$, $\overline{OB}$, $\overline{OC}$를 그어보면 다음과 같다.

$\overline{AB}$가 작은 원에 접하므로, $\overline{OC}$와 $\overline{AB}$는 수직이다. 큰 원의 중심 O로부터 현 $\overline{AB}$에 내린 수선은 현의 길이를 이등분한다.

$\overline{AC}=\overline{CB}$ → $\overline{AB}=\overline{AC}+\overline{CB}=12$ → $\overline{AC}=\overline{CB}=6$

$\triangle OAC$에 피타고라스 정리를 적용하여 큰 원의 반지름 $\overline{OA}$의 길이를 구하면 다음과 같다.

$\overline{OA}^2=\overline{OC}^2+\overline{AC}^2$ → $\overline{OA}^2=5^2+12^2=169$ → $\overline{OA}=13$

큰 원(반지름 13)의 넓이에서 작은 원(반지름 5)의 넓이를 빼, 색칠한 부분의 넓이를 구하면 다음과 같다.

(색칠한 부분의 넓이)=(큰 원의 넓이)−(작은 원의 넓이)=$13^2\pi-5^2\pi=144\pi$

 스스로 유사한 문제를 여러 개 만들어(출제하여) 답을 찾아보시기 바랍니다.

Q4. 다음 그림을 보고 $\angle DOC$의 크기를 구하여라.

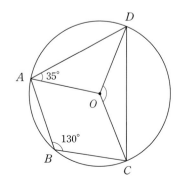

① 이 문제를 풀기 위해 어떤 개념을 알아야 하는가?

② 그 개념을 머릿속에 떠올려 보아라.

③ 문제의 출제의도를 말하고 어떻게 풀지 간단히 설명해 보아라. (잘 모를 경우, 아래 Hint를 보면서 질문의 답을 찾아본다)

> Hint(1) $\triangle OAD$가 이등변삼각형이므로($\overline{OA}=\overline{OD}$), 두 밑각 $\angle OAD$, $\angle ODA$의 크기는 $35°$로 같다.
>
> Hint(2) $\triangle OAD$의 내각의 합이 $180°$이므로 $\angle AOD=110°$가 된다.
>
> Hint(3) 호 $\overarc{ADC}$에 대한 원주각 $\angle ABC$의 크기는 $130°$이므로, 호 $\overarc{ADC}$에 대한 중심각의 크기는 원주각의 2배인 $260°$이다.
>
> Hint(4) 호 $\overarc{ADC}$에 대한 중심각의 크기와 $\angle AOD$로부터 구하고자 하는 값 $\angle DOC$의 크기를 구해본다. (호 $\overarc{ADC}$에 대한 중심각이 어느 각인지 정확히 파악해 본다)

④ 그럼 문제의 답을 찾아라.

A4.

> ① 원주각의 정의와 성질, 이등변삼각형의 성질
>
> ② 개념정리하기 참조
>
> ③ 이 문제는 원주각의 정의와 성질 등으로부터 구하고자 하는 값을 찾을 수 있는지 묻는 문제이다. 일단 $\triangle OAD$가 이등변삼각형이므로($\overline{OA}=\overline{OD}$), 두 밑각 $\angle OAD$, $\angle ODA$의 크기는 $35°$로 같다. 여기에 삼각형의 내각의 합이 $180°$라는 사실을 적용하면 손쉽게 $\angle AOD=110°$임을 알 수 있다. 보는 바와 같이 호 $\overarc{ADC}$에 대한 원주각 $\angle ABC$의 크기가 $130°$이므로, 호 $\overarc{ADC}$에 대한 중심각의 크기는 그 2배인 $260°$가 된다. 호 $\overarc{ADC}$에 대한 중심각의 크기에서 $\angle AOD$를 빼면 어렵지 않게 구하고자 하는 값 $\angle DOC$의 크기를 계산할 수 있을 것이다. (여기서 호 $\overarc{ADC}$에 대한 중심각이 어느 각인지 정확히 파악해야 한다)
>
> ④ $\angle DOC=150°$

[정답풀이]

$\triangle OAD$가 이등변삼각형이므로($\overline{OA}=\overline{OD}$), 두 밑각 $\angle OAD$, $\angle ODA$의 크기는 $35°$로 같다.

$\triangle OAD$의 내각의 합이 $180°$라는 사실을 활용하여 $\angle AOD$의 크기를 구하면 다음과 같다.

　($\triangle OAD$의 내각의 합)$=\angle OAD+\angle ODA+\angle AOD=35°+35°+\angle AOD=180°$

　→ $\angle AOD=110°$

호 $\overarc{ADC}$에 대한 원주각 $\angle ABC$의 크기는 $130°$이다. 따라서 호 $\overarc{ADC}$에 대한 중심각의 크기는 원주각의 2배인 $260°$가 된다. 호 $\overarc{ADC}$에 대한 중심각의 크기에서 $\angle AOD$의 크기를 빼면 손쉽게 $\angle DOC$의 크기를 구할 수 있다. (여기서 호 $\overarc{ADC}$에 대한 중심각이 어느 각인지 정확히 파악해 본다)

　$\angle DOC=$(호 $\overarc{ADC}$에 대한 중심각)$-\angle AOD=260°-110°=150°$

 스스로 유사한 문제를 여러 개 만들어(출제하여) 답을 찾아보시기 바랍니다.

Q5. 다음 그림에서 ∠PCQ의 크기를 구하여라. (단, 사각형 $ABCD$는 원에 내접하며, $\overline{PR}$은 원의 접선이다)

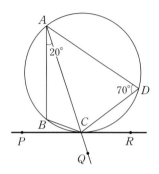

① 이 문제를 풀기 위해 어떤 개념을 알아야 하는가?

② 그 개념을 머릿속에 떠올려 보아라.

③ 문제의 출제의도를 말하고 어떻게 풀지 간단히 설명해 보아라. (잘 모를 경우, 아래 Hint를 보면서 질문의 답을 찾아본다)

Hint(1) 원에 내접하는 사각형 $ABCD$의 마주보는 두 내각(대각)의 합은 $180°$이다. 이로부터 ∠ABC의 크기를 구해본다.

Hint(2) △ABC의 내각의 합은 $180°$이다. 이로부터 ∠BCA의 크기를 구해본다.

Hint(3) 원의 접선 $\overline{PR}$과 현 $\overline{BC}$가 이루는 각 ∠BCP의 크기는 현 $\overline{BC}$에 대응하는 호 $\overset{\frown}{BC}$(열호)의 원주각 ∠BAC의 크기와 같다. (∠$BAC=20°$)

Hint(4) 평각의 원리를 적용하여 구하고자 하는 ∠PCQ의 크기를 계산해 본다.

④ 그럼 문제의 답을 찾아라.

A5.

① 원에 내접하는 사각형의 성질, 원의 접선의 성질

② 개념정리하기 참조

③ 이 문제는 원에 내접하는 사각형과 원의 접선의 성질로부터 구하고자 하는 값을 찾을 수 있는지 묻는 문제이다. 원에 내접하는 사각형 $ABCD$의 마주보는 두 내각(대각)의 합은 $180°$이다. 이로부터 ∠ABC의 크기를 구할 수 있다. 더불어 △ABC의 내각의 합이 $180°$라는 사실로부터 ∠BCA의 크기를 구할 수 있다. 여기에 원의 접선 $\overline{PR}$과 현 $\overline{BC}$가 이루는 각 ∠BCP의 크기가 현 $\overline{BC}$에 대응하는 호 $\overset{\frown}{BC}$(열호)의 원주각 ∠BAC의 크기와 같다는 원리를 적용하면 어렵지 않게 답을 찾을 수 있을 것이다. (최종적으로 평각의 원리를 적용하여 구하고자 하는 ∠PCQ의 크기를 계산한다)

④ ∠$PCQ=110°$

[정답풀이]

원에 내접하는 사각형 $ABCD$의 마주보는 두 내각(대각)의 합은 $180°$이다. 이로부터 $\angle ABC$의 크기를 구하면 다음과 같다.

$$\angle ABC + \angle ADC = 180° \;\rightarrow\; \angle ABC + 70° = 180° \;\rightarrow\; \angle ABC = 110°$$

$\triangle ABC$의 내각의 합은 $180°$이다. 이로부터 $\angle BCA$의 크기를 구하면 다음과 같다.

$$(\triangle ABC\text{의 내각의 합}) = \angle BAC + \angle ABC + \angle BCA = 20° + 110° + \angle BCA = 180°$$
$$\rightarrow\; \angle BCA = 50°$$

원의 접선 $\overline{PR}$과 현 $\overline{BC}$가 이루는 각 $\angle BCP$의 크기는 현 $\overline{BC}$에 대응하는 호 $\overset{\frown}{BC}$(열호)의 원주각 $\angle BAC$의 크기와 같으므로 $\angle BCP = 20°$가 된다. 최종적으로 선분 $\overline{AQ}$에 대하여 평각의 원리를 적용한 후, 구하고자 하는 $\angle PCQ$의 크기를 계산하면 다음과 같다.

$$(\text{평각}) = \angle BCA + \angle BCP + \angle PCQ = 50° + 20° + \angle PCQ = 180° \;\rightarrow\; \angle PCQ = 110°$$

 스스로 유사한 문제를 여러 개 만들어(출제하여) 답을 찾아보시기 바랍니다.

Q6. 다음 그림에서 $\overline{AP}$의 길이를 구하여라.

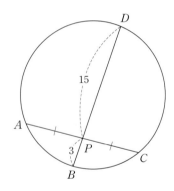

① 이 문제를 풀기 위해 어떤 개념을 알아야 하는가?

② 그 개념을 머릿속에 떠올려 보아라.

③ 문제의 출제의도를 말하고 어떻게 풀지 간단히 설명해 보아라. (잘 모를 경우, 아래 Hint를 보면서 질문의 답을 찾아본다)

　Hint(1) 보조선을 그어 사각형 $ABCD$를 그려본다.
　　　　☞ 사각형 $ABCD$는 원에 내접한다.

　Hint(2) □$ABCD$의 대각선으로 나누어진 네 개의 삼각형 중 닮음인 삼각형을 찾아본다.
　　　　☞ $\triangle PAB$와 $\triangle PDC$(AA합동), $\triangle PBC$와 $\triangle PAD$(AA합동)

　Hint(3) 닮음비를 활용하여 $\overline{AP}$의 길이에 대한 비례식을 도출해 본다. (편의상 $\overline{AP} = x$로 놓는다)
　　　　☞ ($\triangle PAB$와 $\triangle PDC$에 대한 닮음비)$= AP : \overline{DP} = \overline{BP} : \overline{CP} \;\rightarrow\; x : 15 = 3 : x$

④ 그럼 문제의 답을 찾아라.

A6.

> ① 원에 내접하는 사각형의 성질
>
> ② 개념정리하기 참조
>
> ③ 이 문제는 원에 내접하는 사각형의 성질을 활용하여 구하고자 하는 값을 찾을 수 있는지 묻는 문제이다. 일단 보조선을 그어 사각형 $ABCD$를 그려본다. $\square ABCD$의 대각선으로 나누어진 네 개의 삼각형 중 닮음인 삼각형을 찾아, 그 닮음비를 활용하면 어렵지 않게 답을 구할 수 있다.
>
> ④ $\overline{AP}=3\sqrt{5}$

[정답풀이]

일단 보조선을 그어 사각형 $ABCD$를 그려본다. 여기서 $\square ABCD$의 대각선으로 나누어진 네 개의 삼각형 중 닮음인 삼각형을 찾으면 다음과 같다.

△PAB와 △PDC(AA합동), △PBC와 △PAD(AA합동)

△PAB와 △PDC에 대한 닮음비를 활용하여 $\overline{AP}$의 길이에 대한 비례식을 도출해 보면 다음과 같다. 편의상 $\overline{AP}=x$로 놓는다.

(△PAB와 △PDC에 대한 닮음비)$=\overline{AP}:\overline{DP}=\overline{BP}:\overline{CP} \rightarrow x:15=3:x$

비례식을 풀어 x의 값을 구하면 다음과 같다.

$x:15=3:x \rightarrow x^2=45 \rightarrow x=\sqrt{45}=3\sqrt{5}$

따라서 $\overline{AP}=3\sqrt{5}$이다.

 스스로 유사한 문제를 여러 개 만들어(출제하여) 답을 찾아보시기 바랍니다.

Q7. 다음 그림에서 $\angle APB=\angle AQB$일 때, $\angle PBQ$의 크기를 구하여라.

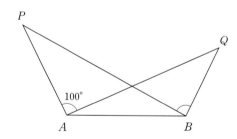

① 이 문제를 풀기 위해 어떤 개념을 알아야 하는가?

② 그 개념을 머릿속에 떠올려 보아라.

③ 문제의 출제의도를 말하고 어떻게 풀지 간단히 설명해 보아라. (잘 모를 경우, 아래 Hint를 보면서 질문의 답을 찾아본다)

    Hint(1) 두 각 $\angle APB$, $\angle AQB$를 호 $\overparen{AB}$(열호)에 대한 원주각으로 볼 경우($\angle APB=\angle AQB$), 네 점 A, B, C, D는 한 원 위에 있다고 말할 수 있다.

Hint(2) 네 점 A, B, C, D를 잇는 원을 그려본다.

Hint(3) 호 $\widehat{PQ}$(우호)에 대한 원주각을 찾아본다.

☞ 호 $\widehat{PQ}$(우호)에 대한 원주각 : $\angle PAQ$, $\angle PBQ$

Hint(4) 한 원에서 길이가 같은 호의 원주각의 크기는 모두 같다.

④ 그럼 문제의 답을 찾아라.

A7.

① 원주각의 정의와 그 성질, 네 점이 한 원 위에 있을 조건

② 개념정리하기 참조

③ 이 문제는 원주각의 정의와 그 성질 그리고 네 점이 한 원 위에 있을 조건에 대해 알고 있는지 묻는 문제이다. 일단 두 각 $\angle APB$, $\angle AQB$를 $\widehat{AB}$(열호)에 대한 원주각으로 볼 경우($\angle APB = \angle AQB$), 네 점 A, B, C, D는 한 원 위에 있게 된다. 네 점 A, B, C, D를 잇는 원을 그린 후, $\widehat{PQ}$(우호)에 대한 원주각을 찾으면 쉽게 답을 구할 수 있을 것이다.

④ $\angle PBQ = 100°$

[정답풀이]

일단 두 각 $\angle APB$, $\angle AQB$를 호 $\widehat{AB}$(열호)에 대한 원주각으로 볼 경우($\angle APB = \angle AQB$), 네 점 A, B, C, D는 한 원 위에 있게 된다. 네 점 A, B, C, D를 잇는 원을 그려보면 다음과 같다.

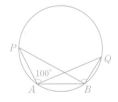

$\widehat{PQ}$(우호)에 대한 원주각을 찾으면 다음과 같다.

$\widehat{PQ}$(우호)에 대한 원주각 : $\angle PAQ$, $\angle PBQ$

한 원에서 길이가 같은 호의 원주각의 크기는 모두 같으므로, $\widehat{PQ}$(우호)에 대한 원주각 $\angle PAQ$, $\angle PBQ$의 크기 또한 서로 같다.

$\angle PAQ = \angle PBQ = 100°$

따라서 $\angle PBQ$의 크기는 $100°$이다.

 스스로 유사한 문제를 여러 개 만들어(출제하여) 답을 찾아보시기 바랍니다.

Q8. 다음 그림에서 $\overline{AB}$의 길이를 구하여라. (단, $\sin 25° = 0.4226$이며, 정답은 소수 둘째 자리에서 반올림하여 작성한다)

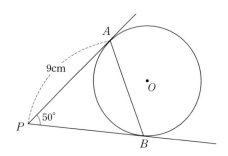

① 이 문제를 풀기 위해 어떤 개념을 알아야 하는가?

② 그 개념을 머릿속에 떠올려 보아라.

③ 문제의 출제의도를 말하고 어떻게 풀지 간단히 설명해 보아라. (잘 모를 경우, 아래 Hint를 보면서 질문의 답을 찾아본다)

    Hint(1) 보조선 $\overline{OA}$, $\overline{OB}$, $\overline{OP}$를 그어본다. (여기서 $\overline{AB}$와 $\overline{OP}$의 교점을 H라고 놓는다)
        ☞ 두 삼각형 $\triangle OAP$와 $\triangle OBP$는 모두 직각삼각형이다. ($\angle OAP = \angle OBP = 90°$)
        ☞ $\triangle OAP$와 $\triangle OBP$는 합동이다. (RHS합동) → $\angle APO = \angle BPO = 25°$

    Hint(2) $\triangle OAH$와 $\triangle OBH$가 합동인지 확인해 본다.
        ☞ $\angle AOH = \angle BOH$($\triangle OAP \equiv \triangle OBP$), $\overline{OH}$(공통변), $\overline{OA} = \overline{OB}$(반지름)이므로, $\triangle OAH$와 $\triangle OBH$는 SAS합동이다.

    Hint(3) $\triangle OAH$와 $\triangle OBH$가 합동이므로, $\overline{AH} = \overline{BH}$이며 $\overline{AB} \perp \overline{OP}$가 된다.

    Hint(4) $\triangle PAH$에 삼각비 $\sin 25°$를 적용하여 $\overline{AH}$의 길이를 구해본다.

④ 그럼 문제의 답을 찾아라.

A8.
① 원의 접선의 성질, 원의 중심과 현의 관계, 삼각비
② 개념정리하기 참조
③ 이 문제는 원의 접선의 성질 및 원의 중심과 현의 관계를 활용하여 구하고자 하는 값을 계산할 수 있는지 묻는 문제이다. 일단 보조선 $\overline{OA}$, $\overline{OB}$, $\overline{OP}$를 그어본다. 더불어 $\overline{AB}$와 $\overline{OP}$의 교점을 H라고 놓아본다. 여기서 우리는 두 삼각형 $\triangle OAP$와 $\triangle OBP$가 합동인 직각삼각형이라는 사실을 쉽게 확인할 수 있다. 마지막으로 $\triangle PAH$에 주어진 삼각비를 적용하면 어렵지 않게 $\overline{AH}$의 길이를 구할 수 있을 것이다. (참고로 원의 중심과 현의 길이로부터 $\overline{AB} = 2\overline{AH}$임을 알 수 있다)
④ $\overline{AB} = 7.6$

[정답풀이]

일단 보조선 $\overline{OA}$, $\overline{OB}$, $\overline{OP}$를 그어본다. (여기서 $\overline{AB}$와 $\overline{OP}$의 교점을 H라고 놓는다)

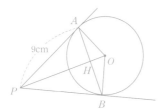

- 두 삼각형 $\triangle OAP$와 $\triangle OBP$는 모두 직각삼각형이다. ($\angle OAP = \angle OBP = 90°$)
- $\triangle OAP$와 $\triangle OBP$는 합동이다. (RHS합동) → $\angle APO = \angle BPO = 25°$

보는 바와 같이 $\angle AOH = \angle BOH$ ($\triangle OAP \equiv \triangle OBP$), $\overline{OH}$(공통변), $\overline{OA} = \overline{OB}$(반지름)이므로, $\triangle OAH$와 $\triangle OBH$는 SAS합동이 된다. 즉, 다음이 성립한다.

- $\overline{AH} = \overline{BH}$이며, $\overline{AB} \perp \overline{OP}$가 된다.

$\triangle PAH$에 삼각비 $\sin 25°$를 적용하여, $\overline{AH}$의 길이를 구해보면 다음과 같다.

$$\triangle PAH : \sin 25° = \frac{\overline{AH}}{\overline{PA}} = \frac{\overline{AH}}{9} = 0.4226 \rightarrow \overline{AH} = 3.8034$$

$\overline{AB} = 2\overline{AH}$이므로 $\overline{AB} = 7.6068$이 된다. 문제에서 소수 둘째 자리에서 반올림하라고 했으므로, 정답은 다음과 같다.

$$\overline{AB} = 7.6$$

 스스로 유사한 문제를 여러 개 만들어(출제하여) 답을 찾아보시기 바랍니다.

Q9. 다음 그림에서 $\overset{\frown}{AB} = \overset{\frown}{CD}$일 때, $\angle x$의 크기를 구하여라.

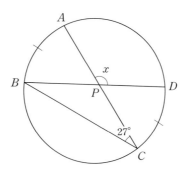

① 이 문제를 풀기 위해 어떤 개념을 알아야 하는가?

② 그 개념을 머릿속에 떠올려 보아라.

③ 문제의 출제의도를 말하고 어떻게 풀지 간단히 설명해 보아라. (잘 모를 경우, 아래 Hint를 보면서 질문의 답을 찾아본다)

Hint(1) 한 원에서 길이가 같은 호에 대한 원주각의 크기는 모두 같다.

☞ $\overset{\frown}{AB} = \overset{\frown}{CD} \rightarrow \angle ACB = \angle DBC = 27°$(원주각)

Hint(2) △PBC는 이등변삼각형이다. (두 밑각 ∠ACB, ∠DBC의 크기는 같기 때문이다)

Hint(3) △PBC의 꼭지각 ∠BPC의 크기를 구해본다. (삼각형의 내각의 합은 180°이다)

Hint(4) △BPC는 ∠x와 맞꼭지각으로 그 크기가 같다.

④ 그럼 문제의 답을 찾아라.

A9.

① 원주각의 성질, 이등변삼각형의 성질, 맞꼭지각

② 개념정리하기 참조

③ 이 문제는 원주각 및 이등변삼각형의 성질을 활용하여 구하고자 하는 값을 찾을 수 있는지 묻는 문제이다. 한 원에서 길이가 같은 호에 대한 원주각의 크기는 모두 같으므로 두 호 $\overparen{AB}$와 $\overparen{CD}$에 대한 원주각의 크기는 서로 같다. 이로부터 △PBC가 이등변삼각형임을 확인한 후, 삼각형의 내각의 합은 180°라는 사실을 이용하면 어렵지 않게 답을 구할 수 있을 것이다.

④ ∠$x = 126°$

[정답풀이]

한 원에서 길이가 같은 호에 대한 원주각의 크기는 모두 같다.

$\overparen{AB} = \overparen{CD}$ → ∠ACB = ∠DBC = 27°(원주각)

두 밑각 ∠ACB, ∠DBC의 크기가 같으므로 △PBC는 이등변삼각형이 된다. △PBC의 꼭지각 ∠BPC의 크기를 구하면 다음과 같다. (삼각형의 내각의 합은 180°이다)

(△PBC의 내각의 합) = ∠BPC + ∠PBC + ∠PCB = ∠BPC + 27° + 27° = 180°

→ ∠BPC = 180° − 54 = 126°

∠BPC은 ∠x와 맞꼭지각으로 그 크기가 같으므로 ∠$x = 126°$이다.

 스스로 유사한 문제를 여러 개 만들어(출제하여) 답을 찾아보시기 바랍니다.

Q10. 다음 그림에서 점 P는 두 현 $\overline{AB}$와 $\overline{CD}$의 연장선의 교점일 때, x의 값을 구하여라.

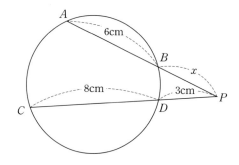

① 이 문제를 풀기 위해 어떤 개념을 알아야 하는가?

② 그 개념을 머릿속에 떠올려 보아라.

③ 문제의 출제의도를 말하고 어떻게 풀지 간단히 설명해 보아라. (잘 모를 경우, 아래 Hint를 보면서 질문의 답을 찾아본다)

> **Hint(1)** 보조선 $\overline{AD}$와 $\overline{CB}$를 그은 후, 크기가 같은 원주각을 찾아본다.
> ☞ $\overparen{BD}$에 대한 원주각 : $\angle BAD$와 $\angle BCD$ → $\angle BAD = \angle BCD$

> **Hint(2)** 닮음인 두 삼각형을 찾아본다.
> ☞ $\triangle ADP$와 $\triangle CBP$(AA닮음) : $\angle BAD = \angle BCD$, $\angle P$(공통)

> **Hint(3)** 두 삼각형의 닮음비를 활용하여 x에 대한 비례식을 작성해 본다.
> ☞ ($\triangle ADP$와 $\triangle CBP$의 닮음비)$= \overline{DP} : \overline{BP} = \overline{AP} : \overline{CP}$ → $3 : x = (6+x) : (8+3)$

④ 그럼 문제의 답을 찾아라.

A10.

① 원주각의 성질, 닮음비

② 개념정리하기 참조

③ 이 문제는 원주각의 성질을 활용하여 닮음 도형을 찾을 수 있는지 묻는 문제이다. 일단 보조선 $\overline{AD}$와 $\overline{CB}$를 그은 후, 크기가 같은 원주각을 찾아 닮음인 두 삼각형의 존재를 확인하면 어렵지 않게 답을 구할 수 있다.

④ $x = \sqrt{42} - 3$(cm)

[정답풀이]

일단 보조선 $\overline{AD}$와 $\overline{CB}$를 그은 후, 크기가 같은 원주각을 찾아보면 다음과 같다.

$\overparen{BD}$에 대한 원주각 : $\angle BAD$와 $\angle BCD$ → $\angle BAD = \angle BCD$

이제 닮음인 두 삼각형을 찾아보자.

$\triangle ADP$와 $\triangle CBP$(AA닮음) : $\angle BAD = \angle BCD$, $\angle P$(공통)

삼각형의 닮음비를 활용하여 x에 대한 비례식을 작성해 보면 다음과 같다.

($\triangle ADP$와 $\triangle CBP$의 닮음비)$= \overline{DP} : \overline{BP} = \overline{AP} : \overline{CP}$ → $3 : x = (6+x) : (8+3)$

x에 대한 비례식을 풀어 x값을 구하면 다음과 같다. ($x > 0$)

$3 : x = (6+x) : (8+3)$ → $x(6+x) = 3(8+3)$ → $x^2 + 6x - 33 = 0$ ∴ $x = \sqrt{42} - 3$

 스스로 유사한 문제를 여러 개 만들어(출제하여) 답을 찾아보시기 바랍니다.

Q11. 다음 그림에서 x의 값을 구하여라.

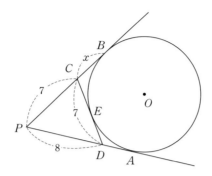

① 이 문제를 풀기 위해 어떤 개념을 알아야 하는가?

② 그 개념을 머릿속에 떠올려 보아라.

③ 문제의 출제의도를 말하고 어떻게 풀지 간단히 설명해 보아라. (잘 모를 경우, 아래 Hint를 보면서 질문의 답을 찾아본다)

> **Hint(1)** 점 C에서 원 O에 그은 두 접선 $\overline{CB}$와 $\overline{CE}$의 길이는 서로 같다.
> ☞ $\overline{CB} = \overline{CE} = x$

> **Hint(2)** 선분 $\overline{DE}$의 길이를 구해본다.
> ☞ $\overline{DE} = \overline{CD} - \overline{CE} = 7 - x$

> **Hint(3)** 점 D에서 원 O에 그은 두 접선 $\overline{DE}$와 $\overline{DA}$의 길이는 서로 같다.
> ☞ $\overline{DE} = \overline{DA} = 7 - x$

> **Hint(4)** 점 P에서 원 O에 그은 두 접선 $\overline{PB}$와 $\overline{PA}$의 길이는 서로 같다.
> ☞ $\overline{PB} = \overline{PA}$

> **Hint(5)** $\overline{PB} = \overline{PA}$로부터 x에 방정식을 도출해 본다.
> ☞ $\overline{PB} = \overline{PA}$ → $\overline{PC} + \overline{CB} = \overline{PD} + \overline{DA}$ → $7 + x = 8 + (7 - x)$

④ 그럼 문제의 답을 찾아라.

A11.

> ① 원의 접선의 성질
> ② 개념정리하기 참조
> ③ 이 문제는 원의 접선의 성질로부터 구하고자 하는 값을 찾을 수 있는지 묻는 문제이다. 세 점 C, D, P에서 원 O에 그은 접선의 길이가 각각 같다는 사실만 확인하면 어렵지 않게 x에 대한 방정식을 도출할 수 있다.
> ④ $x = 4$

[정답풀이]

점 C에서 원 O에 그은 두 접선 $\overline{CB}$와 $\overline{CE}$의 길이는 서로 같다.

$$\overline{CB}=\overline{CE}=x$$

즉, 선분 $\overline{DE}$의 길이는 $(7-x)$된다.

$$\overline{DE}=\overline{CD}-\overline{CE}=7-x$$

점 D에서 원 O에 그은 두 접선 $\overline{DE}$와 $\overline{DA}$의 길이는 서로 같다.

$$\overline{DE}=\overline{DA}=7-x$$

점 P에서 원 O에 그은 두 접선 $\overline{PB}$와 $\overline{PA}$의 길이는 서로 같다.

$$\overline{PB}=\overline{PA}$$

$\overline{PB}=\overline{PA}$로부터 x에 방정식을 도출한 후, x값을 구하면 다음과 같다.

$$\overline{PB}=\overline{PA} \rightarrow \overline{PC}+\overline{CB}=\overline{PD}+\overline{DA} \rightarrow 7+x=8+(7-x) \rightarrow x=4$$

 스스로 유사한 문제를 여러 개 만들어(출제하여) 답을 찾아보시기 바랍니다.

Q12. 다음 그림에서 $(x+y)$의 값을 구하여라.

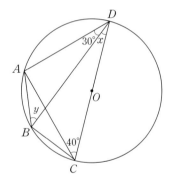

① 이 문제를 풀기 위해 어떤 개념을 알아야 하는가?

② 그 개념을 머릿속에 떠올려 보아라.

③ 문제의 출제의도를 말하고 어떻게 풀지 간단히 설명해 보아라. (잘 모를 경우, 아래 Hint를 보면서 질문의 답을 찾아본다)

    Hint(1) $\overparen{DC}$(반원)에 대한 원주각과 그 크기를 찾아본다. (참고로 원주각의 크기는 중심각의 절반이다)

        ☞ $\overparen{DC}$(반원)에 대한 원주각 : $\angle DAC$, $\angle DBC$ → $\angle DAC=\angle DBC=90°$

    Hint(2) $\triangle ACD$의 내각의 합($180°$)으로부터 $\angle x$의 크기를 구해본다.

        ☞ ($\triangle ACD$의 내각의 합)$=\angle DAC+\angle ACD+\angle ADC=90°+40°+(30°+x)=180°$

        ∴ $\angle x=20°$

    Hint(3) $\overparen{AB}$에 대한 원주각을 찾아본다.

        ☞ $\overparen{AB}$에 대한 원주각 : $\angle ADB$, $\angle ACB$ → $\angle ADB=\angle ACB=30°$

Hint(4) $\overset{\frown}{BC}$에 대한 원주각을 찾아본다.

☞ $\overset{\frown}{BC}$에 대한 원주각 : $\angle BAC$, $\angle BDC$ → $\angle BAC = \angle BDC = x = 20°$

Hint(5) $\triangle ABC$의 내각의 합($180°$)으로부터 y에 대한 방정식을 도출해 본다.

☞ ($\triangle ABC$의 내각의 합)$=\angle BAC + \angle BCA + \angle ABC = 20° + 30° + (y+90°) = 180°$

④ 그럼 문제의 답을 찾아라.

A12.

① 원주각의 성질

② 개념정리하기 참조

③ 이 문제는 원주각의 성질(길이가 같은 호에 대한 원주각의 크기는 서로 같다)을 활용하여 구하고자 하는 값을 찾을 수 있는지 묻는 문제이다. 주어진 그림에서 크기가 같은 원주각이 무엇인지 찾은 후, 삼각형의 내각의 합이 $180°$라는 원리를 활용하면 어렵지 않게 x, y의 값을 모두 구할 수 있을 것이다.

④ $x + y = 60°$

[정답풀이]

$\overset{\frown}{DC}$(반원)에 대한 원주각과 그 크기를 찾아보자. (참고로 원주각의 크기는 중심각의 $\frac{1}{2}$이다)

$\overset{\frown}{DC}$(반원)에 대한 원주각 : $\angle DAC$, $\angle DBC$ → $\angle DAC = \angle DBC = 90°$

$\triangle ACD$의 내각의 합($180°$)으로부터 $\angle x$의 크기를 구하면 다음과 같다.

($\triangle ACD$의 내각의 합)$=\angle DAC + \angle ACD + \angle ADC = 90° + 40° + (30° + x) = 180°$

∴ $\angle x = 20°$

$\overset{\frown}{AB}$에 대한 원주각을 찾아보자.

$\overset{\frown}{AB}$에 대한 원주각 : $\angle ADB$, $\angle ACB$ → $\angle ADB = \angle ACB = 30°$

$\overset{\frown}{BC}$에 대한 원주각을 찾아보자.

$\overset{\frown}{BC}$에 대한 원주각 : $\angle BAC$, $\angle BDC$ → $\angle BAC = \angle BDC = x = 20°$

$\triangle ABC$의 내각의 합($180°$)으로부터 y에 대한 방정식을 도출하여 y의 값을 구하면 다음과 같다.

($\triangle ABC$의 내각의 합)$=\angle BAC + \angle BCA + \angle ABC = 20° + 30° + (y+90°) = 180°$

→ $20° + 30° + (y+90°) = 180°$ → $y = 180° - 140° = 40°$

따라서 $(x+y) = 60°$이다.

 스스로 유사한 문제를 여러 개 만들어(출제하여) 답을 찾아보시기 바랍니다.

Q13. 다음 그림에서 원 O의 둘레의 길이를 구하여라.

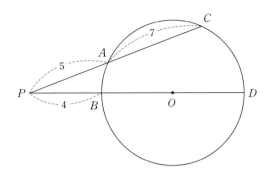

① 이 문제를 풀기 위해 어떤 개념을 알아야 하는가?

② 그 개념을 머릿속에 떠올려 보아라.

③ 문제의 출제의도를 말하고 어떻게 풀지 간단히 설명해 보아라. (잘 모를 경우, 아래 Hint를 보면서 질문의 답을 찾아본다)

> **Hint(1)** 보조선 $\overline{AD}$와 $\overline{BC}$를 그은 후, 크기가 같은 원주각을 찾아본다.
> ☞ $\overarc{AB}$에 대한 원주각 : $\angle ADB$와 $\angle ACB$ → $\angle ADB = \angle ACB$
>
> **Hint(2)** 닮음인 두 삼각형을 찾아본다.
> ☞ $\triangle PBC$와 $\triangle PAD(AA$닮음$)$: $\angle ACB = \angle ADB$, $\angle P$(공통)
>
> **Hint(3)** 두 삼각형의 닮음비를 활용하여 원의 반지름(r)에 대한 비례식을 작성해 본다.
> ☞ ($\triangle PBC$와 $\triangle PAD$의 닮음비)$=\overline{PB} : \overline{PA} = \overline{PC} : \overline{PD}$ → $4 : 5 = (5+7) : (4+2r)$

④ 그림 문제의 답을 찾아라.

A13.

> ① 원주각의 성질, 닮음비
> ② 개념정리하기 참조
> ③ 이 문제는 원주각의 성질을 활용하여 닮음 도형을 찾을 수 있는지 묻는 문제이다. 일단 보조선 $\overline{AD}$와 $\overline{BC}$를 그은 후, 크기가 같은 원주각을 찾아 닮음인 두 삼각형의 존재를 확인하면 어렵지 않게 답을 구할 수 있다.
> ④ 원의 반지름은 5.5이다.

[정답풀이]

보조선 $\overline{AD}$와 $\overline{BC}$를 그은 후, 크기가 같은 원주각을 찾아보면 다음과 같다.

$\overarc{AB}$에 대한 원주각 : $\angle ADB$와 $\angle ACB$ → $\angle ADB = \angle ACB$

이제 닮음인 두 삼각형을 찾아보자.

$\triangle PBC$와 $\triangle PAD(AA$닮음$)$: $\angle ACB = \angle ADB$, $\angle P$(공통)

삼각형의 닮음비를 활용하여 원의 반지름(r)에 대한 비례식을 작성해 보면 다음과 같다.

$(\triangle PBC$와 $\triangle PAD$의 닮음비)$=\overline{PB}:\overline{PA}=\overline{PC}:\overline{PD} \;\rightarrow\; 4:5=(5+7):(4+2r)$

r에 대한 비례식을 풀어 반지름 r의 값을 구하면 다음과 같다.

$$4:5=(5+7):(4+2r) \;\rightarrow\; 5(5+7)=4(4+2r) \;\rightarrow\; 60=16+8r \;\rightarrow\; r=\frac{11}{2}=5.5$$

 스스로 유사한 문제를 여러 개 만들어(출제하여) 답을 찾아보시기 바랍니다.

심화학습

★ 개념의 이해도가 충분하지 않다면, 일단 PASS하시기 바랍니다. 그리고 개념정리가 마무리 되었을 때 심화학습 내용을 따로 읽어보는 것을 권장합니다.

Q1. 다음 그림에서 x, y의 값을 구하여라.

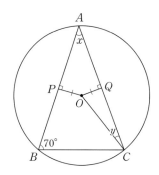

① 이 문제를 풀기 위해 어떤 개념을 알아야 하는가?

② 그 개념을 머릿속에 떠올려 보아라.

③ 문제의 출제의도를 말하고 어떻게 풀지 간단히 설명해 보아라. (잘 모를 경우, 아래 Hint를 보면서 질문의 답을 찾아본다)

　　Hint(1) 원의 중심에서 현에 내린 수선은 현의 길이를 이등분한다.
　　　　☞ $\overline{AP}=\overline{PB}$, $\overline{AQ}=\overline{QC}$

　　Hint(2) 원의 중심으로부터 떨어진 거리가 같은 현의 길이는 서로 같다.
　　　　☞ $\overline{OP}=\overline{OQ} \;\rightarrow\; \overline{AB}=\overline{AC} \;\rightarrow\; \triangle ABC$는 이등변삼각형이다.
　　　　☞ $\overline{AB}=\overline{AC} \;\rightarrow\; \overline{AP}=\overline{PB}=\overline{AQ}=\overline{QC}$

　　Hint(3) 이등변삼각형 $\triangle ABC$의 내각을 모두 구해본다. (두 밑각 : $\angle B=\angle C=70°$)

　　Hint(4) 보조선 $\overline{OA}$를 그어본다. 나누어진 두 삼각형 $\triangle OAP$와 $\triangle OAQ$가 합동인지 확인해 본다.
　　　　☞ $\triangle OAP \equiv \triangle OAQ : \overline{OP}=\overline{OQ}$, $\overline{OA}$(공통), $\overline{PA}=\overline{QA}$
　　　　　　$\rightarrow \angle PAO=\angle QAO=\dfrac{1}{2}\angle x$

Hint(5) $\triangle OAC$가 어떤 삼각형인지 생각해 본다.

☞ $\overline{OA}=\overline{OC}$(원의 반지름)이므로 $\triangle OAC$는 이등변삼각형이다. → $\angle y=\dfrac{1}{2}\angle x$

④ 그럼 문제의 답을 찾아라.

A1.

> ① 원의 중심과 현의 관계, 이등변삼각형의 성질
>
> ② 개념정리하기 참조
>
> ③ 이 문제는 원의 중심과 현의 관계 및 이등변삼각형의 성질을 활용하여 구하고자 하는 값을 찾을 수 있는지를 묻는 문제이다. 원의 중심과 현의 관계로부터 $\triangle ABC$와 $\triangle OAC$가 이등변삼각형임을 밝히면 어렵지 않게 답을 구할 수 있다.
>
> ④ $\angle x=40°$, $\angle y=20°$

[정답풀이]

원의 중심에서 현에 내린 수선은 현의 길이를 이등분하므로, 다음이 성립한다.

$$\overline{AP}=\overline{PB},\ \overline{AQ}=\overline{QC}$$

더불어 원의 중심으로부터 떨어진 거리가 같은 현의 길이는 서로 같다. 즉, $\triangle ABC$는 이등변삼각형이다.

$$\overline{OP}=\overline{OQ}\ \rightarrow\ \overline{AB}=\overline{AC}\ \rightarrow\ \triangle ABC\text{는 이등변삼각형이다.}$$

또한 $\overline{AB}=\overline{AC}$이므로, $\overline{AP}=\overline{PB}=\overline{AQ}=\overline{QC}$가 된다. 이제 이등변삼각형 $\triangle ABC$의 내각을 모두 구해보자. 참고로 이등변삼각형의 두 밑각의 크기는 서로 같다. ($\angle B=\angle C=70°$)

$$(\triangle ABC\text{의 내각의 합})=\angle A+\angle B+\angle C=\angle x+70°+70°=180°\ \rightarrow\ \angle x=40°$$

다음으로 보조선 $\overline{OA}$를 그어본다. 나누어진 두 삼각형 $\triangle OAP$와 $\triangle OAQ$가 합동인지 확인해 보면 다음과 같다.

$$\triangle OAP\equiv\triangle OAQ:\overline{OP}=\overline{OQ},\ \overline{OA}(\text{공통}),\ \overline{PA}=\overline{QA}$$

$\triangle OAP$와 $\triangle OAQ$가 합동이므로, $\angle PAO=\angle QAO=\dfrac{1}{2}\angle x$이다. 한편 $\overline{OA}=\overline{OC}$(원의 반지름)이므로, $\triangle OAC$가 이등변삼각형이 되어 $\angle y=\dfrac{1}{2}\angle x$가 성립한다. 따라서 $\angle y=20°$이다.

따라서 정답은 $\angle x=40°$, $\angle y=20°$이다.

 스스로 유사한 문제를 여러 개 만들어(출제하여) 답을 찾아보시기 바랍니다.

Q2. 다음 그림에서 $\overparen{AB}$의 길이가 $\overparen{CD}$의 길이의 $\dfrac{1}{2}$일 때, $\angle P$의 크기를 구하여라.

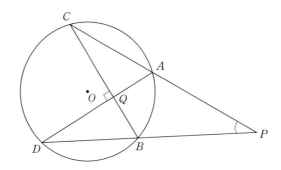

① 이 문제를 풀기 위해 어떤 개념을 알아야 하는가?

② 그 개념을 머릿속에 떠올려 보아라.

③ 문제의 출제의도를 말하고 어떻게 풀지 간단히 설명해 보아라. (잘 모를 경우, 아래 Hint를 보면서 질문의 답을 찾아본다)

> **Hint(1)** 두 호 $\overparen{CD}$, $\overparen{AB}$에 대한 원주각을 찾아본다.
> ☞ $\overparen{CD}$의 원주각 : $\angle CAD$와 $\angle CBD$, $\overparen{AB}$의 원주각 : $\angle ACB$와 $\angle ADB$

> **Hint(2)** 원주각은 호의 길이에 정비례한다.
> ☞ $\overparen{CD} = 2\overparen{AB} \rightarrow \angle CBD = 2\angle ADB$

> **Hint(3)** $\triangle QDB$의 내각의 크기를 모두 구해본다. (편의상 $\angle ADB = x$로 놓아본다)
> ☞ ($\triangle QDB$의 내각의 합) $= \triangle DQB + \angle ADB + \angle CBD = 90° + x + 2x = 180°$
> $\rightarrow 3x = 90° \rightarrow x = 30°$ $\therefore \angle ADB = 30°$, $\angle CBD = 60°$

> **Hint(4)** 평각의 원리에 의해 $\angle CBP$의 크기는 $120°$이다. ($\angle DBC + \angle CBP = 180°$)

> **Hint(5)** $\triangle CBP$의 내각의 크기를 모두 구해본다.
> ☞ ($\triangle CBP$의 내각의 합) $= \angle ACB + \angle CBP + \angle P = 30° + 120° + \angle P = 180°$

④ 그림 문제의 답을 찾아라.

A2.

① 원주각의 성질, 삼각형의 내각의 합

② 개념정리하기 참조

③ 이 문제는 원주각의 성질을 활용하여 구하고자 하는 값을 찾을 수 있는지 묻는 문제이다. 일단 두 호 $\overparen{CD}$, $\overparen{AB}$에 대한 원주각을 찾은 후, 둘의 관계를 확인해 본다. 더불어 $\triangle QDB$와 $\triangle CBP$의 내각의 합이 $180°$라는 사실을 활용하면 어렵지 않게 답을 찾을 수 있을 것이다.

④ $\angle P = 30°$

[정답풀이]

일단 두 호 $\overparen{CD}$, $\overparen{AB}$에 대한 원주각을 찾아보면 다음과 같다.

$\overparen{CD}$의 원주각 : $\angle CAD$와 $\angle CBD$, $\overparen{AB}$의 원주각 : $\angle ACB$와 $\angle ADB$

원주각은 호의 길이에 정비례하므로 다음이 성립한다.

$\overparen{CD}=2\overparen{AB}$ → $\angle CBD=2\angle ADB$

$\triangle QDB$의 내각의 크기를 모두 구하면 다음과 같다. (편의상 $\angle ADB=x$로 놓아본다)

($\triangle QDB$의 내각의 합)$=\triangle DQB+\angle ADB+\angle CBD=90°+x+2x=180°$

→ $3x=90°$ → $x=30°$ ∴ $\angle ADB=30°$, $\angle CBD=60°$

평각의 원리에 의해 $\angle CBP$의 크기는 120°이다. ($\angle DBC+\angle CBP=180°$)

이제 $\triangle CBP$의 내각의 합이 180°임을 활용하여 $\angle P$의 크기를 구하면 다음과 같다.

($\triangle CBP$의 내각의 합)$=\angle ACB+\angle CBP+\angle P=30°+120°+\angle P=180°$ → $\angle P=30°$

 스스로 유사한 문제를 여러 개 만들어(출제하여) 답을 찾아보시기 바랍니다.

Q3. 다음 그림에서 $\angle x$, $\angle y$의 크기와 선분 $\overline{PC}$의 길이(a)를 구하여라.
(단, $\overline{AB}=5$, $\overline{BP}=3$, $\overline{DC}=6$이다)

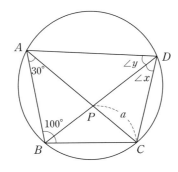

① 이 문제를 풀기 위해 어떤 개념을 알아야 하는가?

② 그 개념을 머릿속에 떠올려 보아라.

③ 문제의 출제의도를 말하고 어떻게 풀지 간단히 설명해 보아라. (잘 모를 경우, 아래 Hint를 보면서 질문의 답을 찾아본다)

Hint(1) 원주각의 성질을 이용하여 $\angle x$의 크기를 구해본다. (한 원에서 길이가 같은 호의 원주각의 크기는 모두 같다)

☞ $\angle BAC=\angle BDC=30°$ → $\angle x=30°$

Hint(2) 원에 내접하는 사각형의 성질을 이용하여 $\angle y$의 크기를 구해본다. (원에 내접하는 사각형의 마주보는 두 내각(대각)의 합은 180°이다)

☞ $\angle ABC+\angle ADC=180°$

→ $100°+\angle x+\angle y=100°+30°+\angle y=180°$ ∴ $\angle y=50°$

Hint(3) 원 내부에 있는 두 삼각형 △ABP와 △DCP는 닮음이다. 닮음비로부터 a의 길이를 찾아 본다. ($\overline{AB}=5$, $\overline{BP}=3$, $\overline{DC}=6$)

☞ $\overline{AB}:\overline{BP}=\overline{DC}:\overline{CP}$ → $5:3=6:a$

④ 그럼 문제의 답을 찾아라.

A3.

① 원주각의 성질, 원에 내접하는 사각형의 성질, 삼각형의 닮음

② 개념정리하기 참조

③ 이 문제는 원주각 및 원에 내접하는 사각형의 성질 등을 활용하여 구하고자 하는 값을 찾을 수 있는지 묻는 문제이다. 원주각의 성질을 이용하면 $\angle x$의 값을, 원에 내접하는 사각형의 성질을 이용하면 $\angle y$의 크기를 구할 수 있다. 더불어 원 내부에 있는 닮음인 두 삼각형 △ABP와 △DCP의 닮음비를 활용하면 손쉽게 a의 길이를 계산할 수 있다.

④ $\angle x=30°$, $\angle y=50°$, $\overline{PC}=\dfrac{18}{5}$

[정답풀이]

원주각의 성질을 이용하여 $\angle x$의 크기를 구하면 다음과 같다. (한 원에서 길이가 같은 호의 원주각의 크기는 모두 같다)

$\angle BAC=\angle BDC=30°$ → $\angle x=30°$

원에 내접하는 사각형의 성질을 이용하여 $\angle y$의 크기를 구하면 다음과 같다. (원에 내접하는 사각형의 마주보는 두 내각(대각)의 합은 $180°$이다)

$\angle ABC+\angle ADC=180°$ → $100°+\angle x+\angle y=100°+30°+\angle y=180°$ ∴ $\angle y=50°$

원 내부에 있는 두 삼각형 △ABP와 △DCP는 닮음이다.

△ABP와 △DCP(AA닮음)

: $\angle BAC=\angle BDC$(호 $\overparen{BC}$의 원주각), $\angle ABD=\angle ACD$(호 $\overparen{AD}$의 원주각)

두 삼각형 △ABP와 △DCP의 닮음비로부터 a의 길이를 구하면 다음과 같다.

$\overline{AB}=5$, $\overline{BP}=3$, $\overline{DC}=6$

$\overline{AB}:\overline{BP}=\overline{DC}:\overline{PC}$ → $5:3=6:a$ → $5a=18$ ∴ $a=\dfrac{18}{5}$

따라서 정답은 다음과 같다.

$\angle x=30°$, $\angle y=50°$, $\overline{PC}=\dfrac{18}{5}$

 스스로 유사한 문제를 여러 개 만들어(출제하여) 답을 찾아보시기 바랍니다.

각도	사인(sin)	코사인(cos)	탄젠트(tan)	각도	사인(sin)	코사인(cos)	탄젠트(tan)
0°	0.0000	1.0000	0.0000	45°	0.7071	0.7071	1.0000
1°	0.0175	0.9998	0.0175	46°	0.7193	0.6947	1.0355
2°	0.0349	0.9994	0.0349	47°	0.7314	0.6820	1.0724
3°	0.0523	0.9986	0.0524	48°	0.7431	0.6691	1.1106
4°	0.0698	0.9976	0.0699	49°	0.7547	0.6561	1.1504
5°	0.0872	0.9962	0.0875	50°	0.7660	0.6428	1.1918
6°	0.1045	0.9945	0.1051	51°	0.7771	0.6293	1.2349
7°	0.1219	0.9925	0.1228	52°	0.7880	0.6157	1.2799
8°	0.1392	0.9903	0.1405	53°	0.7986	0.6018	1.3270
9°	0.1564	0.9877	0.1584	54°	0.8090	0.5878	1.3764
10°	0.1736	0.9848	0.1763	55°	0.8192	0.5736	1.4281
11°	0.1908	0.9816	0.1944	56°	0.8290	0.5592	1.4826
12°	0.2079	0.9781	0.2126	57°	0.8387	0.5446	1.5399
13°	0.2250	0.9744	0.2309	58°	0.8480	0.5299	1.6003
14°	0.2419	0.9703	0.2493	59°	0.8572	0.5150	1.6643
15°	0.2588	0.9659	0.2679	60°	0.8660	0.5000	1.7321
16°	0.2756	0.9613	0.2867	61°	0.8746	0.4848	1.8040
17°	0.2924	0.9563	0.3057	62°	0.8829	0.4695	1.8807
18°	0.3090	0.9511	0.3249	63°	0.8910	0.4540	1.9626
19°	0.3256	0.9455	0.3443	64°	0.8988	0.4384	2.0503
20°	0.3420	0.9397	0.3640	65°	0.9063	0.4226	2.1445
21°	0.3584	0.9336	0.3839	66°	0.9135	0.4067	2.2460
22°	0.3746	0.9272	0.4040	67°	0.9205	0.3907	2.3559
23°	0.3907	0.9205	0.4245	68°	0.9272	0.3746	2.4751
24°	0.4067	0.9135	0.4452	69°	0.9336	0.3584	2.6051
25°	0.4226	0.9063	0.4663	70°	0.9397	0.3420	2.7475
26°	0.4384	0.8988	0.4877	71°	0.9455	0.3256	2.9042
27°	0.4540	0.8910	0.5095	72°	0.9511	0.3090	3.0777
28°	0.4695	0.8829	0.5317	73°	0.9563	0.2924	3.2709
29°	0.4848	0.8746	0.5543	74°	0.9613	0.2756	3.4874
30°	0.5000	0.8660	0.5774	75°	0.9659	0.2588	3.7321
31°	0.5150	0.8572	0.6009	76°	0.9703	0.2419	4.0108
32°	0.5299	0.8480	0.6249	77°	0.9744	0.2250	4.3315
33°	0.5446	0.8387	0.6494	78°	0.9781	0.2079	4.7046
34°	0.5592	0.8290	0.6745	79°	0.9816	0.1908	5.1446
35°	0.5736	0.8192	0.7002	80°	0.9848	0.1736	5.6713
36°	0.5878	0.8090	0.7265	81°	0.9877	0.1564	6.3138
37°	0.6018	0.7986	0.7536	82°	0.9903	0.1392	7.1154
38°	0.6157	0.7880	0.7813	83°	0.9925	0.1219	8.1443
39°	0.6293	0.7771	0.8098	84°	0.9945	0.1045	9.5144
40°	0.6428	0.7660	0.8391	85°	0.9962	0.0872	11.4301
41°	0.6561	0.7547	0.8693	86°	0.9976	0.0698	14.3007
42°	0.6691	0.7431	0.9004	87°	0.9986	0.0523	19.0811
43°	0.6820	0.7314	0.9325	88°	0.9994	0.0349	28.6363
44°	0.6947	0.7193	0.9657	89°	0.9998	0.0175	57.2900
45°	0.7071	0.7071	1.0000	90°	1.0000	0.0000	—

memo